高等学校新工科应用型人才培养系列教材

本书获中国通信学会"2020 年信息通信教材精品教材"称号

接入网技术

中兴通讯亚太区实训总部　组编

田文博　魏　冬　编著

西安电子科技大学出版社

内 容 简 介

本书全面系统地介绍了接入网技术，详细地分析和论述了各种有线接入、无线接入、接入网网管等新技术，并介绍了光纤接入网的规划与设计，以及目前主流的商用接入网设备。全书共八章，主要内容包括：接入网概述，铜线接入技术，以太网接入技术，无线接入技术，光纤接入技术，接入网网管网络，接入网规划与设计，光接入设备与调测。

本书可以作为高等院校电子信息工程、通信工程、物联网、信息工程、电气工程、自动化、计算机等相关专业专科和本科教材，也可供相关岗位新入职人员学习参考。

图书在版编目(CIP)数据

接入网技术/田文博，魏冬编著. —西安：西安电子科技大学出版社，2018.9(2023.1 重印)
ISBN 978 - 7 - 5606 - 4990 - 0

Ⅰ. ① 接⋯　Ⅱ. ① 田⋯　② 魏⋯　Ⅲ. ① 接入网—高等学校—教材　Ⅳ. ① TN915.6

中国版本图书馆 CIP 数据核字(2018)第 156067 号

策　　划　李惠萍
责任编辑　雷鸿俊
出版发行　西安电子科技大学出版社(西安市太白南路 2 号)
电　　话　(029)88202421　88201467　　邮　　编　710071
网　　址　www. xduph. com　　　　　　电子邮箱　xdupfxb001@163.com
经　　销　新华书店
印刷单位　西安日报社印务中心
版　　次　2018 年 9 月第 1 版　　2023 年 1 月第 4 次印刷
开　　本　787 毫米×1092 毫米　1/16　印张 13.75
字　　数　319 千字
印　　数　5001～6000 册
定　　价　36.00 元
ISBN 978 - 7 - 5606 - 4990 - 0/TN

XDUP　5292001 - 4

＊＊＊如有印装问题可调换＊＊＊

《接入网技术》
编委会名单

前　言

接入网作为通信网的主要组成部分和信息高速公路的"最后一公里"，直接面向客户，扮演着沟通业务层与客户层的重要角色，是网络运营商用户覆盖能力和业务提供能力最直接的体现。近十年来，以 xDSL 技术和以太网技术为主要载体的宽带接入业务得到了广泛的发展，中国互联网已从窄带时代迁移到了宽带时代。随着互联网业务不断地推陈出新，在线影视、视频聊天和网络游戏等应用在极大地满足用户网上娱乐生活需求的同时，也对宽带网络的服务性能提出了更高的要求。随着三网融合时代的到来，电信及光电网络运营商都基于自有业务的发展需要，不断升级接入层网络，从"光进铜退"到双向数字化改造，宽带接入网的发展生机勃勃，宽带化、综合化、智能化已经成为接入网的演进方向，光纤接入网的建设步伐明显加快。

接入网已经成为一个相对独立完整的系统，接入网技术教材应包含接入网的体系结构、总体技术标准、各种技术的分类和特点、适用环境、用户接入管理等主要内容。随着互联网的普及，各种宽带接入技术日新月异，市场竞争已非常激烈。因此，作为接入网技术教材，有必要与时俱进，深入、详细、系统地分析和论述各种有线和无线宽带接入网的新技术。当然这也给从事接入网技术教学的院校和老师提出了新的要求。近年来各高校的通信专业、网络工程专业、计算机应用及相关专业均开设了"接入网技术"课程。因此，为了全面系统地介绍接入网技术，满足教学和社会生产实践的需要，从而培养社会急需的通信、计算机、网络工程专业技术人才，我们认真组织编写了本书。

本书共八章，各章的主要内容如下：

第一章为接入网概述，主要包括接入网的基本概念、发展简史、分层模型、功能结构、接口、分类和宽带业务应用等基础知识。

第二章为铜线接入技术，主要包括铜线接入技术概述、HDSL 数字用户线路接入技术、ADSL 数字用户线路接入技术、VDSL 数字用户线路接入技术等知识。

第三章为以太网接入技术，主要包括以太网接入技术概述、以太网接入关键技术、以太网接入技术管理等知识。

第四章为无线接入技术，主要包括无线接入技术概述、无线接入网络及技术、无线接入技术的应用和发展等知识。

第五章为光纤接入技术，主要包括光纤接入技术概述、APON 无源光网络接入技术、EPON 无源光网络接入技术、GPON 无源光网络接入技术等知识。

第六章为接入网网管网络，主要包括网络管理的基本概念、接入网网管的管理功能等知识。

第七章为接入网规划与设计，主要包括 xPON 几种典型应用模式、无源光网络 PON 的工程应用与规划设计、FTTH 典型接入场景的规划与设计、FTTx 工程接入案例等知识。

第八章为光接入设备与调测，主要包括 OLT 设备的选型及配置、ONU 选型及配置、ODN 相关器件等工程基础知识。

本书可以作为高等院校电子信息工程、通信工程、物联网、信息工程、电气工程、自动化、计算机等相关专业专科和本科教材。

为了方便读者学习，每一章的最后都给出了本章小结，以帮助读者巩固本章所学知识。

由于编者水平有限，书中疏漏和不当之处难以避免，恳切希望各位读者不吝指正。

编　者

2018 年 5 月

目 录

第一章 接入网概述

随着通信技术的迅猛发展,电信业务向综合化、数字化、智能化、宽带化和个人化方向发展,人们对电信业务多样化的需求也不断提高,同时由于主干网上同步数字体系(Synchronous Digital Hierarchy,SDH)、异步传输模式(Asynchronous Transfer Mode,ATM)、无源光网络(Passive Optical Network,PON)及密集型光波复用(Dense Wavelength Division Multiplexing,DWDM)技术的日益成熟和广泛使用,为实现语音、数据、图像"三线合一,一线入户"奠定了基础。如何充分利用现有的网络资源增加业务类型,提高服务质量,已成为电信专家和运营商关注和研究的重点课题,"最后一公里"的解决方案是大家最关心的问题。因此,接入网也必将成为网络应用和建设的热点。

本章介绍了接入网的定义与定界、功能结构、拓扑结构,并从不同角度对接入网进行了分类,最后还简述了接入网今后的发展趋势。这些内容都是接入网的基本知识。本章的重点与难点是接入网的基本概念、接入网的接口以及接入网的定界。

1.1 接入网的基本概念

1.1.1 接入网的定义与定界

1. 接入网的定义

从通信网的拓扑逻辑、管理角度、业务接入和延伸广度看,通信网包含两个大的部分:骨干网和接入网。

骨干网是指通信网络中担任主要传递功能的实体集合,它的功能与概念如下所述:

(1)骨干网是一种通信传输网,担负着较小网络之间的主要通信量。对于电信网,骨干网包括省级中心、县级中心间的通信链路构成的庞大网络体系。

(2)骨干网可完成整个通信网中的大容量信息转接、中继等任务。

(3)骨干网也指在网络内传送主要通信流量的线路。

骨干网是由节点和节点互联线路构成的通信网,在我国,它包括省级、地区级交换中心(节点)和若干国家级、省级传输干线。

接入网(Access Network,AN)是整个电信网(Telecommunication Network,TN)的一个子网,其作用是连接用户网络(User Network,UN)与业务节点(Service Node,SN),为用户提供各种业务的透明传输。

从电信网的角度来看,电信网包括接入网、交换网和传输网三个部分,其中交换网和传输网合在一起称为核心网（Core Network，CN）。接入网负责将电信业务透明地传送到用户，即用户通过接入网的传输，能灵活地接入不同的电信业务节点。接入网与传输网和交换网的关系如图 1-1 所示。

图 1-1　接入网位置示意图

国际电信联盟（ITU-T）第 13 组于 1995 年 7 月通过了关于接入网框架结构方面的新建议 G.902，其中对接入网的定义如下：

接入网由业务节点接口（SNI）和用户网络接口（UNI）之间的一系列传送实体组成，其中为实现电信业务而提供所需传送承载能力的实施系统，可经由管理接口（Q3）配置和管理。原则上对接入网可以实现的 UNI 和 SNI 的类型与数目没有限制，接入网不解释信令。接入网可以看成是与业务和应用无关的传送网，主要完成交叉连接、复用和传输功能。

按照网络服务范围、网络拓扑和接入逻辑的不同，也有人把现代通信网划分为核心网（骨干网）、接入网和用户驻地网。

核心网（Core Network）由现有的和未来的宽带、高速骨干传输网和大型中心交换节点构成。

用户驻地网（Customer Premises Network，CPN）一般是指用户终端至用户网络接口所包含的机线设备（通常在一个楼房内），由完成通信和控制功能的用户驻地布线系统组成，以使用户终端可以灵活方便地接入接入网。

接入网泛指用户网络接口（UNI）与业务节点接口（SNI）间实现传送承载功能的实体网络。该概念于 1975 年由英国电信集团（BT）首次提出，其实质是建立一种标准化的接口方式，以一个可监控的接入网络为主体，使用户能够获得话音、租用线业务、数据多媒体、有线电视等综合业务。但直到 20 世纪 80 年代后期 ITU-T 才着手制定标准化 V5.X 数字接口规范，并对 AN 作出较为科学的界定，AN 技术才真正进入电信业应用领域。所以通常说 V5 接口，就是指接入网标准。

接入网在我国有很大的市场发展空间，其涉及面非常之广，从地理上跨越我国大江南北；从层次上涵盖城市、郊区和广大的农村地区；从物理媒介上包括传统铜缆、CATV 同轴电缆和路边光缆；从业务上涉及数据（包括 Internet、股市行情、电子商务等等）、话音、多媒体、点对点/点对多点通信。可以预见未来二三十年内通信市场的竞争空间主要集中在接入网技术和业务市场。

2. 接入网的定界

接入网所覆盖的范围可由三个接口来定界，即网络侧经由 SNI 与业务节点（Service Node，SN）相连，用户侧经由 UNI 与用户相连，管理方面则经 Q3 接口与电信管理网（Telecommunication Management Network，TMN）相连。在电信网中，接入网的定界如图 1-2 所示。

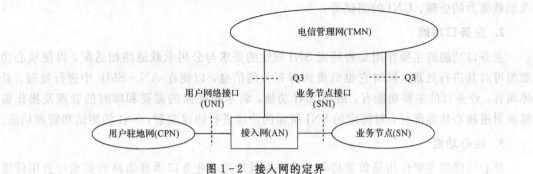

图 1-2　接入网的定界

1) SNI 接口

业务节点(SN)是提供业务的实体,可提供规定业务的业务节点有本地交换机、租用线业务节点或特定配置的点播电视和广播电视业务节点等。业务节点接口(SNI)是接入网(AN)和业务节点(SN)之间的接口。

2) UNI 接口

用户网络接口(UNI)是用户和网络之间的接口。在单个 UNI 的情况下,ITU-T 所规定的 UNI(包括各种类型的公用电话网和 ISDN 的 UNI)应该用于 AN 中,以便支持目前所提供的接入类型和业务。接入网与用户间的 UNI 接口能够支持目前网络所能提供的各种接入类型和业务,但接入网的发展不应限制在现有的业务和接入类型上。

3) Q3 接口

Q3 为电信管理网(TMN)与电信网各部分相连的标准接口。接入网的管理应该纳入TMN 的范畴,以便统一协调管理不同的网元。接入网的管理不但要完成接入网各功能块的管理,而且要附加完成用户线的测试和故障定位。

1.1.2　接入网的功能结构

接入网的功能结构分为 5 个基本功能组:用户口功能(UPF)、业务口功能(SPF)、核心功能(CF)、传送功能(TF)和接入网系统管理功能(AN-SMF)。接入网的功能结构图如图 1-3 所示。

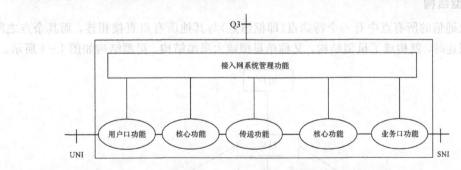

图 1-3　接入网的功能结构图

1. 用户口功能

用户口功能的主要作用是将特定 UNI 的要求与核心功能和管理功能相适配,它完成的主要功能有终结 UNI 功能、A/D 转换和信令转换、UNI 的激活与去激活、UNI 承载通路及承载能力的处理、UNI 的测试等。

2. 业务口功能

业务口功能的主要作用是将特定 SNI 规定的要求与公用承载通路相适配，以便核心功能组可对其进行处理；同时它也负责选择有关的信息，以便在 AN－SMF 中进行处理。总体而言，业务口的主要功能有：终结 SNI 功能，将承载通路的需要和即时的管理及操作需要映射进核心功能部分，对特定的 SNI 所需的协议进行协议映射，SNI 的测试和管理功能。

3. 核心功能

核心功能的主要作用是负责将各个用户承载通路或业务口承载通路的要求与公用传送承载通路相适配。核心功能可以在接入网内分配，具体包括：接入承载通路的处理、承载通路集中、信令和分组信息的复用、ATM 传送承载通路的仿真及管理和控制等功能。

4. 传送功能

传送功能的主要作用是为接入网中不同地点之间公用承载通路的传送提供通道，也为所用传输介质提供介质适配功能。其主要功能有：复用功能、交叉连接功能、管理功能、物理介质功能等。

5. 接入网系统管理功能

接入网系统管理功能的主要作用是协调接入网内 UPF、SPF、CF 和 TF 的指配、操作和维护，也负责协调用户终端（经 UNI）和业务节点（经 SNI）的操作功能。其主要功能有：配置和控制功能、指配协调功能、故障监测和指示功能、用户信息和性能数据收集功能、安全控制功能、资源管理功能、对 UPF 和 SN 进行协调的即时管理和操作功能。

1.1.3 接入网的拓扑结构

接入网的拓扑结构是由组成网络的物理或逻辑的布局形状和结构构成，可以进一步分为物理配置结构和逻辑配置结构。一般情况下，接入网的拓扑结构是指物理配置结构。物理配置结构指实际网络节点和传输链路的布局或几何排列，反映了网络的物理形状和物理上的连接性。

1. 星型结构

当涉及通信的所有点中有一个特殊点（即枢纽点）与其他所有点直接相连，而其余点之间不能直接相连时，就构成了星型结构，又称单星型或大星型结构。星型结构如图 1－4 所示。

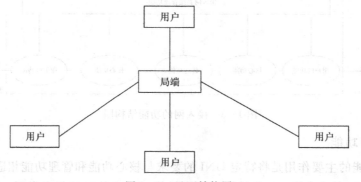

图 1－4　星型结构图

星型结构是以一个节点为中心的处理系统。其他各节点都与该中心节点有着物理链路的直接互连,其他节点间不能直接通信,如果其他节点要直接进行通信都需要该中心节点进行转发。因此中心节点必须有着较强的功能和较高的可靠性。星型结构结构简单,建网容易,控制简单,属于集中控制模式。但星型结构主机负载过重,可靠性低,通信线路利用率低。

2. 总线型结构(链型或 T 型结构)

当涉及通信的所有点串联起来并使首末两个点开放时就形成了链型结构;当中间各个点可以有上下业务时又称为总线型结构,也称为 T 型结构。总线型结构如图 1-5 所示。

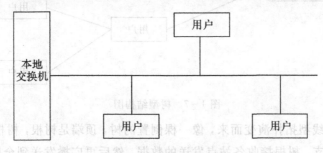

图 1-5　总线型结构图

总线型结构上所有的节点都连接到一条称为总线的公共线路上,即所有的节点共享一条数据通道,节点间通过广播进行通信,即一个节点发出的信息可以被网络上多个节点接受,而在一段时间内只允许一个节点传送信息。总线型结构连接形式简单,易于实现,所用线缆最短,增加或者移除节点比较灵活,个别节点发生故障时,不影响网络中其他节点的正常工作。总线型结构网络传输能力低,安全性低,总线发生故障时会导致全网瘫痪,节点数量的增多也会影响网络性能。

3. 环型结构

当涉及通信的所有点串联起来,而且首尾相连,没有任何点开放时就形成了环型结构。环型结构如图 1-6 所示。

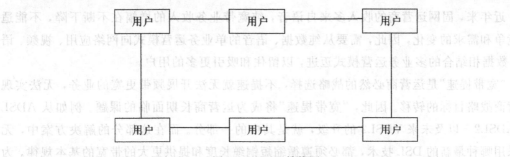

图 1-6　环型结构图

环型结构是将联网的计算机由通信线路连接成一个闭合的环,在环型结构网络中信息按照固定方向流动,或顺时针方向,或逆时针方向。环型结构网络一次通信的最大传输延迟是固定的,每个网上节点只与其他两个节点通过物理链路直接互连。环型结构网络传输控制机制简单,实时性强,但当一个节点发生故障时,可能导致全网瘫痪,可靠性较差。

4. 树型结构

传统的有线电视(Cable TeleVision/Community Antenna TeleVision,CATV)网往往

采用树型分支结构，很适合于单向广播式业务。树型结构如图1-7所示。

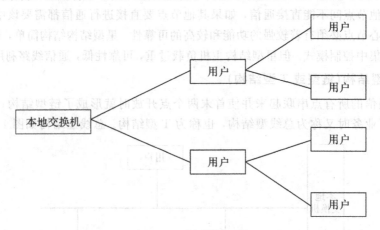

图1-7 树型结构图

树型结构从总线型拓扑演变而来，像一棵倒置的树，顶端是树根，树根以下带分支，每个分支还可带子分支。树根接收各站点发送的数据，然后再广播发送到全网。

树型拓扑结构的优点是易于扩展而且故障隔离较容易，缺点是节点对根的依赖性太大，若根发生故障，则全网不能正常工作。

1.1.4 接入网的发展趋势

近年来，各种宽带业务不断涌现，而且业务类型也从纯数据、纯语音的单业务运营模式向语音、视频、数据相结合的多业务运营模式迈进。为了顺应这种业务的发展需求，接入技术的多样化和宽带化以及接入承载的差异化和接入终端设备的可控化，将成为新一代宽带接入网的发展趋势和重要特征。

1. 接入技术的宽带化

近年来，固网运营商的收入多来自语音，纯宽带业务收入的增幅在不断下降，不能适应竞争和需求的变化，因此，需要从纯数据、语音的单业务运营模式向网络应用、视频、语音、数据相结合的多业务运营模式迈进，以留住和吸引更多的用户。

"宽带提速"是运营商必然的战略选择，不提速就无法开展频带更宽的业务，无法实现运营商战略目标的转移。因此，"宽带提速"将成为运营商长期面临的课题。例如从ADSL向ADSL2＋以及未来VDSL2的升级，就是其中的一部分。而在这部分的解决方案中，无论采用哪种最新的DSL技术，都必须遵循缩短铜缆长度和提供更大的带宽的基本规律。为此，全球的主流运营商包括中国的固网运营商在内，都在计划或开始实施DSLAM物理位置下移的战略，努力做到"光进铜退"，最终实现光纤到户（FTTH）。在这一进程中，FTTx与ADSL2＋VDSL2的结合将是长期和重要的工作内容。

2. 接入技术的多样化

电信网宽带化首当其冲的就是接入网的宽带化。但是，接入网在整个电信网中所占投资比重最大，且对成本、政策和用户需求等问题都很敏感，因而接入技术选择五花八门，没有任何一种接入技术可以绝对占据主导地位。所以,接入技术向着多样化的方向发展势在必行,这也是接入网区别于其他专业网络最鲜明的特点。

3. 接入承载差异化

要承载多业务,接入网面临的重要课题就是要能区别用户和业务,能实施不同的 QoS 策略,达到不同用户、不同业务服务的差异化。

1) 区别用户

目前普遍采用的 DHCP Option 82、PPPoE+、VBAS 等技术,是可以实现唯一用户标识的,但随着 VLAN Stacking(802.1ad)技术的推广和使用,在解决 VLAN 资源不足问题的同时也能解决用户唯一标识的问题,因此这也是今后区别用户技术发展的方向。

2) 区别业务

区别业务的信息和部位可以包括物理端口、MAC 地址、以太网类型、源或目的 IP 地址、IP 协议类型和源或目的 TCP/UDP 端口,甚至包括应用层协议。业务标识在二层网络中可以采用 IEEE802.1d UserPriority,在三层网络中采用 IP TOS,DSCP 等。

3) QoS 策略下发

近期的 QoS 策略下发只能通过静态手工配置,通过业务管理系统与网元管理系统接口向各相关设备下发,而未来的 QoS 策略将向动态自动下发转变,需由设备提供控制接口,采用标准化的协议来实现与策略服务器或业务管理系统的直接通信。

4) 接入终端设备可控化

为了保证端到端业务的服务质量,电信运营商需要对端到端通信中涉及的众多设备进行统一协调管理,因而对接入终端设备也应能做到可控制和可管理。如果接入终端设备由用户随意管理,就很难做到与核心网络设备的协调统一,对电信业务端到端的服务质量保证也不能实现。因为,对接入终端设备的管理和控制是有别于对网络设备的管理和控制的,接入终端设备的数量庞大,在未来只能采用远程管理和管控的方式。在管理协议方面,对于与接入终端设备密切相关的部分,可基于接入技术来实现;对于 ADSL/ADSL2+ 的底层功能部分,可采用 SNMP over PVC/EOC 方式来实现;对于 EPON 的底层功能部分,可考虑 OAM 及 OAM 扩展;而对于与接入技术无关而与业务相关的部分,TR069 是一种比较适宜的选择。

4. 接入网的标准化

有关有线接入的标准化,在 DSL 技术方面,目前比较关注的国际标准化组织主要有 ITU-T 和 DSL FORUM(DSL 论坛)。这两个标准化组织各有研究的重点,ITU-T 的重点主要在 DSL 线路收发器方面,而 DSL FORUM 则主要在 DSL、传输性能和体系架构等方面。ITU-T 和 DSLFORUM 未来的研究重点均集中在 VDSL2 技术上。

我国有关 DSL 的标准是由中国通信标准化协会(CCSA)的 TC6 WG2 负责起草的,包括四个方面:网络架构、技术规范、设备测试方法以及运营和管理标准。其中,DSL 网络架构标准规定了基于二层以太汇聚的 DSL 接入网,支持宽带多业务的网络架构,以及为实现该架构对 DSL 接入节点设备的功能、性能、组播、QoS、安全、管理要求等;DSL 技术涉四类 DSL 系列技术——ADSL、VDSL、HDSL(含 SHDSL)和 EDSL，主流技术是 ADSL 和 VDSL；DSL 的技术规范对各类 DSL 的线路收发器要求、DSL 设备的参考模型、接口要求、功能要求、性能要求、管理要求、安全要求和环境要求等都进行了规定；运营和管理标准则包括了 ADSL 用户端设备的远程管理与自动测试系统的规范。

在宽带光接入方面，比较受关注的国际标准化组织有 ITU 和 IEEE。ITU 发布了关于 GPON 技术的 G.984.x 系列标准，涉及 GPON 接口的物理层和数据链路层以及管理方面的规定。IEEE 发布了关于 EPON 技术的 802.3ah 标准，涉及 EPON 接口的物理层和数据链路层的规定。

我国关于光接入的标准是由中国通信标准化协会(CCSA)的 TC6 WG2 负责起草的，包括宽带光接入网总貌、PON 系列标准和 FTTH 标准等。宽带光接入网规定了宽带光接入网的典型应用类型的名称和内涵，以及所采用的主要技术，并规范了各种应用类型通用的技术要求；PON 系列标准涉及 EPON 和 GPON 两类技术，除了对 PON 的收发器要求、PON 设备的参考模型、接口要求、功能要求、性能要求、管理要求、安全和环境要求进行了规定外，还规定了各类 PON 设备的测试方法；FTTH 标准规定了光纤到户的体系架构及总体要求，包括 FTTH 系统的体系架构、网络拓扑、支持的业务类型、实现技术与要求、性能指标要求以及运行和维护要求，还概要地规范了 FTTH 对光缆及线路辅助设施的基本要求等。

有关无线接入的标准化，在宽带无线接入领域，受关注的国际标准化组织主要有 IEEE、ETSI 和 WIMAX FORUM。IEEE 主要侧重于无线接入空中接口的研究，以 IEEE802 制定的宽带无线接入标准为主流，有较好的产业支撑；ETSI 侧重于整个无线接入系统总体要求及不同系统之间共存干扰的研究；WIMAX FORUM 则制定了一套基于 IEEE 802.16 固定和移动无线接入技术的测试规范和认证体系，使不同厂商之间的产品在经过认证后能有良好的兼容性和互操作性。

我国关于宽带无线接入的标准是由中国通信标准化协会(CCSA)的 TC5 WG3 负责起草的，包括 802.16 系列、公众无线局域网(PWLAN)系列、400/1800 MHz SCDMA 无线接入系统和固定无线接入系列标准。802.16 技术系列标准包括基于 16d 和 16e 技术的网络体系架构、空中接口协议、设备技术规范和测试方法；PWLAN 系列标准包括 PWLAN 的总体要求、空中接口、安全要求、AP 间切换、计费和漫游、与 GSM 网络的互通、与 CDMA 网络的互通，以及各类 PWLAN 设备(AC、AP、STA)的技术要求和设备测试方法；固定无线接入标准包括 3.5 GHz、26 GHz 和 5.8 GHz 频段下的设备技术要求及设备测试方法；SCDMA 无线接入系统则涉及了技术要求、测试方法、空中接口协议、空中接口协议一致性测试和点到点的短消息业务等。

1.2　接入网技术分类

接入网技术的种类很多，可以从不同的角度进行分类。根据传输介质的不同，分为有线接入网和无线接入网；还可以根据传输信号的不同形式分为数字接入网和模拟接入网；也可以根据用户接入业务的速率不同分为窄带接入网和宽带接入网。

1.2.1 按传输媒介分类

根据接入网按所用传输介质的不同可以将其分为有线接入网和无线接入网两大类。

1. 有线接入网

有线接入技术包括：基于双绞线的 ADSL 技术、基于 HFC 网（光纤和同轴电缆混合网）的 Cable Modem 技术、基于五类线的以太网接入技术以及光纤接入技术。

1）基于双绞线的 ADSL 技术

非对称数字用户线系统（ADSL）是充分利用现有电话网络的双绞线资源，实现高速率、高带宽的数据接入的一种技术。ADSL 是 DSL 的一种非对称版本，它采用 FDM（频分复用）技术和 DMT（离散多载波）调制技术，在保证不影响正常电话使用的前提下，利用原有的电话双绞线进行高速数据传输。

2）基于 HFC 网的 Cable Modem 技术

基于 HFC 网（光纤和同轴电缆混合网）的 Cable Modem 技术是宽带接入技术中最先成熟和进入市场的，其巨大的带宽和相对经济性使其对有线电视网络公司和新成立的电信公司很具有吸引力。Cable Modem 的通信和普通 Modem 一样，是数据信号在模拟信道上交互传输的过程，但也存在差异，普通 Modem 的传输介质在用户与访问服务器之间是独立的，即用户独享传输介质，而 Cable Modem 的传输介质是 HFC 网，将数据信号调制到某个传输带宽与有线电视信号的共享介质上；另外，Cable Modem 的结构较普通 Modem 复杂，它由调制解调器、调谐器、加/解密模块、桥接器、网络接口卡、以太网集线器等组成，它无须拨号上网，不占用电话线，可提供随时在线连接的全天候服务。

3）基于五类线的以太网接入技术

从 20 世纪 80 年代开始以太网就成为最普遍采用的网络技术，根据 IDC 的统计，以太网的端口数约为所有网络端口数的 85％。1998 年以太网卡的销售是 4800 万端口，而令牌网、FDDI 网和 ATM 等网卡的销售量总共才是 500 万端口，只是整个销售量的 10％。而以太网的这种优势仍然有继续保持下去的势头。传统以太网技术不属于接入网范畴，而属于用户驻地网（CPN）领域。然而其应用领域却正在向包括接入网在内的其他公用网领域扩展。历史上，对于企事业用户，以太网技术一直是最流行的方法。利用以太网作为接入手段的主要原因是：

（1）以太网已有巨大的网络基础和长期的运行经验积累；

（2）目前所有流行的操作系统和应用都与以太网兼容；

（3）性能价格比好，可扩展性强，容易安装开通以及可靠性高；

（4）以太网接入方式与 IP 网很适应，同时以太网技术已有重大突破，容量分为 10/100/1000 Mb/s 三级，可按需升级，10 Gb/s 以太网系统也即将问世。

4）光纤接入技术

所谓光纤接入技术是指在接入网中采用光纤作为主要的传输媒质来实现用户信息传送的应用技术。光纤接入网不是传统意义上的光纤传输系统，而是针对接入网环境所设计的特殊的光纤传输网络。光纤接入网的最主要特点是：网络覆盖半径一般较小，可以不需要中继器，但是由于众多用户共享光纤而导致光功率的分配或波长分配有可能需要光纤放大器进行功率补偿；满足各种宽带业务的传输，而且传输质量好、可靠性高；光纤接入网的应用范围广阔，但也存在着投资成本大，网络管理复杂，远端供电难等问题。

2. 无线接入技术

传统的窄带无线接入是速率小于 2 Mb/s 的接入，可以提供语音和低速数据业务，上端一般连接 PSTN 交换机。在众多窄带无线接入技术中，空中接口采用 PHS 制式的无线市话系统得到的应用最多，规模也最大。从 2003 年开始，SCDMA 制式的无线接入应用也呈上升趋势，特别是在我国广大农村电信服务中被广泛推荐使用。

与传统的仅提供窄带语音业务的无线接入技术不同，宽带无线接入技术（BWA）源于 Internet 的发展和宽带 IP 数据业务的不断增长，BWA 主要面向的是 IP 数据业务。宽带无线接入方式的主流技术除了包括已经发展成熟的 3.5 GHz、5.8 GHz 固定无线接入和本地多点分配系统（LMDS）等传统的固定宽带无线接入技术之外，也包括新兴的 IEEE802.16 固定或移动宽带无线接入技术。随着宽带技术的发展，宽带无线接入系统的传输能力在不断增强，空中接口也更加开放，已逐步成为缺乏本地网资源的新兴运营商争夺市场份额的有效手段。

在固定宽带无线接入网中，3.5 GHz 的固定无线接入网络在全球部署得最多。由于其工作频段低，传播特性好，覆盖范围大，受到了运营商们的普遍青睐。而 LMDS 尽管工作频率较高（26 GHz），可用的频率较多，带宽也宽，但由于要求视距传播且高频段无线传输容易受降雨的影响，限制了传输的距离，同时，在网络规划时，对基站和远端站的选址要求也比较高，因此对 LDMS 的应用远不如 3.5 GHz 固定无线接入网广泛。

对于 5.8 GHz 频段，实际上大量使用的依然是点对点的扩频微波设备，用以解决 2 Mb/s 传输的问题。但由于该频段有很多非通信设备在使用，如雷达、无线电定位设备等，存在着潜在的干扰，因此，5.8 GHz 固定无线接入设备的应用也不够广泛。

目前被广泛关注并被逐步应用的是 IEEE 提出的 802.16 技术。这是一种新兴的宽带无线接入技术，主要用于城域网，有固定、游牧、便携、简单移动和自由移动五类业务应用场景。随着 802.16 技术从固定无线接入发展到移动无线接入，其应用的场景也会从固定接入发展到自由移动。802.16 技术具有较高的频谱利用率和传输速率，非常适合提供宽带上网和移动视频业务，因此具有很大的优势。

无线局域网（WLAN）也是一种被广泛关注和应用的无线接入技术，是在有线局域网技术的基础上发展起来的，亦属于局域网技术。该技术改变了人们利用线路接入 Internet 的模式，摆脱了线缆的束缚，工作在 2.4 GHz 免许可频段和 5 GHz 频段。由于免许可频段受到功率以及局域网本身定位的限制，因而 WLAN 主要在室内近距离使用，覆盖范围一般在 100 m 以内，面向个人用户，为低速移动用户提供 IP 数据业务。

1.2.2 按传输的信号形式分类

接入网按照传输信号形式的不同可以分为数字接入网和模拟接入网。

数字信号指自变量是离散的、因变量也是离散的信号，这种信号的自变量用整数表示，因变量用有限数字中的一个数字来表示。数字信号在传输过程中不仅具有较高的抗干扰性，还可以通过压缩，占用较少的带宽，实现在相同的带宽内传输更多、更高音频以及视频等数字信号的效果。

模拟信号是指信息参数在给定范围内表现为连续的信号，或在一段连续的时间间隔内，其代表信息的特征量可以在任意瞬间呈现为任意数值的信号。模拟信号是指用连续变化的物理量表示的信息，其信号的幅度或频率或相位随时间作连续变化，例如，广播的声音信号，电视的图像信号等。

（1）数字接入网：接入网中传输的是数字信号，如 HDSL、光纤接入网和以太网接入等。

（2）模拟接入网：接入网中传输的是模拟信号，如 ADSL。

1.2.3　按接入业务的速率分类

接入网按照接入业务的速率不同可以分为窄带接入网和宽带接入网。

对于宽带接入网，不同的行业有不同的定义。宽带与窄带的一般划分标准是用户网络接口上的速率，用户网络接口上的最大接入速率超过 2 Mb/s 的用户接入称为宽带接入。

接口速率的高低是区分窄带与宽带的一个方面，窄带接入网与宽带接入网更本质的区别是对信息的传送方式不同。窄带接入网基于电路方式传送（它是基于支持传统的 64 kb/s 的电路交换业务发展而来的）业务，适合解决对语音等带宽固定、对 QoS 要求比较高的实时业务的传送，而对以 IP 为主流的高速数据业务支持能力较差。宽带接入网则以分组传送方式为基础，这些分组可以是 ATM 信元、IP 数据包、帧中继帧或以太网帧等。宽带接入网适合用来解决数据业务的接入。

目前应用比较广泛的有线接入技术主要有非对称数字用户线技术（包括 ADSL2 技术、ADSL2＋技术）、甚高速数字用户线技术（包括 VDSL2 技术）、混合光纤同轴电缆网（即 HFC 技术）、以太网接入技术、光纤接入技术（即 PON 技术）等，以及区域多点传输服务（即 LMDS 技术）、无线局域网（即 WLAN 技术）、全球微波互联接入技术（WiMAX）等无线宽带接入网技术。

1.3　接入网接口

在前面的学习中，我们了解到，接入网的范围可以由业务节点接口（Service Node Interface，SNI）、用户网络接口（User Network Interface，UNI）以及电信管理接口（Q3）界定。在接入网的建设中，还有一个非常重要的接口——V5 接口。V5 接口是数字用户传输系统和本地交换机之间的新型数字接口。

1.3.1　业务节点接口

1. 业务节点的概念

业务节点，是指能独立地提供某种业务的实体（设备和模块），是一种可以接入各种交换型或永久连接型电信业务的网元。可提供规定业务的业务节点有本地交换机、X.25 节点、租用线业务节点（如 DDN 节点机）、特定配置下的点播电视和广播电视业务节点等。

2. 业务节点的类型

1）按照接入类型划分节点

业务节点按照支持的接入类型可分为三种：

- 仅支持一种接入类型；
- 可支持多种接入类型，但所有接入类型支持相同的接入能力；
- 可支持多种接入类型，且每种接入类型支持不同的承载能力。

2）支持特定业务的节点

按照特定的业务节点类型所要求的能力，根据所选择的接入类型、接入承载能力和业务要求可以规定合适的业务节点接口。支持一种特定业务的业务节点有：

- 单个本地交换机（例如，公用电话网业务、窄带 ISDN 业务、宽带 ISDN 业务以及分组数据网业务等）；
- 单个租用线业务节点（例如，以电路方式为基础的租用线业务，以 ATM 为基础的租用线业务，以及以分组方式为基础的租用线业务等）；
- 特定配置下提供数字图像和声音点播业务的业务节点；
- 特定配置下提供数字或模拟图像和声音广播业务的业务节点。

3. 业务节点接口

业务节点接口（SNI）是接入网（AN）和一个业务节点（SN）之间的接口，位于接入网的业务侧。

传统的交换机是通过模拟 Z 接口与用户设备相连接的。在接入网的演变过程中，作为一种过渡性措施，还存在着模拟业务节点接口的应用。DLC（数字环路载波）系统的 SNI 就是模拟 Z 接口。但是，在 DLC 系统中，因为对每一个话路都要进行 A/D 和 D/A 转换，从而导致话路成本提高，可靠性降低，系统的维护量大，业务升级困难，所以，模拟 SNI 不适合业务节点的发展。

数字业务的发展要求从用户到业务节点之间是透明的纯数字连接，即要求业务节点能提供纯数字用户的接入能力。因此，要求新开发的业务节点都具有数字的业务节点接口，数字 SNI 称为 V 接口。

按照 SNI 的定义，SNI 可以支持多种不同类型的接入。传统的参考点只允许单个接入，例如，当 ISDN 用户从 BA（基本接入）接入使用 V1 参考点时，V1 仅仅是参考点，没有实际的物理接口，而且只允许接入单个 UNI；当 ISDN 用户从 PRA（基群接入）接入时使用 V3 参考点时，V3 参考点也只允许接入单个 UNI；当用户以 B－ISDN 方式使用 VBI 参考点接入时，VBI 参考点仍只允许接入单个 UNI。

近年来，ITU－T 开发并规范了两个新的综合接入接口，即 V5.1 接口和 V5.2 接口，从而使长期以来封闭的交换机用户接口成为标准化的开放型接口，使本地交换机可以与接入网经标准接口任意互连，而不再受到单一厂商的限制，也不再局限于特定传输介质和网络结构。因此，V5 接口具有极大的灵活性。V5 接口的标准化代表了接入网技术的重大演变，具有非常重要和深远的意义。

1.3.2 用户网络接口

用户网络接口（User Network Interface，UNI）是用户和网络之间的接口。由于所使用的业务种类的不同，用户可能有各种各样的终端设备，因此会有各种各样的用户网络接口，用户网络接口分为模拟用户网络 Z 接口和数字用户网络 U 接口。

1. Z 接口

Z 接口是交换机和模拟用户线的接口。在当今的电信网中，模拟用户线和模拟话机仍然存在。因此，任何一个接入网都需要安装 Z 接口，用以接入数量众多的模拟用户线（包括模拟话机、模拟调制解调器等）。

Z 接口提供了模拟用户线的连接，并且传送诸如语音、话带数据及多频信号等。此外，Z 接口必须对话机提供直流馈电，并在不同的应用场合提供诸如直流信令、双音多频（DTMF）、脉冲、振铃、计时等功能。

在接入网中，要求远端机尽量做到无人维护，因此对接入网所提供的 Z 接口的可靠性有较高的要求。另外，对接入网提供的 Z 接口还应能进行远端测试。

2. U 接口

在 ISDN 基本接入应用中，将网络终端（NT）和交换机线路终端（LT）之间的传输线路称为数字传输系统（Digital Transmission System），又称为 U 接口。引入接入网之后，U 接口是指接入网与网络终端 NT 之间的接口，是一种数字的用户网络接口。

U 接口用来描述用户线上传输的双向数据信号。U 接口的功能如下：

(1) 发送和接收线路信号，这是 U 接口最主要的功能；

(2) 远端供电；

(3) 环路测试；

(4) 线路激活与解激活；

(5) 电话防护等。

1.3.3　电信管理网接口

电信管理网（Telecommunication Management Network，TMN）是现代电信网运行的支撑系统之一，是为保持电信网正常运行和服务，对它进行有效的管理所建立的软、硬件系统和组织体系的总称。

电信管理网主要包括网络管理系统、维护监控系统等。电信管理网的主要功能是：根据各局间的业务流向和流量统计数据有效地组织网络流量分配；根据网络状态，经过分析判断进行电路调度、组织迂回和流量控制等，以避免网络过负荷和阻塞扩散；在出现故障时根据告警信号和异常数据采取封闭、启动、倒换和更换故障部件等措施，尽可能使通信及相关设备恢复正常和保持良好的运行状态。随着网络的不断扩大和设备更新，维护管理的软硬件系统将进一步加强、完善和集中，从而使维护管理更加机动、灵活、适时、有效。

Q3 接口是 ITU 规定的 TMN 网络管理体系中的一部分，是由电信设备生产商实现的对该设备进行数据获取和操作的管理接口，其规定十分复杂，但现在已是工业标准，所有的电信设备都需遵循。

目前 TMN 接口的标准化主要集中在 Q3 接口上。Q3 接口与我们通常谈到的接口大不相同，比如一个 RS232 接口是比较单一的通信接口，而 Q3 接口是一个集合，而且是跨越了整个 OSI 七层模型的协议的集合。

从第一层到第三层的 Q3 接口协议标准是 Q.811，称之为低层协议栈。从第四层到第七层的 Q3 接口协议标准是 Q.812，称之为高层协议。Q.811/Q.812 适用于任何一种 Q3

接口。Q.812 中最上层的两个协议是通用管理信息协议(CMIP)与文件传输访问管理协议(FTAM)，前者用于面向事物处理的管理应用，后者用于面向文件传输的文件传送、接入与管理。在这里还要特别指出，Q3 接口不仅包括在第七层中用到的管理信息和管理信息模型(MIB)，在通信协议 Q.811/Q.812 之上，还要有 G.774 和 M.3100。M.3100 是面向网元的通用信息模型。G.774 是 SDH 的管理信息模型。Q.821、Q.822 是 Q3 接口中关于告警和性能管理的支持对象的定义。言而总之，Q3 接口是一个协议标准集合。

1.3.4 V5 接口

1. V5 接口的概念

随着通信网的数字化，光纤和数字用户传输系统的大量引入，这些都要求本地交换机提供数字用户接入的能力。目前 ITU 已经定义的 V1 到 V4 接口都不够标准化，其中 V1、V3 和 V4 仅用于 ISDN，V2 接口虽然可以连接本地或远端的数字通信业务，但在具体的使用中其通路类型、通路分配方式和信令规范也难以达到标准化程度，影响了应用的经济性。

V5 接口作为一种标准化的、完全开放的接口，是专为接入网发展而提出的交换机设备和接入网之间的接口。连接本地交换机和用户终端设备的用户环路无论是从实现业务接入方面还是从占用通信投资比重方面，都是通信网中的一个很重要的组成部分。V5 接口正是为了适应接入网(AN)范围内的多种传输媒介、多种接入配置和业务而提出的。

2. V5 接口的技术特点及基本功能

1) V5 接口的技术特点

V5.1 接口由单个 2048 kb/s 链路构成，用于支持下列接入类型：模拟电话接入，基于 64 kb/s 的综合业务数字网(ISDN)基本接入和用于半永久连接的、不加带外信令信息的其他模拟接入或数字接入。这些接入类型都具有指配的承载通路分配功能，即用户端口与 V5.1 接口内承载通路有固定的对应关系，在接入网内无集线能力。

V5.2 接口按需要可以由 1～16 个 2048 kb/s 链路构成，除了支持 V5.1 接口提供的接入类型外，还可支持 ISDN 一次群速率接入。这些接入类型都具有灵活的、基于呼叫的承载通路分配，并且在 AN 内和 V5.2 接口上具有集线能力。对于模拟电话接入，既支持单个用户接入，也支持自动用户小交换机(PABX)的接入，其中用户线信令可以是双音多频(DTMF)或是线路状态信令，并且对用户的补充(附加)业务没有任何影响。在 PABX 接入的情况下，也可以支持 PABX 的直接拨入(DDI)功能。对于 ISDN 接入，B 通路上的承载业务、用户综合(终端)业务以及补充业务均不受限制，同时也支持 D 通路和 B 通路中的分组数据业务。

2) V5 接口基本功能协议结构

V5 接口协议簇规定了接入网(Access Network)和本地交换网(Local Exchange)之间互联的信号物理标准、呼叫控制信息传递协议，属于业务节点接口 SNI(Service Node Interface)协议。

V5 协议提供了接入网和本地交换网间的标准接口，使得 PSTN/ISDN 用户端口终止于接入网，而不是本地交换网。通过 V5 协议，接入网 AN 只需要完成对用户端窄带业务的提供，呼叫控制功能仍然留给本地交换网 LE 完成。这样就各司其职，独立发展，有助于网间互联。

V5 协议主要包括如下功能：

（1）允许接入网通过复用/解复用对多个用户的信令和数据流进行更有效的传输；

（2）允许通过 Q3 接口对接入网进行网络管理；

（3）允许进行接入网的资源管理（Administration of Resources）和资源维护（Maintenance of Resources）；

（4）允许用户选择本地交换网（Selection of the Local Exchange）；

（5）能充分有效地利用网络带宽资源。

V5 协议工作的位置如图 1-8 所示。

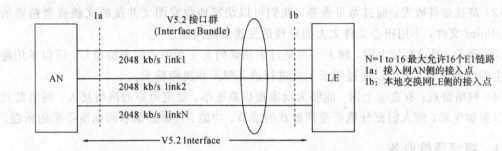

图 1-8　V5 的工作位置

1.4　宽带业务应用

宽带业务是指通过宽带接入手段承载的各种业务。本节介绍目前已经广泛应用的宽带业务，包括 VoIP 业务、宽带业务、视频通信业务和 IPTV 业务等，主要介绍这些业务的定义和应用情况。

1.4.1　VoIP 业务

VoIP 业务简而言之就是将模拟语音信号（Voice）数字化，以数据封包（Data Packet）的形式在 IP 数据网络（IP Network）上做实时传递。VoIP 是指将模拟语音信号经过压缩编码与封包之后，以数据包的形式在 IP 网络的环境下进行传送和控制，实现语音通信和相应的增值业务。

VoIP 最大的优势是能广泛地采用 Internet 和全球 IP 互连的环境，提供比传统业务更多、更好的服务。VoIP 可以在 IP 网络上免费传送语音、传真、视频和数据等业务，如统一消息、虚拟电话、虚拟语音/传真邮箱、查号业务、Internet 呼叫中心、Internet 呼叫管理、电视会议、电子商务、传真存储转发和各种信息的存储转发等。

VoIP 业务的基本原理是：通过语音的压缩算法对语音数据编码进行压缩处理，然后把这些语音数据按 TCP/IP 标准进行打包，经过 IP 网络把数据包送至接收地（目的地址），再把这些语音数据包串（拼接）起来，经过解压处理后，恢复成原来的语音信号，从而达到由互联网传送语音的目的。

1.4.2　宽带业务

宽带业务主要是指通过宽带接入网络（通常指互联网）可以实现的业务，是相对以前采用 56 kb/s 拨号 modem 上网而言的，它可以更高的速度接入网络，享受快速高品质的信息浏览、文件上传、聊天、收发邮件、网络游戏、在线音乐、网络视频等相关业务。

近年来，随着宽带业务技术、网络技术、IT 技术的相互融合及迅猛发展，宽带业务无处不见。以下简单地列举几个现实生活中比较常见的宽带业务：

（1）高速信息浏览、高速上传、高速下载：通过宽带网络访问网页上的文字、图片、声音等，都不再受传送速率的限制，可以非常快地展现出来，可以上传和下载一些较大的文件。

（2）高速邮件收发：通过宽带业务，我们可以快速地收发图文并茂的文档或者精美的 PowerPoint 文件，不用担心文件太大而导致的发送慢的问题。

（3）聊天：通过宽带上网，聊天不再是过去枯燥的文字和单调的表情符号，可以采用趣味横生的动画表情，还可以通过聊天工具进行语音聊天和视频聊天。

（4）网络游戏：有宽带上网，能够为玩家提供高速率、稳定可靠的网络接入，网络游戏才可以更加生动，使人们充分地享受到游戏的情节、功能、人物形象和画面所带来的乐趣。

1.4.3 视频通信业务

视频通信是指在公共或专用通信网络上，实时传送以视频为主，兼有音频、数据等多媒体信息的双方或者多方通信服务。早期，视频通信主要是政府机关、事业单位的远程行政会议的应用，习惯被称为"会议电视"或"视频会议"。随着多媒体技术、IP 网络技术、IT 数据应用的发展，传送的信息不再仅仅局限于视频和音频，扩展至视频、音频、数据、图形、图像、文字、Web 应用、远程协作、媒体信息的广播或存储等。目前，视频通信业务已包括视频会议、个人视频通信、可视电话、应急指挥、远程教育、远程医疗、远程监控等众多领域。

1.4.4 IPTV 业务

IPTV 即交互式网络电视，是一种利用宽带网，集互联网、多媒体、通信等技术于一体，向家庭用户提供包括数字电视在内的多种交互式服务的崭新技术。它能够很好地适应当今网络飞速发展的趋势，充分有效地利用网络资源。

用户在家中可以有三种方式享受 IPTV 服务：① 计算机；② 网络机顶盒＋普通电视机；③ 移动终端（如手机、iPad 等）。IPTV 能够很好地适应当今网络飞速发展的趋势，充分有效地利用网络资源。IPTV 既不同于传统的模拟式有线电视，也不同于经典的数字电视。因为传统的和经典的数字电视都具有频分制、定时、单向广播等特点。尽管经典的数字电视相对于模拟电视有许多技术革新，但只是信号形式的改变，而没有触及媒体内容的传播方式。

1.4.5 多媒体业务

多媒体通信业务融合了人们对现有的视频、音频和数据通信等方面的需求，改变了人们工作、生活和相互交往的方式。在多媒体通信业务中，信息媒体的种类和业务形式多种多样。

多媒体的关键特性在于信息载体的多样性、交互性和集成性。信息载体的多样性体现在信息采集、传输、处理和显现的过程中，涉及多种表示媒体、传输媒体、存储媒体或显现媒体，或者多个信源或信宿的交互作用。集成性和交互性在于所处理的文字、数据、声音、图像、图形等媒体数据是一个有机的整体，而不是一个个"分离"的信息类的简单堆积，多种媒体间无论在时间上还是在空间上都存在着紧密的联系,是具有同步性和协调性的群体。同时,使用者对信息处理的全过程能进行完全有效的控制,并把结果综合地表现出来,而不是只以数据、文字、图形或声音等形式进行处理。

本 章 小 结

(1) 接入网(AN)是整个电信网(TN)的一个子网,其作用是连接用户网络(UN)与业务节点(SN),为用户提供各种业务的透明传输。

(2) 接入网由业务节点接口(SNI)和用户网络接口(UNI)之间的一系列传送实体组成,是为电信业务而提供的所需传送承载能力的实施系统,可经由管理接口(Q3)配置和管理。

(3) 接入网的拓扑结构包括:星型结构、双星型结构、总线型结构、环状结构以及树型结构。

(4) 接入网的功能结构分为5个基本功能组:用户口功能(UPF)、业务口功能(SPF)、核心功能(CF)、传送功能(TF)和接入网系统管理功能(AN-SMF)。

(5) 接入网按所用传输介质的不同可以分为有线接入网和无线接入网两大类。

(6) 接入网按照传输信号形式的不同可以分为数字接入网和模拟接入网。

(7) 接入网按照接入业务的速率不同可以分为窄带接入网和宽带接入网。

通 信 故 事

网络写给接入的一封信

亲爱的埃克斯(Access):

自从30年前你加入我们网络的大家庭以来,你逐渐长大,也成了明星,让千家万户顺利地进行沟通,帮助大家上网,打电话,看电视。你让每个人变得更加快乐,让大家心灵相通,今天我们一起来回顾一下这趟旅程吧。

当我还年轻的时候,我认为网络就是一切,生活就该绕着我转。后来,你进入了我的世界,带来种种好奇和微笑,总能填满我的心,照亮我的日子。你不但和兄弟姐妹相处的很好,而且让人们随时随地地接入网络,看到大家的距离变得更近了,真是舒心啊。

脱下马甲,我们可以看到你的三个组成部分,分别是管理系统、终端和网元。管理系统就是你的脑袋,网元是你的身子,终端是你的触角。

这个世界,任何人不允许独立存在。你和人们的关系,我们称之为用户侧接口(UNI);你和我的关系,称之为网络侧接口(SNI)。为了让你更加健康安全,适当的管理也是需要的。管理时记得遵循统一的规章制度,要管理的功能很多,有性能管理、故障管理、配置管理、计算管理和安全管理。希望你能充分发掘潜能,不断挑战自我,为了实现用户至上而奋斗终生。

习 题

1-1　简述接入网的定义。

1-2　简述接入网的定界。

1-3　简述电信网的三个组成部分。

1-4　简述接入网的主要功能。

1-5　什么是接入网的拓扑结构？

1-6　根据传输介质的不同，接入网的分类有哪些？

1-7　接入网系统可以提供哪些业务？

第二章　铜线接入技术

在我国，现有的电话业务已经非常普及，传统的电话接入线路以铜线作为传输介质，利用各种先进的调制和编码技术来提高信号的传输速率及传输距离，这种传统的电话接入网络构成了整个通信系统的重要部分。随着接入网技术的不断发展，铜线接入技术也在不断进步，出现了采用不同调制方式的新型传输技术 xDSL 宽带接入技术，目前 xDSL 宽带接入技术主要应用于综合业务数字网（ISDN）的基本速率业务，本章将对流行的 HDSL、ADSL、VDSL 铜线接入技术进行介绍。

2.1　铜线接入技术概述

铜线接入技术是指以现有的电话线作为传输介质，利用各种调制技术、编码技术以及数字信号处理技术来提高铜线的传输速率和传输距离的技术。

铜线接入技术普遍应用于目前的固定电话网，通过传统的程控交换机解决了电话用户的接入问题。随着技术的发展，出现了很多接入技术，如 LAN、HFC、无线接入、光纤接入等。在理想的环境下，铜制电话线缆的接入速率受到本身材质的影响而衰减，在现有的电话网络中，通过对现有电话线缆进行升级，可以显著提高电话线缆网络的性能，但是价格昂贵。在各类铜线接入技术中，数字线对增容（DPG）技术是最早提出并得以应用的，它可实现在一对用户线上双向传送 160 kb/s 的数字信息，传输距离达 4～6 km。由于速率太低，DPG 无法满足人们对宽带业务的需求，因此目前对铜线接入技术的研究主要集中在速率较高的各种数字用户线（xDSL）技术上。xDSL 技术，英文全称是"Digital Subscriber Line"，即数字用户线路。xDSL 技术采用先进的数字信号自适应均衡技术、回波抵消技术和高效的编码调制技术，在不同程度上提高了双绞铜线对的传输能力，为用户提供了一种低成本的综合业务接入方式。

2.1.1　公用电话交换网

公用电话交换网（Public Switched Telephone Network，PSTN）即是我们日常使用的电话网络，它是国家重要的公用通信基础设施。根据电话网络覆盖范围的不同，电话交换网络划分为国际长途电话网、国内长途电话网、本地电话网。

PSTN 是一种以模拟技术为基础的电话交换网络，在众多的广域网互联技术中，通过PSTN 进行互连所要求的通信费用最低，但其数据传输质量及传输速度也最差，同时PSTN 的网络资源利用率也比较低。电话交换网络主要提供电话通信服务，还可以提供非语音的传真、电报、图像、数据交换等数据通信类业务。

在广域网中，公用电话交换网络（PSTN）是一种利用率非常高的公共网络，在第一层及第二层的广域网连接中都可能用到，公用电话交换网的网络结构如图2-1所示。

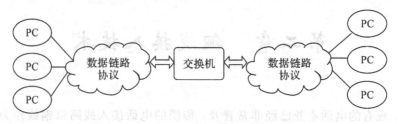

图2-1 公用电话交换网（PSTN）的网络结构

PSTN网络是分布最为广泛的通信网络，信号经过调制解调器，传输速率最高可达到56 kb/s，对于广大用户而言，PSTN网络具有网络结构简单、布局灵活、用户接入方便等特点。用户无论是使用电脑通过拨号的方式连接到互联网，还是通过租用专线的方式连接到互联网，都需要制定点到点的数据链路协议，以便组成帧，进行差错控制，完成数据链路层的功能。广泛应用于互联网的有两种数据链路协议，一种是点到点协议（Point to Point Protocd，PPP），另一种是串行IP协议（Serial Line IP，SLIP）。

2.1.2 铜线接入线路的分类

铜线接入线路又分为双绞铜线、音频对称电缆和同轴电缆。

1. 双绞线

双绞线是综合布线工程中最常用的一种传输介质，把两根绝缘的铜导线按照一定的密度逆时针互相绞在一起，可降低导线彼此产生信号的干扰程度，每一根导线在传输中辐射的电波会被另一根导线上发出的电波抵消。其中绝缘外套中包裹的铜线两两相绞，形成双绞线对，因此得名双绞铜线。双绞铜线绞合密度越强，抗干扰能力就越强。与其他传输介质相比，双绞线在传输距离、信道宽度和数据传输速度等方面均受到一定限制，但价格较为低廉。双绞铜线分为屏蔽双绞线（Shielded Twisted Pair，STP）和非屏蔽双绞线（Unshielded Twisted Pair，UTP）。其区别在于：屏蔽双绞线外层由铝箔包裹着，而非屏蔽双绞线外层没有包裹，屏蔽双绞线可以减少辐射，防止外部电磁干扰，传输速率比相应的非屏蔽双绞线高。

按照频率和信噪比可将双绞线数据电缆分为三类、四类、五类和超五类等。现在很多地方已经用上了六类线甚至七类线。用在计算机网络通信方面的至少是三类以上的双绞线。以下给出各类线的相关说明。

一类：主要用于传输语音（一类标准主要用于20世纪80年代初之前的电话线缆），不用于数据传输。

二类：传输频率为1 MHz，用于语音传输和最高传输速率为4 Mb/s的数据传输，常见于使用4 Mb/s规范令牌传递协议的旧的令牌网。

三类：指目前在ANSI和EIA/TIA568标准中指定的电缆，该电缆的传输频率为16 MHz，用于语音传输及最高传输速率为10 Mb/s的数据传输。

四类：该类电缆的传输频率为20 MHz，用于语音传输和最高传输速率为16 Mb/s的数据传输，主要用于基于令牌的局域网和10 Base-T/100 Base-T网络。

五类：该类电缆增加了绕线密度，外套一种高质量的绝缘材料，传输频率为100 MHz。

用于语音传输和最高传输速率为 100 Mb/s 的数据传输，主要用于 100 Base - T 和 10 Base - T 网络。这是最常用的以太网电缆，尤其是超五类非屏蔽双绞线应用最为广泛。

在计算机通信网络中所用到的基本上都是"超五类非屏蔽双绞线缆"。超五类非屏蔽双绞线的两头分别按一定的线序压在 RJ45 水晶头内，这也就是通常大家说的"网线"。

双绞线数据电缆的性能指标包括衰减、近端串扰、阻抗特性、分布电容、直流电阻等。

2. 音频对称电缆

音频对称电缆是由多股绝缘芯线按照一定的规则扭绞而成、以语音信道为主要传输媒质的通信电缆（模拟用户环路的传输媒质）。语音信道是指传输频带在 $300\sim3400$ Hz 的音频信道。

此类电缆的芯线为线径是 $0.4\sim0.9$ mm 的铜线，每一芯线的外面用绝缘的纸或塑料覆盖而成，多股绝缘芯线按照成对扭绞或星型四线组扭绞的方式，并通过变换扭矩来减少不同线对之间的串音干扰。一条大容量的音频对称电缆是由若干"扎组"构成，每个扎组由若干"线对多元组"组成，一个线对多元组又包含若干个"线对单元"，一个线对单元可以包括 12、13 或 50 对等双绞线。音频对称电缆截面如图 2-2 所示。

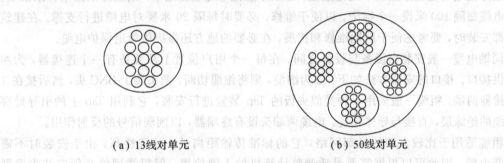

(a) 13线对单元　　　　　　　　　(b) 50线对单元

图 2-2　音频对称电缆截面图

将多股芯线扭绞在一起的主要作用是：首先，增加音频对称电缆的机械稳定性，提高其电气参数的稳定性；其次，可以减少不同线对之间的串音干扰，消除各线对之间的位置差异效应，均衡各线对之间的串音干扰。

3. 同轴电缆

同轴电缆能够传输比双绞线电缆更宽的频率范围（100 kHz～500 MHz）的信号。同轴电缆一种是用于数字信号传输，由于该电缆多用于基带传输，故其也叫基带同轴电缆；另一种是 75 Ω 同轴电缆，用于模拟信号传输。

同轴电缆是有线电视系统中用来传输射频信号的主要媒质，它是由芯线和屏蔽网筒构成的两根导体，因为这两根导体的轴心是重合的，故称同轴电缆或同轴线。射频同轴电缆由内导体、绝缘介质、外导体（屏蔽层）和护套四部分组成。

1）同轴电缆的分类

按照同轴电缆在 CATV 系统中的使用位置可将其分为三种类型。

· 干线电缆：其绝缘外径一般为 9 mm 以上的粗电缆，适用于要求损耗小、柔软性要求不高的场合。

· 支线电缆：其绝缘外径一般为 7 mm 以上的中粗电缆，适用于要求损耗较小，同时也要求具有一定的柔软性的场合。

· 用户分配网电缆：其绝缘外径一般为 5 mm，适用于对损耗要求不是主要的，但要求电缆具有良好的柔软性且与室内具有统一协调性的场合。

2) 命名方式

为了便于大家从同轴电缆的型号大致看出其结构类型，下面给出我国电缆的统一型号编制方法以及代号含义，供大家参考。同轴电缆的命名通常由四部分组成：第一部分用英文字母，分别代表电缆的代号、芯线绝缘材料、护套材料和派生特性；第二、三、四部分均用数字表示，分别代表电缆的特性阻抗（Ω）、芯线绝缘外径（mm）和结构序号，例如"SYV - 75 - 7 - 1"的含义是：该电缆为同轴射频电缆，芯线绝缘材料为聚乙烯，护套材料为聚氯乙烯，电缆的特性阻抗为 75 Ω，芯线绝缘外径为 7 mm，结构序号为 1。

3) 同轴电缆的安装

同轴电缆不可绞接，各部分是通过低损耗的连接器连接的。连接器在物理性能上与电缆相匹配。中间接头和耦合器用线管包住，以防不慎接地。若希望电缆埋在光照射不到的地方，那么最好把电缆埋在冰点以下的地层里。如果不想把电缆埋在地下，则最好采用电杆来架设。同轴电缆每隔 100 米设一个标记，以便于维修，必要时每隔 20 米要对电缆进行支撑。在建筑物内部安装时，要考虑便于后期维修和扩展，在必要的地方还需提供管道保护电缆。

同轴电缆一般安装在设备与设备之间。在每一个用户位置上都装备有一个连接器，为用户提供接口。接口的安装方法如下：如为细缆，则将细缆切断，两头装上 BNC 头，然后接在 T 型连接器两端。粗缆一般采用一种类似夹板的 Tap 装置进行安装，它利用 Tap 上的引导针穿透电缆的绝缘层，直接与导体相连。电缆两端头设有终端器，以削弱信号的反射作用。

粗缆适用于比较大型的局部网络，它的标准传输距离长、可靠性高。由于安装时不需要切断电缆，因此可以根据需要灵活调整计算机的入网位置。但粗缆网络必须安装收发器和收发器电缆，安装难度大，而且总体造价高。相反，细缆安装则比较简单，造价也低，但由于安装过程要切断电缆，两头须装上基本网络连接头（BNC），然后接在 T 型连接器两端，所以当接头多时容易产生接触不良的隐患，这是目前运行中的以太网所发生的最常见故障之一。

同轴电缆可分为两种基本类型，基带同轴电缆和宽带同轴电缆。基带同轴电缆具有高带宽和极好的噪声抑制特性。目前基带常用的电缆，其屏蔽层是用铜丝做成的网状线构成的，特征阻抗为 50 Ω（如 RG - 8、RG - 58 等）。宽带同轴电缆常用的电缆的屏蔽层通常是用铝冲压成的，特征阻抗为 75 Ω（如 RG - 59 等）。计算机网络一般选用 RG - 8 以太网粗缆和 RG - 58 以太网细缆；RG - 59 电缆用于电视系统；RG - 62 电缆用于 ARCnet 网络和 IBM3270 网络。同轴电缆的带宽取决于电缆长度，1 km 的电缆可以达到 1 ~ 2 Gb/s 的数据传输速率。还可以使用更长的电缆，由于传输速率下降明显，所以需要使用中间放大器。目前，同轴电缆大量被光纤取代，但仍广泛应用于有线电视和某些局域网中。

2.1.3 电缆调制解调接入技术

1. HFC 概述

电缆调制解调（Cable Modem，CM）接入技术是在有线电视运营商推出的混合光纤-同轴电缆(HFC)基础上发展起来的一种技术,只要在有线电视(CATV)网络内部添置电缆调制解调器(Cable Modem),就能建立起高质量的数据接入网络,不仅可以提供高速率的数据业务,还能支持电话业务。目前,在 HFC 上进行数据的传输,各大通信运营商主要提供 Internet 接入,争夺宽带接入市场。

　　HFC 的带宽容量非常大,这种高性能的 HFC 网络不仅可以提供双向的数据传输,还可以支持全部有线电视模拟、数字频道、高速因特网接入、高质量的交互式视频等业务。在数字信号电视业务替代传统的模拟信号电视业务时,在相同的信噪比条件下,使用 QAM 编码的调制技术可以在一个 6 MHz 频道内获得 43 Mb/s 的容量,如果按照 MPEG-2 标准视听业务压缩方案,3 至 6 Mb/s 的数字压缩视频信号可以传输高质量的视频信号,所以单路的模拟视频频道可以传输 6~10 路数字视频频道信号。

　　HFC 网络数据传输系统是指利用 HFC 网络进行双向数据传输的系统,通常是由前端、干线和分配网络及用户端设备组成,其数据通信系统如图 2-3 所示。

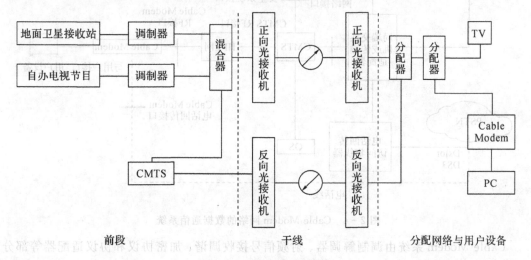

图 2-3　HFC 的网络结构

　　(1)前端:前端设备完成有线电视信号的处理,从各种信号源(天线、地面卫星接收站、摄像机)解调出视频和音频信号,然后将解调出来的信号调制到特定的载波上,完成频道处理过程。数字前端的主要设备称为 CMTS(Cable Modem Termination System),它包括时分复接与接口转换设备、调制解调器。

　　(2)干线:有线电视信号载波和下行的数据载波(正向信号)在前端混合后送往各小区,在距离较近的情况下,可以用同轴电缆进行传送,在主干线路上的同轴电缆线路叫做干线。如果前端到小区的距离较远,就需要采用光纤传输系统。

　　(3)分配网络及用户设备:分配网络的功能不仅能完成正向信号的分配,还能完成反向信号的汇聚。正向信号从前端通过干线(光传输系统或同轴电缆)传送到小区后,通过分配网络进行分配,小区中的各用户都能以合适的接收功率收看电视节目,从干线末端放大器或光接收机到用户终端设备的网络就是用户分配网。各用户的上行数据信号在 Cable Modem 中被调制,上行数据载波信号沿着与正向信号相反的路径汇聚到光站上。光站上输入输出端口具有互易性,光站上分配器对于正向信号具有分支分配的作用,而对于反向信号具有混合聚集的作用。

2. Cable Modem 系统工作原理

Cable Modem(电缆调制解调)系统工作在双向 HFC 网络上,是 HFC 网络的一部分,Cable Modem 与以往的 Modem 在原理上都是将数据进行调制后在 Cable(电缆)的一个速率范围内传输,接收时进行解调。其区别之处在于,Modem 是通过 HFC 网络中的特定的传输频带进行调制解调的,Cable Modem 属于共享介质系统;普通的 Modem 传输介质在用户与访问服务器之间是独立的,属于独享传输介质。Cable Modem 网络的数据通信系统如图 2-4 所示。

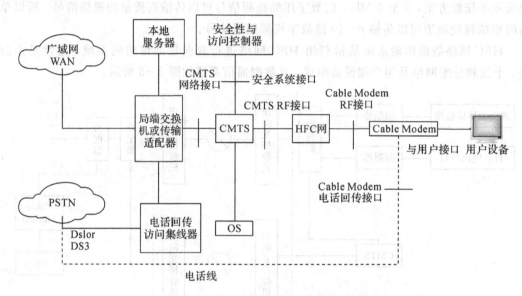

图 2-4 Cable Modem 网络的数据通信系统

Cable Modem 系统由调制解调器、射频信号接收调谐、加密协议和协议适配器等部分构成,为用户端 PC 和 HFC 网络之间建立起连接的桥梁,电缆调制解调器与 CMTS 组成完整的数据通信系统,完成用户数据信息在 HFC 网络中的传输。使用 Cable Modem 系统传输数据,利用的是 HFC 网络中的某一个频道,将 HFC 网络划分为三个带宽,分别用于 Cable Modem 系统数字信号上传、数字信号下传、电视节目模拟信号下传。

HFC 网络的频段范围为 5～860 MHz,模拟信号下传频段范围为 50～550 MHz,数字信号上传频段范围为 5～42 MHz,数字信号下传频段范围为 550～860 MHz。

有线电视运营商为了实现 Internet 接入,一般从 88～860 MHz 中间的电视频道中分离出一条 6 MHz(或 8 MHz)的通道用于传输下行数据。有线电视网络采用模拟传输协议,Cable Modem 系统用于完成数字信号的转换工作。

Cable Modem 的前端系统 CMTS 能够与所有的 Cable Modem 进行通信,当两个 Cable Modem 系统进行通信时,必须经由 CMTS 转播信息。由于有线电视网络属于共享资源,所以 Cable Modem 系统还具有数据加密及解密的功能。通过 Internet 发送数据流时,本地 Cable Modem 系统对数据进行加密,有线电视网络服务器端的 CMTS 对数据解密,然后送给 Internet。当接收数据流时,经有线电视网服务器端 CMTS 加密数据,传送到有线电视网，最终由本地计算机上的 Cable Modem 系统解密数据。

2.2　HDSL 数字用户线路接入技术

xDSL(Digital Subscriber Line)的中文名字是数字用户线技术，是 20 世纪 80 年代后期产生的以电话铜线为传输介质的一种新技术，是采用不同的调制方式将信息在现有的 PSTN 公用电话网络引入线上高速传输的一种技术，它包括 HDSL 技术、ADSL 技术、VDSL 技术、SDSL 技术和 RADSL 技术等，下面重点介绍 HDSL 技术、ADSL 技术、VDSL 技术。

20 世纪 80 年代贝尔实验室发明了 HDSL(High‐speed Digital Subscriber Line，高速率数字用户线路)。HDSL 技术是 xDSL 家族中开发比较早、应用比较广泛的一种采用回波抑制、自适应滤波和高速数字处理的技术，使用 2B1Q 编码，利用两对双绞线实现数据的双向对称传输，传输速率为 2048 (kb/s)/1544 (kb/s)(E1/T1)，传输误码率为 10^{-10}，使用 24 AWG(American Wire Gauge，美国线缆规程)双绞线(相当于 0.51 mm)时传输距离可以达到 3～4 km，可以提供标准 E1/T1 接口和 V.35 接口。线径如果更大，其传输的距离最大可达 10 km，HDSL 用户线路对于其他线对干扰小，设备成本低，安装简便，易于管理和维护。

HDSL 系统的主要用户是企事业单位，它可以为单位用户灵活地提供租用线路和会议电视等业务，HDSL 也可以作为无线基站和移动交换中心的低成本数字链路，还可以提供点到多点的数字连接。

1. HDSL 接入技术网络结构

HDSL 接入技术的系统构成如图 2‐5 所示。

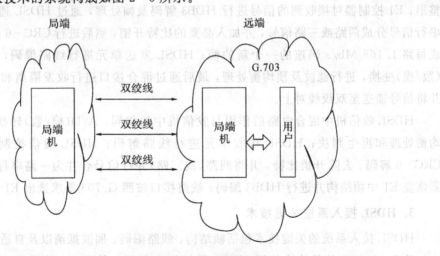

图 2‐5　HDSL 接入系统的构成

如图 2‐5 所示，HDSL 接入系统是由局端机、远端机以及两对或三对双绞线组成的。局端机和远端机是由 HDSL 收发信机构成的。位于局端的 HDSL 收发信机通过网络侧标准 G.703 接口与交换机相连，在 HDSL 信号的传输过程中，2 Mb/s 的比特流被分解在两对

（或三对）双绞线上传输，发送端将分解的信号映射入 HDSL 帧，接收端再把这些分解的 HDSL 帧重新组合成原始信号。

2. HDSL 接入技术工作原理

HDSL 接入技术利用现有铜缆用户线中两对或三对双绞线提供全双工的 1.5 Mb/s 或 2.048 Mb/s 的数字连接能力，其核心部件就是 HDSL 收发信机，可进行双向传输。HDSL 收发信机工作原理如图 2-6 所示。

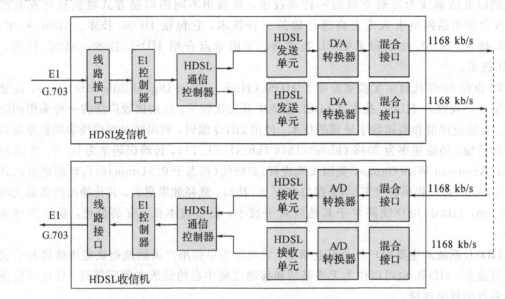

图 2-6　HDSL 收发信机工作原理

HDSL 发信机线路接口单元接收 2.048 Mb/s 的 E1 信号，并对该信号进行时钟提取和整形；E1 控制器对接收到的信号进行 HDB3 解码及帧处理，通过 HDSL 通信控制器将 E1 串行信号分成两路或三路信号，并加入必要的比特开销，然后进行 CRC-6 编码和扰码，形成每路 1.168 Mb/s 码速的一个新的帧；HDSL 发送单元进行线路编码，信号经过 D/A（数/模）变换，进行滤波及预均衡处理，最后通过混合接口进行收发隔离和回波抵消处理，并将信号馈送至双绞线对上。

HDSL 收信机中混合电路的作用与发信机中的相同，A/D（模/数）转换器进行自适应均衡处理和再生判决；HDSL 接收单元进行线路解码；HDSL 通信控制器进行解扰、CRC-6 解码、去除开销比特，并将两路（或三路）并行信号合并为一路串行信号；E1 控制器恢复 E1 中帧结构并进行 HDB3 编码；线路接口按照 G.703 要求选出 E1 信号。

3. HDSL 接入系统关键技术

HDSL 接入系统的关键技术包括帧结构、线路编码、回波抵消以及自适应均衡技术。

首先，HDSL 信号传输包括 HDSL 帧结构和空闲比特码组。当使用 E1 进行传输时，HDSL 链路是一个成帧的传输信道，可以连续发送一系列的帧，每两个帧之间没有间歇。无信息传输的情况下，会发送特定的空闲比特码组。

HDSL 的数据帧有应用帧、核心帧和 HDSL 帧三种。应用帧是根据用户应用而决定的数据帧结构。核心帧是 HDSL 内部的数据帧,是将不同应用帧数据映射为统一的 144 字节的净荷,HDSL 可以由此统一处理不同应用的数据。HDSL 帧是对应每个 HDSL 收发器的数据帧,包括核心帧、定位比特、维护比特和开销比特等。

在 HDSL 信号的传输过程中,2 Mb/s 的比特流被分解在两对(或三对)双绞线上传输,发送端将分解的信号映射入 HDSL 帧,接收端再把这些分解的 HDSL 帧重新组合成原始信号。

HDSL 帧结构如图 2-7 所示。HDSL 帧时长为 6 ms,编码为 2B1Q 码。

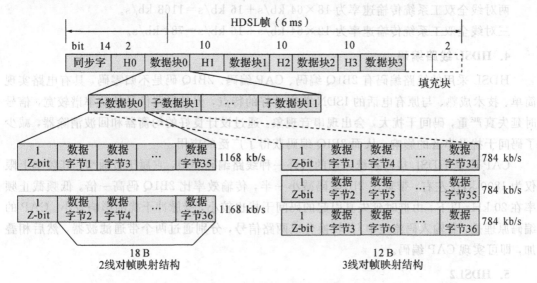

图 2-7 HDSL 帧结构示意图

采用 1~3 对双绞线传输,选择不同对数双绞线是因为传输比特率不同,而帧时长相同。由于不同双绞线对的电气特性可能不同,会造成多路信号之间有不同的传输延迟,给接收端的信号恢复带来障碍。解决办法是在 HDSL 帧中加入 0 或 2 个填充符号,对应于 2B1Q 码的四元符号,相当于 4 bit。

HDSL 帧结构中,H 字节包括 CRC-6、指示比特、嵌入操作信道(Embedded Operation Channel,EOC)和修正字等。Z-bit 为开销字节,目前尚未定义。

开销字节是为 HDSL 操作目的而用的,数据字节用来传输 2.304 Mb/s 核心帧容量的数据,每 HDSL 帧结构共有 48 个子数据块。

1) 数据结构

1 线对系统每子数据块 289=288+1bit,36B,总比特数=14(同步字)+32(H 开销)+289(数据块)×48+0(4)=13918(13922)。

2 线对系统每子数据块 145=144+1bit,18B,总比特数=14(同步字)+32(H 开销)+145(数据块)×48+0(4)=7006(7010)。

3 线对系统每子数据块 97=96+1bit,12B,总比特数=14(同步字)+32(H 开销)+97(数据块)×48+0(4)(填充符号)=4702(4706)。

2) 帧速率

1 线对系统:HDSL 帧长度 6 ms,平均长度 13920 bit,速率=13920/6=2320 kb/s。

2 线对系统：HDSL 帧长度 6 ms，平均长度 7008 bit，速率＝7008/6＝1168 kb/s。

3 线对系统：HDSL 帧长度 6 ms，平均长度 4704 bit，速率＝4704/6＝784 kb/s。

加入填充符号后，将调整帧长度、平均比特长度和速率，如 3 线对时间范围是 $(6-2/784)$ ms 或 $(6+2/784)$ ms。数据块中的每个字节为 8 bit，传输速率为 64 kb/s，因此也可以以如下方式计算：

——对线全双工系统传输速率为 $36×64$ kb/s＋16 kb/s＝2320 kb/s。

两对线全双工系统传输速率为 $18×64$ kb/s＋16 kb/s＝1168 kb/s。

三对线全双工系统传输速率为 $12×64$ kb/s＋16 kb/s＝784 kb/s。

4. HDSL 线路编码

HDSL 采用的线路编码有 2B1Q 编码、CAP 编码。2B1Q 码是不归零码，具有电路实现简单、技术成熟、与原有电话的 ISDN 兼容性好的特点，但是线路信号的功率谱较宽，信号时延失真严重，码间干扰大，会出现串音现象。通过设计良好的均衡器和回波消除器，减少了码间干扰及串音的影响，从而 2B1Q 编码获得了广泛的应用。

CAP 码是 HDSL 接入系统采用的另外一种线路编码类型，它属于带通型，其频率上限仅为 1800 kHz 左右，带宽比 2B1Q 码减小一半，传输效率比 2B1Q 码高一倍。低频截止频率在 20 kHz 以下，由群时延失真引起的码间干扰也较小，受脉冲干扰的影响较小。CAP 的编码原理是：将输入码流经串/并转换分成两路信号，分别通过两个带通滤波器，然后相叠加，即可实现 CAP 编码。

5. HDSL2

在 HDSL 技术的基础上开发出的第二代高速率数字用户线，叫做 HDSL2，可以在单对铜双绞线上实现 E1/T1 传输，应用前景更为广泛。为了解决 HDSL 存在的缺陷，ANSI(北美地区标准化组织)发布了 HDSL2 技术，实现了设备的标准化，解决了互通性问题。它可以采用 CAP 编码，增加了传输距离，并且可以允许语音和数据同传，可以使用一对或两对双绞线，采用 OPTIS 调制技术，串话干扰性能低于 5 dB。在美国，传统通信公司采用 HDSL2 解决高需求区铜线缺乏的问题，而新通信公司对 HDSL2 的兴趣在于它可以节省成本。另外，HDSL2 可以与 ITU－T 发布的 G. SHDSL 标准兼容。由于 ETSI(欧洲地区标准化组织)推迟了 HDSL2 的通过，延误了它在全世界的推广。目前，支持此标准的产品在中国市场上使用比较少。

HDSL2 的设计目标是一种能够传送 T1 数据的单线对对称 DSL 技术。要达到这个设计目标是非常困难的，因为本地环路的传输环境极为苛刻，传输线路上的混合电缆规格和桥接头的阻抗不匹配，加上各种各样的业务带来的串音干扰，形成了一个很差的噪声环境。因此，要在一对铜双绞线上达到两对铜双绞线 HDSL 技术相同的传输性能，必须采用更先进的编码和数字信号处理(DSP)技术。另外，与 HDSL 一样，HDSL2 的端到端延时必须小于 500 ms，换句话说，带宽和延迟效应(导线的传输延迟和 HDSL2 成帧的处理延迟)加在一起必须小于 0.5 s。为了减少延迟，可以通过减少 HDSL2 语音通信时的远端回波来实现。

HDSL4 是第 4 代 HDSL(高数据比特率数字用户线)，是一个更高版本的 HDSL2，它通过使用两对线路(因此为 4 根导线)，传输距离比 HDSL 或 HDSL2 多出 30%，然而 HDSL2 使用一对金属线。

2.3 ADSL 数字用户线路接入技术

ADSL(Asymmetric Digital Subscriber Line)称为非对称数字用户线路，也可称作非对称数字用户环路，是一种新的数据传输方式，ADSL 技术提供的上行和下行带宽是不对称的。

ADSL 技术采用频分复用技术把普通的电话线分成了电话、上行和下行三个相对独立的信道，从而避免了相互之间的干扰，用户可以边打电话边上网。理论上，ADSL 可在 5 km 的范围内，在一对铜缆双绞线上提供最高 1 Mb/s 的上行速率和最高 8 Mb/s 的下行速率(也就是我们通常说的带宽)，能同时提供话音和数据业务。

ADSL 技术能够充分利用现有 PSTN(Public Switched Telephone Network，公共交换电话网)，只需在线路两端加装 ADSL 设备即可为用户提供高宽带服务，无需重新布线，从而可极大地降低服务成本。同时 ADSL 用户独享带宽，线路专用，不受用户增加的影响。一般来说，ADSL 速率完全取决于线路的距离，线路越长，速率越低。

2.3.1 ADSL 技术的基本原理和特点

1. ADSL 的基本原理

传统的电话线系统使用的是铜线的低频部分(4 kHz 以下频段)。而 ADSL 采用 DMT(离散多音频)技术，将原来电话线路 4 kHz 到 1.1 MHz 频段划分成 256 个频宽为 4.3125 kHz 的子频带。

其中，4 kHz 以下频段仍用于传送 POTS(传统电话业务)，20 kHz 到 138 kHz 的频段用来传送上行信号，138 kHz 到 1.1 MHz 的频段用来传送下行信号。DMT 技术可以根据线路的情况调整在每个信道上所调制的比特数，以便充分地利用线路。

一般来说，子信道的信噪比越大，在该信道上调制的比特数越多，如果某个子信道信噪比很差，则弃之不用。ADSL 可达到上行 640 kb/s、下行 8 Mb/s 的数据传输率。

由上可以看到，对于原先的电话信号而言，仍使用原先的频带，而基于 ADSL 的业务，使用的是话音以外的频带。所以，原先的电话业务不受任何影响。ADSL 采用频分多路复用技术，在一条线路上可以同时存在三个信道。当使用 HFC 方式时，通过 Cable Modem 可以使用永久连接。

2. ADSL 的特点

ADSL 技术的主要特点是不对称。Internet 业务量的统计分析结果显示，下行与上行数据业务本身的不对称性至少在 10：1 以上，所以 ADSL 是较适合的一种技术。

ADSL 技术主要具有如下特点：

(1) 充分利用现有铜线网络及带宽，只要在用户线路两端加装 ADSL 设备即可为用户提供服务。

(2) ADSL 设备随用随装，无需进行严格业务测试和网络规划，施工简单，时间短，系统初期投资小。

(3) 可以同时提供普通电话、数字通路(个人计算机)、高速远程接收(电视和电话频道)

等业务。

（4）ADSL 设备拆装容易、灵活，方便用户转移，较适合流动性强的家庭用户。

（5）充分利用双绞线上的带宽，将一般电话线路上未用到的频谱资源，以先进的调制技术，提供更大、更快的数字通路，用于高速远程接收和发送信息。

（6）使用高于 3 kHz 的频带来传输数字信号。

（7）使用高性能的离散多音频 DMT 调制编码技术。

（8）使用 FDM 频分复用和回波抵消技术。

（9）使用信号分离技术。

3. 技术性能分析

现存的用户环路主要由 UTP(非屏蔽双绞线)组成。UTP 对信号的衰减主要与传输距离和信号的频率有关，如果信号传输超过一定距离，信号的传输质量将难以保证，因此，线路衰减是影响 ADSL 性能的主要因素。ADSL 通过不对称传输，利用频分双工使上、下行信道分开，在信道重合的地方使用回声对消技术，以此来减小串扰的影响，从而实现信号的高速传送。

衰减和串扰是决定 ADSL 性能的两项指标，传输速率越高，它们对信号的影响也越大，因此 ADSL 的有效传输距离随着传输速率的提高而缩短。在实际应用中，ADSL 有选线率的问题，一般的选线率在 10% 左右。

4. 调制技术

目前被广泛采用的 ADSL 调制技术有三种：振幅调制(Quadature Amplitude Modulation，QAM)、无载波幅度/相位调制(Carrierless Amplitude Phase Modulation，CAP)、离散多音频调制(Discrete Multitone Modulation，DMT)，其中 DMT 调制技术被 ANSI 标准化小组 T1E1.4 制订的国家标准所采用，但由于此项标准推出时间不长，目前仍有相当数量的 ADSL 产品采用 QAM 或 CAP 调制技术。

目前采用的标准有 G.DMT 全速标准上行 640 kb/s/下行 6 Mb/s 和 G.Lite 标准上行 540 kb/s/下行 1.2 Mb/s。前者 4 传输速度高，但是对线路要求较高，而且必须使用信号分离器，设备费用昂贵，安装和调试也比较复杂。后者虽然传输速度一般，但是也比 Modem 和 ISDN 有很大的提高，对于一般上网已是绰绰有余，费用较低，对线路的适应能力也比较强，不需要额外的信号分离器，安装调试简单。

2.3.2 ADSL 的系统结构

1. ADSL 系统构成

非对称数字用户线路 ADSL 是由用户环路上的双绞线两端各加装一台 ADSL 局端设备和 ADSL 远端设备而构成的。ADSL 系统结构如图 2-8 所示。

对于局端 ADSL 设备，它是由 DSLAM 通过网络侧接口与不同的网络相连，提供 ADSL线路调制及数据处理业务的功能。DSLAM 上行的接口类型取决于核心骨干网的类型，早期的接口类型主要基于 ATM 接口，而后随着 IP 网络的大规模发展，DSLAM 上行的接口逐渐采用基于 IP 的 FE/GE 接口。

ADSL 远端作为独立设备与 CPN/CPE 相连。用户驻地网(CPN)包括家庭用户、企业及办公室，每一种类型的 CPN 可以包括一台或多台电脑，多台电脑可以通过路由器或代理服务器的方式连接到一个局域网上，从而连接到外部网络上。

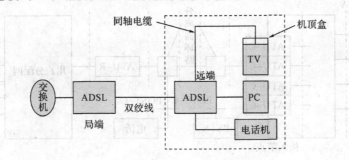

图 2-8　ADSL 系统结构图

ADSL 系统的核心是 ADSL 收发信机（即局端设备和远端设备），其原理如图 2-9 所示。

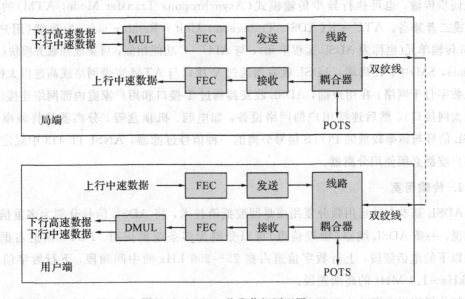

图 2-9　ADSL 收发信机原理图

应当注意，局端的 ADSL 收发信机结构与用户端不同。局端 ADSL 收发信机中的复用器（MUL）将下行高速数据与中速数据进行复接，经前向纠错（FEC）编码后送发送单元进行调制解调处理，最后经线路耦合器送到铜线上，线路耦合器将来自铜线的上行数据信号分离出来，经信号接收单元解调和 FEC 编码处理，恢复上行中速数据。线路耦合器还完成普通电话业务（POTS）信号的收发耦合。用户端 ADSL 收发信机中的线路耦合器将来自铜线的下行数据分离出来，经接收单元解调和 FEC 解码处理，送分路器（DMUL）进行分路处理，恢复出下行高速数据和中速数据，分别送给不同的终端设备。来自用户终端设备的上行数据经 FEC 编码和发送单元的调制处理，通过线路耦合器送到铜线上。普通电话业务经线路耦合器进、出铜线。

ADSL 接入网参考模型如图 2-10 所示。图中显示了 ADSL 各网元的基本关系及重要网元间的标准接口。

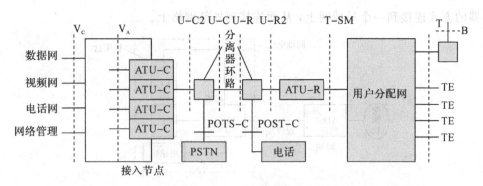

图 2-10　ADSL 接入网参考模型图

从图中可以看到，ATU-C(ADSL Transceiver Unit-Central office side)为 ADSL 网络端(局端)的 ADSL 传输单元，可执行同步传输模式(Synchronous Transfer Mode，STM)的位同步传输，也可执行异步传输模式(Asynchronous Transfer Mode，ATM)的信元传输，或二者兼备。ATU-R(ADSL Transceiver Unit-Remote side)为远端(用户端)的 ADSL传输单元(也称为 ADSL 远程单元)，与 ATU-C 功能相似，可集成到服务模块(Service Module，SM)中。在局端，ADSL 收发器通过 V 接口与 ATM 宽带网络或高速以太网连接，接入数字骨干网络；在用户端，ADSL 收发器通过 T 接口和用户家庭内部网络连接(一般使用以太网接口)，然后连接用户的网络设备，如电脑、机顶盒等。分离器是将频率较高的 ADSL 信号与频率较低的 POTS 信号分离的一种信号过滤器，ANSI TI.413 中规定网络端和客户端都必须使用分离器。

2. 传输带宽

ADSL 基本上是运用频分复用或是回波抵消技术，将 ADSL 信号分割为多重信道。简单地说，一条 ADSL 线路(物理信道)可以分割为多条逻辑信道。POTS 信道占据原来 4 kHz 以下的电话频段，上行数字信道占据 25～200 kHz 的中间频段，下行数字信道占据 200 kHz～1.1 MHz 的高端频段。

频分复用将带宽分为两部分，分别分配给上行方向的数据和下行方向的数据使用。然后，再运用时分复用技术(TDM)将下行部分的带宽分为一个以上的高速次信道(AS0、AS1、AS2、AS3)和一个以上的低速次信道(LS0、LS1、LS2)，上行部分的带宽分割为一个以上的低速次信道(LS0、LS1、LS2，对应于下行方向)，这些次信道的数目最多为 7 个。

FDM 方式的缺点是下行信号占据的频带较宽，而铜线的衰减随频率的升高迅速增大，因此，其传输距离有较大局限性。为了延长传输距离，需要压缩信号带宽。一种常用的方法是将高速下行数字信道与上行数字信道的频段重叠使用，两者之间的干扰用非对称回波抵消器予以消除。回波抵消技术是将上行带宽和下行带宽产生重叠，再以局部回波消除的方法将两个不同方向的传输带宽分离，这种技术也用在一些模拟调制解调器上。

美国国家标准学会 TI.413-1998 规定，ADSL 的下行(下载)速度需支持 32 kb/s 的倍数，从 32 kb/s～6.144 Mb/s，上行(上传)速度需支持 16 kb/s 以及 32 kb/s 的倍数，从 32 kb/s～640 kb/s。但现实的 ADSL 最高则可支持约 1.5～9 Mb/s 的下载速度，以及

640 kb/s～1.536 Mb/s的上传速度，视线路的长度而定，也就是从用户到网络服务提供商的距离对传输速度有绝对的影响。TI.413规定，ADSL在传输距离为2.7～3.7 km时，下行速率为6～8 Mb/s，上行速率为1.5 Mb/s。在传输距离为4.5～5.5 km时，下行数据速率降为1.5 Mb/s，上行降为64 kb/s。也就是说，实际传输速率视线路的质量而定，从ADSL的传输速率和传输距离上看，ADSL能够较好地满足目前用户接入互联网的需要。

ADSL系统用于图像传输可以有多种选择，如1～4个1.536 Mb/s的通路或1～2个3.072 Mb/s的通路或一个6.144 Mb/s的通路以及混合方式。其下行速率是传统T1速率的4倍，成本也低于T1接入。

ADSL可非常灵活地提供带宽，网络服务提供商能以不同的配置包装销售ADSL服务，通常为256 kb/s～1.536 Mb/s。当然也可以提供更高的速率，但仍以上述的速率为主。

2.3.3 ADSL的帧结构

现代的协议功能都是分层的，ADSL也不例外。在协议的最低层，是以DMT或者CAP的线路码流形式出现的比特。比特组成帧再集合成复帧。帧是一个有组织的比特结构，也是比特发送前形成的最终结构，接收到的比特也是最先转换成帧。ADSL传输帧结构分为复帧、数据帧和快速帧三类。

1. ADSL复帧结构

复帧是ADSL传输的总体信号流结构，也称为超帧，其中包含了传输数据和传输开销。

ADSL复帧结构如图2-11所示，帧0和帧1携带错误控制信息(即循环冗余校验CRC)和管理链路的指示比特(IB)，其他指示比特在帧34和帧35中传送。

图2-11 ADSL复帧结构图

ADSL帧主要由两部分组成，第一部分是快速数据缓冲区内容(Fast Data Buffer Contents，FDBC)，快速数据被认为是对时延敏感而容错性较好的(例如音频和视频)数据，ADSL将尽可能地减少其时延，ADSL的快速数据缓冲区内容就放在此处。在它前面有一个特殊的八位组(快速字节)，也称为快速数据比特，需要时它可以携带循环校验码(CRC)和指示比特，快速数据利用前向纠错控制(FEC)进行纠错。

第二部分是交织数据缓冲区内容(Interleaved Data Buffer Contents，IDBC)，交织数据被封装成尽量没有噪声的数据，但这样做付出的是处理速度和时延增加的代价。交织数据比特使得数据不容易受噪音的影响，其主要用于纯数据应用，如高速的Internet接入。

2. ADSL 数据帧结构

数据帧是复帧中的基本结构，对应图 2-11 所示复帧中的"帧 1"～"帧 67"，其结构如图 2-12 所示。

图 2-12　ADSL 数据帧结构图

ADSL 的发送端及接收端都各有两条相关联的路径，其中一条称为快速路径，另一条称为交织路径。这两条路径拥有各自的 CRC、加扰、FEC 等流程，主要的差别在于交织路径在发送端另有交织的功能，同时在接收端也有解交织功能，但是快速路径则没有。因此形成了 ADSL 数据帧结构。

ADSL 数据帧长度为 246 μs，由两部分组成：一是流经快速路径的快速附加信息位 (fast overhead)及快速数据(fast data)；二是流经交织信道的交织附加信息位(interleaved overhead)及交织数据(interleaved data)。不论哪一种数据，所有帧内容都被先加扰后传输，以避免过长的数据造成复帧同步的错误，而影响到整个系统的运行。

ADSL 复帧中的帧并没有绝对长度(数据位不是固定的)，这是因为 ADSL 线路的速率以及其非对称特性，使得帧本身的长度会随着变化。正如前面曾提到的，ADSL 是以每秒 246μs 的周期送出一个帧(其中快速数据及交织数据各占 123 μs)，也就是说，ADSL 最大的帧长度是由最高的信道速率决定的。

3. ADSL 的帧头

ADSL 帧头的功能是同步承载通道、配置 AS 和 LS、对 ADSL 帧流进行定位、远程控制和速率适配、循环冗余校验、前向纠错(FEC)以及操作管理与维护(Operation Administration and Maintenance, OAM)。

ADSL 帧头的所有比特都同时在上行和下行方向传输。多数情况下，帧头比特以 32 kb/s 比特流传输，但也有例外。对于高速通道结构，下行流最大比特率是 128 kb/s，最小是 64 kb/s，默认值为 96 kb/s；上行流最大比特率是 64 kb/s，最小比特率是 32 kb/s，默认值为 64 kb/s。

ADSL 是使用帧头来同步数据的。有了 ADSL 帧头，链路两端的设备才能知道链路是如何配置(AS 和 LS)的，它们的速率是多少，以及如何在 ADSL 帧流中对其进行定位。ADSL 帧头的其他功能包括远程控制和速率适配、循环冗余校验(CRC)检错、前向纠错 (FEC)、操作管理与维护。

某些情况下，帧头比特嵌套在 ADSL 帧的所有比特码内，不再占用另外的带宽。除此以外，帧头比特在所有比特码的边界一端或另一端。

4. ADSL 的快速数据帧

ADSL 快速帧用于承载 ADSL 传输数据，其结构如图 2-13 所示。

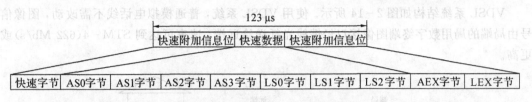

图 2-13 下行方向 ADSL 快速帧结构

快速数据帧中包括了若干个附加信息字节，下行方向为快速字节(Fast Byte)、AEX 字节和 LEX 字节，其中快速字节就是快速数据帧的帧头。快速字节的结构，视其所存在的帧号码不同，有四种不同的作用：携带超帧的 CRC 检查数据、携带指示位、携带配置比特(EOC)及携带同步控制信息。

ADSL 规范在超帧内一直对"快速"数据缓冲区使用 FEC 纠错，对交织数据缓冲区采用 CRC 检查数据。事实上，在快速数据缓冲区内也计算 CRC。在交织数据中，一个特殊的 FEC 码将由一连串的数据帧产生，然而单个数据帧并不产生 FEC 码。

5. ADSL 的交织数据帧

ADSL 的交织数据帧也称为交错数据帧。交织帧与快速路径的快速帧极为相似，同样拥有 AEX 及 LEX 字节。AEX 及 LEX 的作用同样是作为额外的字节来填入 AS 及 LS 信道。与快速帧不同的是交织帧并没有快速字节，而是以同步字节代替，同步字节就是交织数据帧的帧头。

同步字节视其所存在的帧号不同，有四种不同的作用，这四种不同的作用对于快速字节稍有不同：携带超帧中交织路径部分的 CRC 检查资料。当没有载体次信道使用交织路径时，同步字节携带 AOC 信道。当交织路径的 LEX 字节用来携带一个字节的 ADSL 附加同步信道数据时，同步字节会送出信号。携带同步控制信息以便在需要时将字节填入或删除来提供同步作用。

2.4 VDSL 数字用户线路接入技术

2.4.1 VDSL 概述

鉴于现有 ADSL 技术在提供图像业务方面带宽非常有限以及其成本偏高的缺点，人们又研发出了一种称为甚高速数字用户线(Very high speed Digital Subscriber Line，VDSL)的系统。VDSL 可在对称或不对称速率下运行，每个方向上最高对称速率是 26 Mb/s。VDSL 其他典型速率是 13 Mb/s 的对称速率、52 Mb/s 的下行速率和 6.4 Mb/s 的上行速率，以及其他组合的非对称速率。

高速数字用户线接入技术是一种非对称 DSL 技术，和 ADSL 技术一样，VDSL 也使用双绞线进行语音和数据的传输。VDSL 利用现有电话线，只需在用户侧安装一台 VDSL modem 即可实现用户接入。最重要的是，无需为宽带上网而重新布设或变动线路。VDSL 技术采用频分复用技术，数据信号和电话音频信号使用不同的频段，互不干扰，上网的同时可以拨打或接听电话。

VDSL 系统结构如图 2-14 所示。使用 VDSL 系统，普通模拟电话线不需改动，图像信号由局端的局用数字终端图像接口经馈线光纤送给远端，速率可达到 STM-4(622 Mb/s)或更高。

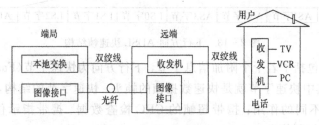

图 2-14 VDSL 系统结构图

VDSL 收发信机通常采用 DMT 调制（也可采用 CAP 调制），它具有很大的灵活性和优良的高频传送性能。

2.4.2 VDSL 相关技术

1. 传输模式

（1）STM 模式。同步传输模式(Synchronous Transfer Module)是最简单的一种传输方式，也称为时分复用(TDM)，不同设备和业务的比特流在传输过程中被分配给固定的带宽。

（2）分组模式。在这种模式中，不同业务和设备间的比特流被分成不同长度、不同地址的分组包进行传输；所有分组包在相同的"信道"上以最大的带宽传输。

（3）ATM 模式。ATM 在 VDSL 网络中可以有三种存在形式。第一种是 ATM 端到端模式，它与分组包类似，每个 ATM 信元都带有自身的地址，并通过非固定的线路传输；不同的是 ATM 信元长度比分组包小，且有固定的长度。第二、三种分别是 ATM 与 STM 和 ATM 与分组模式的混合使用，这两种形式从逻辑上讲是 VDSL 系统在 ATM 设备间形成了一个端到端的传输通道。

2. 其他技术

VDSL 所用的技术在很大程度上与 ADSL 相类似。不同的是，ADSL 必须面对更大的动态范围要求，而 VDSL 相对要简单得多。VDSL 开销和功耗都比 ADSL 小。用户方 VDSL 单元需要完成物理层媒质访问（接入）控制及上行数据复用功能。

3. VDSL 技术特点

（1）高速传输：VDSL 技术是 xDSL 技术中最快的一种。下行数据的速率为 13 Mb/s 和 15 Mb/s，理论上可达到 55.2 Mb/s。上行数据的速率为 1.5～2.3 Mb/s，最高可达 19.2 Mb/s。短距离内，最大下行速率可达 55 Mb/s，上行速率可达 19.2 Mb/s，甚至更高。目前可提供 10 Mb/s 上、下行对称速率。

（2）互不干扰：VDSL 数据信号和电话音频信号以频分复用原理调制于各自频段，互不干扰。上网的同时可以拨打或接听电话，避免了拨号上网时不能使用电话的烦恼。

（3）独享带宽：VDSL 利用电信运营商深入千家万户的电话网络，先天形成星型结构的网络拓扑构造，骨干网络采用电信运营商遍布的光纤传输，独享 10 Mb/s 带宽，信息传递快速、可靠、安全。

（4）价格实惠：VDSL 业务上网资费构成为基本月租费＋信息费，不需要再支付上网通信费（即电话费）。

2.4.3 VDSL 存在的问题

1. 基本问题

（1）不能确定 VDSL 可靠地传输数据的最大距离。

（2）业务环境问题。虽然上行和下行数据速率还没有完全确定下来，但是完全有理由相信未来的 VDSL 系统将使用 ATM 信元格式来载送视频及不对称数据信息。

（3）对于用户设备分配及电话网络与用户设备之间的接口，从开销上考虑，可以使用无源网络接口器件，用户的 VDSL 单元可以置于用户网络设备中，上行复用的处理可以按照局域网总线接入方式进行。

（4）开销也是一个不能忽略的因素，与 ADSL 相比，VDSL 是直接与本地交换相连的，所以 VDSL 的开销比 ADSL 小得多。

（5）串音问题。VDSL 在较短的应用范围内可能会产生不同的串音情况。

2. 无线频率干扰问题

无线频率干扰（Radio Frequency Interference，RFI）是 VDSL 接收机必须要解决的问题。与 VDSL 信号相比，一方面，RFI 侵入信号带宽通常很窄，只会影响一小部分可用带宽；另一方面，侵入信号的能量非常大，其接收机的模拟前端必须精心设计才不致饱和，并需要采取一些措施使 A/D 转换器有合适的精度。滤波器试图匹配双绞线上的不平衡，本质上是将侵入信号转变为差分信号的过程。

2.4.4 VDSL 的应用

VDSL 在 WAN 网络的应用：

（1）视频业务。VDSL 的高速方案选项使其成为用于视频点播（Video On Demand，VOD）的优选接入技术。

（2）数据业务。从目前来看，VDSL 的数据业务是很多的，用户可通过 VDSL 宽带接入方式浏览 Internet 上的信息，进行网上交流，收发电子邮件，连接企业信息库，实现家庭办公需求等。

（3）全服务网络。由于 VDSL 支持高比特速率，因此被认为是全业务网络（Full Service Network，FSN）的接入机制。

2.4.5 VDSL 技术与 ADSL 技术的比较

VDSL 技术与 ADSL 技术的区别体现在以下几个方面：

（1）数据传输速率：VDSL 非对称下行数据的速率为 6.5～52 Mb/s，上行数据的速率为 0.8～6.4 Mb/s，对称数据的速率为 6.5～26 Mb/s。

ADSL 上行速率为 100～800 kb/s，下行速率为 1～8 Mb/s。

（2）选线比：由于距离短，VDSL 技术还能够克服 ADSL 技术的选线率低、速率不稳定等问题。

（3）传输方式：VDSL 支持对称传输和非对称传输，ADSL 仅支持非对称传输。

（4）工作频带：ADSL 使用高于 3 kHz～1.1 MHz 的频带传输数字信号，VDSL 在双绞线上使用更高的频带，从 0.138～12 MHz。

（5）兼容业务：与 ADSL 相比，VDSL 不仅可以兼容现有的传统话音业务，还可以兼容 ISDN 业务。

本章小结

（1）HDSL 利用现有铜缆用户线中的两对或三队双绞线来提供全双工的 1.5 Mb/s 或 2 Mb/s 的数字连接能力。

（2）ADSL 技术是在现有双绞线上传输高速非对称数字信号的一种 DSL 技术。

（3）ADSL 采用频分复用方式在双绞线上同时传输普通电话和 ADSL 宽带业务。

（4）VDSL 不是从局端直接用双绞线连接到用户端的，而是靠近局端先通过光纤传输，再经过光网络单元进行光电转换，最后经双绞线连接到用户。

通信故事

宽带改变了羊村的生活

青青草原上，羊羊族群已经非常兴旺发达，所有的羊羊都幸福快乐地生活着。可是灰太狼的出现，让整个青青草原不太平了。

为了能够及时通知灰太狼的骚扰消息，加快羊村的防范力度，村长向电信公司申请安装了固定电话，每个羊舍都有一部电话。一旦发现灰太狼靠近羊村，村长便会打电话给每一个羊羊通知。但慢羊羊村长实在是太慢了，从发现灰太狼靠近羊村到给每只羊羊打完电话，灰太狼早就来到羊村外面了，这种通信方式并不能把被袭击的危险完全排除。

随着互联网的发展和普及，村长也学到了很多关于网络的知识。村长在电信公司的服务器上创建了一个 BSS，每只羊可以通过 Modem 拨号上网的方式，登录到 Internet，访问这个 BSS。一旦有灰太狼的骚扰信息，会被及时地发布在论坛上。可是随着这种互联网业务的发展，56 kb/s 的拨号上网宽带已经不能让大家感受到更多的上网乐趣了。

慢羊羊村长询问了电信公司，知道了目前还有很多的接入技术：ISDN 一线通、ADSL、SHDSL、VDSL2、PTP FE、光纤到户等技术。这些技术都比拨号上网的速度快。经过漫长的对比和考虑，羊村终于选择了 VDSL2 接入技术，这样既可以重复使用辛辛苦苦架设好的电话线，又可以为每个羊舍提供 50 Mb/s 的接入宽带，满足大家访问互联网业务的迫切需求。

习 题

2-1 什么是公用电话交换网？请画出公用电话交换网的网络结构示意图。

2-2 HFC 网络的结构及其优点是什么？

2-3 简述 HDSL 技术的工作原理。

2-4 简述 DSL 技术的发展过程。

2-5 说明 ADSL 的定义和特点。

2-6 简述 ADSL 技术收发信机的工作过程。

2-7 画图说明 ADSL 的帧结构。

2-8 比较 ADSL 技术与 ADSL2 技术的特点。

2-9 对比 ADSL 与 VDSL 有什么不同，说明这两种技术的特点。

2-10 归纳说明影响 ADSL 系统性能的因素。

2-11 说明 VDSL 技术的特点，并与 ADSL 进行比较。

2-12 基于 VDSL 技术特点，说明其应用。

第三章 以太网接入技术

人们通常认为以太网技术发明于 1973 年，美国施乐公司(Xerox)鲍勃·梅特卡夫(Bob Metcalfe) 为了连接实验室内的多台计算机设备，开发出了以太网(Ethernet)技术，并在一篇《以太网潜力》的备忘录中将该网络命名为"Ethernet"。1976 年，鲍勃·梅特卡夫和他的助手 David Boggs 发表了一篇名为《以太网：局域计算机网络的分布式包交换技术》的文章。1977 年，鲍勃·梅特卡夫和他的一位合作人凭借论文《具有冲突检测的多点数据通信系统》(CSMA/CD)获得了以太网的专利。1982 年以太网被 IEEE 接纳，在 Etherent V2.0 规范基础上发布了 IEEE 802.3 标准。1983 年，IEEE 802.3 工作组发布 10Base－5 以太网标准，该标准适用粗同轴电缆，传输速度达到 10 Mb/s，最大传输距离为 500 m。1995 年 IEEE 通过了 IEEE 802.3z 标准，以太网的传输速率达到100 Mb/s，并可以支持 3、4、5 类双绞线以及光纤的连接，开启了以太网大规模应用的新时代。1998 年吉比特标准发布，该技术标准改变了传统以太网的桌面应用、操作系统等多个方面。2002 年，IEEE 颁布 10 Gb/s 以太网标准 IEEE 802.3ae，该标准在城域网及广域网中得到广泛应用，使得传输速率大幅度提升的同时，传输距离也已摆脱了局域网范围的限制。2010 年，40 Gb/s 和 100 Gb/s标准 IEEE 802.3bg 颁布。2013 年，400 Gb/s以太网标准工作组成立，负责研究制定 400 Gb/s 带宽的新一代以太网传输标准。

3.1 以太网接入技术概述

3.1.1 局域网、以太网的概念

局域网(LAN)是将分散在有限地理范围内(如一栋大楼，一个部门)的多台计算机通过传输媒体连接起来的通信网络，通过网络软件实现计算机之间的相互通信和资源共享。例如可以实现文件管理、应用软件共享、打印机共享、工作组内的日程安排、电子邮件和传真通信服务等功能。局域网是封闭型的，可以由办公室内的两台计算机组成，也可以由一个公司内的上千台计算机组成。局域网的结构如图 3－1 所示。

局域网通常是分布在一个有限地理范围内的网络系统，一般所涉及的地理范围只有几公里。局域网专用性非常强，具有比较稳定和规范的拓扑结构。常见的局域网拓扑结构如下：

(1) 星型结构：这种结构的网络是各工作站以星型方式连接起来的，网中的每一个节点设备都以中心节点为核心，通过连接线与中心节点相连，如果一个工作站需要传输数据，它首先必须通过中心节点。

（2）树型结构：树型结构网络是天然的分级结构，又被称为分级的集中式网络。其特点是网络成本低，结构比较简单。

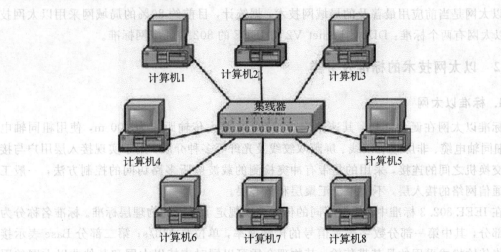

图 3-1 局域网的结构

（3）总线型结构：总线型结构网络是将各个节点设备和一根总线相连。网络中所有的节点工作站都是通过总线进行信息传输的。

（4）环型结构：环型结构网络是网络中各节点通过一条首尾相连的通信链路连接起来的一个闭合环型结构网。环型结构网络的结构也比较简单，系统中各工作站地位相等。

局域网拓扑结构如图 3-2 所示。

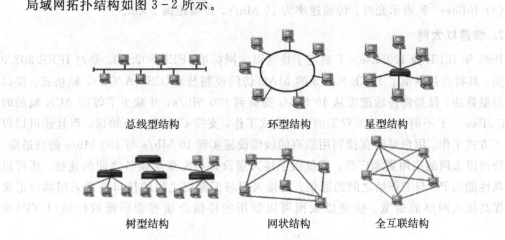

图 3-2 局域网拓扑结构

以太网（Ethernet）是一种计算机局域网组网技术。IEEE 制定的 IEEE 802.3 标准给出了以太网的技术标准。它规定了包括物理层的连线、电信号和介质访问层协议的内容。以太网是当前应用最普遍的局域网技术。它很大程度上取代了其他局域网标准，如令牌环网（token ring）、FDDI 和 ARCNET。

以太网的标准拓扑结构为总线型拓扑，但目前的快速以太网（100Base-T、1000Base-T 标准）为了最大程度地减少冲突，最大限度地提高网络速度和使用效率，使用交换机（Switch hub）来进行网络连接和组织，这样，以太网的拓扑结构就成了星型，但在逻辑上，以太网仍然使用总线型拓扑和 CSMA/CD（Carrier Sense Multiple Access/Collision Detection，即带冲突检测的载波监听多路访问）的总线争用技术。

以太网是当前应用最普及的局域网技术，据统计，目前约 80％的局域网采用以太网技术。以太网有两个标准：DIX Ethernet V2 与 IEEE 的 802.3 局域网标准。

3.1.2 以太网技术的标准及分类

1. 标准以太网

标准以太网在诞生之初，其速率为 10 Mb/s，最大传输距离为 100 m，使用粗同轴电缆、细同轴电缆、非屏蔽双绞线、屏蔽双绞线及光纤等多种介质，用于实现接入层用户与接入层交换机之间的连接，采用的是带有冲突检测的载波监听多路访问的控制方法，一般工作在通信网络的接入层，不适用于汇聚层和核心层。

在 IEEE 802.3 标准中，根据不同的传输介质规定了不同的物理层标准。标准名称分为三个部分，其中第一部分数字表示信号的传输速率，单位是 Mb/s；第二部分 Base 表示接入网络传输模式采用的是基带传输，其物理介质可以同时支持以太网和其他非以太网的服务；第三部分是数字的，表示网线的长度（单位是 100 m），第四部分是字母的，则表示以太网使用的传输介质，"T"表示双绞线电缆，"F"表示光纤。常用的标准以太网传输线缆如下：

（1）10Base－5 表示粗同轴电缆，传输速率为 10 Mb/s，传输距离为 500 m；

（2）10Base－2 表示细同轴电缆，传输速率为 10 Mb/s，传输距离为 200 m；

（3）10Base－T 表示双绞线电缆，传输速率为 10 Mb/s，传输距离为 100 m；

（4）10Base－F 表示光纤，传输速率为 10 Mb/s，传输距离 2 km。

2. 快速以太网

1995 年 IEEE 为 100Base－T 制定了快速以太网标准 IEEE 802.3u，是对 IEEE 802.3 的补充。其特点是继承了 IEEE 802.3 的 MAC 访问控制技术（CSMA/CD）、帧格式、接口以及退避算法，仅是将传输速度从 10 Mb/s 提高到 100 Mb/s，并减少了等待 ACK 帧的时间。100Base－T 不但可以以半双工的工作方式工作，支持 CSMA/CD 协议，而且还可以以全双工方式工作。用户可以直接利用原有的线缆设施实现 10 Mb/s 与 100 Mb/s 的自适应。

快速以太网的应用更加广泛，不仅用于接入层设备与汇聚层设备之间的连接，还可以用于高性能的 PC 与工作站之间的通信。在接入层与汇聚层之间的接口通常采用端口汇聚技术提高接入网络的带宽。快速以太网可以使用的传输介质有非屏蔽双绞线（UTP）和光纤。

快速以太网标准分为 100Base－TX、100Base－FX、100Base－T4 等三个子类，具体情况如下：

（1）100 Base－TX，表示使用两类非屏蔽双绞线（UTP）或两对一类屏蔽双绞线，传输距离为 100 m；

（2）100 Base－T4，表示使用四对三、四或五类非屏蔽双绞线（UTP），传输距离为 100 m；

（3）100 Base－FX，表示使用多模光纤（MMF）线缆，传输距离为 2 km；

（4）单模光纤，使用单模光纤（SMF）线缆，传输距离为 15 km。

3. 吉比特以太网

吉比特以太网是建立在以太网标准基础之上的技术。吉比特以太网和大量使用的以太网与快速以太网完全兼容，并利用了原以太网标准所规定的全部技术规范，其中包括CSMA/CD协议、以太网帧、全双工、流量控制。吉比特以太网传输速率可达到 1 Gb/s，其标准为 IEEE 802.3ab(双绞线)和 IEEE 802.3z(铜缆与光纤)。

目前，吉比特以太网已经发展为主流网络技术。吉比特以太网的特点主要包括如下几个方面：

(1) 吉比特以太网与 10Base-T、100Base-T 技术向后兼容，保留 IEEE 802.3 和以太网帧格式以及 802.3 受管理的对象规格，降低了用户的升级成本。

(2) 吉比特以太网相对于原有的快速以太网、FDDI、ATM 等主干网解决方案，提供了一条经济快捷的路径。

(3) 支持全双工和半双工，相应的操作采用 IEEE 802.3 以太网的帧格式和 CSMA/CD 介质访问控制方法。

吉比特以太网标准传输线缆如下：

(1) 1000Base-T，使用五类非屏蔽双绞线，传输距离为 100 m；

(2) 1000Base-CX，使用屏蔽类双绞线(STP)，传输距离为 25 m；

(3) 1000Base-LX，使用单模光纤，传输距离可达 3 km；

(4) 1000Base-SX，使用多模光纤，传输距离为 300～550 m。

4. 万兆以太网

万兆以太网也被称为十吉比特(10 Gb/s)以太网，10 Gb/s 以太网技术是高速以太网技术，适用于新型的网络结构，可以实现全网技术统一。它的优点是减少网络的复杂性，兼容现有的局域网技术并将其扩展到广域网，同时有望降低系统开销，并提供更快、更新的数据业务。因此，10 Gb/s 以太网是下一代最具竞争力的技术。1999 年，IEEE 成立了高速研究组 HSSG，致力于 10 Gb/s 以太网的研究。2002 年正式发布 10 Gb/s 以太网的标准 IEEE 802.3ae。尽管 10 Gb/s 以太网是在原来的以太网技术基础上发展起来的，但由于速率大大提高，所以适用范围有了很大的变化，与原来的以太网技术也有很大的差异。

万兆以太网标准传输线缆分为如下两类：

(1) 基于光纤的万兆以太网，有：10GBase-SR，10GBase-LR，10GBase-LRM，10GBase-ER，10GBase-LX4。

(2) 基于双绞线(六类以上)的万兆以太网，有：10GBase-CX4，10GBase-KX4，10GBase-KR，10GBase-T。

10 Gb/s 以太网具有两种物理层：局域网物理层和广域网物理层。

10 Gb/s 局域网物理层的特点是：支持 802.3 MAC 全双工工作方式，MAC 时钟可选择工作在 1 Gb/s 方式下或 10 Gb/s 方式下，允许以太网复用设备同时携带 10 路 1 Gb/s 信号。帧格式与以太网的帧格式一致，工作速率为 10 Gb/s。10 Gb/s 局域网可用最小的代价升级现有的局域网，并与 10/100/1000 Mb/s 局域网兼容，使局域网的网络范围最大达到 40 km。

10 Gb/s 广域网物理层的特点是：采用的是 OC-192c 帧格式，其传输速率并非10 Gb/s 而是 9.95328 Gb/s，所以 10 Gb/s 广域以太网 MAC 层有速率匹配功能。去掉其首部的开销后，通过 10 Gb/s MII 接口可提供的有效负荷为 9.58464 Gb/s。

10 Gb/s 广域网在不同的物理介质下传输距离有所差异。当物理介质采用单模光纤时，传输距离可达 300 km，采用多模光纤时可达 40 km。

10 Gb/s 广域网物理层还可选择多种编码方式：

(1) 仍采用传统的 8b/10b 编码；

(2) 采用新的编码策略 MB810；

(3) 使用一个或者两个扰码多项式。

10 Gb/s 以太网的出现，使得以太网的应用范围大大扩大，从原有的局域网扩大到了城域网和广域网。纵观以太网，短短几年从 10 Mb/s 到 100 Mb/s、从 100 Mb/s 到 1 Gb/s，从 1 Gb/s 到 10 Gb/s 的发展历程，可以充分说明以太网技术的广泛适应性和灵活多变的特点。

为了保证以太网能够更高效更经济地满足未来不断增长的各种业务的需求，IEEE 802.3 起草了下一代的以太网技术标准，即 IEEE 802.3ba、IEEE 802.3bg、IEEE 802.3bj，其中包含了 40 Gb/s 和 100 Gb/s 的传输速度，主要面向服务器和网络方面不同的需求。40 Gb/s 的传输速度主要适用于计算机应用，100 Gb/s 的传输速度则主要面向核心网和汇聚层面的应用。

3.2 以太网接入关键技术

3.2.1 CSMA/CD 带冲突检测的载波监听多路访问

在传统的共享以太网中，所有的节点共享传输介质，如何保证传输介质可以有序、高效地接入，为许多节点提供传输服务，这就是以太网的介质访问控制协议需要解决的问题。

带冲突检测的载波侦听多路访问（Carrier Sense Multiple Access/Collision Detection，CSMA/CD）技术就是一种能比较有效地解决现场总线型网络中介质争用问题的技术，它规定了多台电脑共享一个通道的方法。CSMA 技术也被称为 LBT（Listen Before Talk，先听后说）。CSMA/CD 的工作原理是：发送数据前，计算机先要侦听需要访问的共享网络的介质是否空闲，若空闲，则立即发送数据；若传输介质忙碌，则等待一段时间至信道中的信息传输结束后再发送数据；若在上一段信息发送结束后，同时有两个或两个以上的节点都提出发送请求，则判定为冲突。若侦听到冲突，则立即停止发送数据，等待一段随机时间，再重新尝试。

CSMA/CD 控制方式的优点有：原理简单，技术上容易实现，网络中的各节点处于平等地位，不需要集中控制，不提供优先级控制。但是在网络负荷增大时，发送时间增长，发送效率急剧下降。

CSMA/CD 协议的核心问题是：解决在公共信道上以广播方式传送数据中可能出现的数据碰撞问题，其控制过程包括：监听—发送—检测—冲突处理。

1. 监听

通过专门的检测机构，在站点准备发送信息前先监听一下总线是否有数据正在传输，若线路反馈为线路忙，则进入延迟等待程序，从而进一步反复进行线路侦听工作。若线路

为空闲，则根据自身算法决定如何发送信息。

2. 发送

线路空闲状态，通过发送机构向总线发送数据。

3. 检测

数据发送后，也可能产生数据的碰撞，所以在数据发送的同时，进行线路的侦听，以判断是否发生冲突。

4. 冲突处理

当确认发生冲突后，进入冲突处理程序。此时，有两种冲突情况：其一，侦听过程中发现线路忙，则等待下一时刻再次进行侦听，若仍然处于忙状态，则继续等待并继续侦听，直到线路处于空闲状态可以发送为止；其二，在发送过程中发现有数据碰撞，则先发送阻塞信息，强化冲突，再次进行线路侦听，等待下次可以重新发送为止。

3.2.2 STP 生成树协议

为了解决网络中的环路问题，我们让在这个网络中的所有交换机都运行 STP(Spanning Tree Protocol，生成树)协议。STP 协议在交换机之间定时传递一种特殊的协议报文，以获取整个网络的拓扑结构，并按照树的结构来构造网络拓扑，消除网络中的环路，避免由于环路的存在而造成广播风暴问题。

生成树协议的目的是维护一个无回路的网络，当一个设备识别一个拓扑回路、阻塞一个或多个冗余端口时，无回路即将完成。

STP 协议在交换机之间交换的特定的信息帧称为 BPDU(Bridge Protocol Data Unit)，即网桥协议数据单元。BPDU 是一种生成树协议问候数据包，它可以配置发出间隔，用来在网络的网桥间进行信息交换。

BPDU 分为两种类型：一种是配置(Configuration)BPDU，另一种是拓扑改变通知(TCN)BPDU。第一种配置(Configuration)BPDU，BPDU 每隔 2 秒以 Multicast 的方式发送，在指定端口上发送。通过 BPDU 信息的交换，我们可以得到：一是为整个 STP 网络找到一个根桥(root bridge)，二是为每个网段选举一个指定桥(designate bridge)，三是通过设置某些端口为 backup 状态来打破环路。

正常情况下，交换机只会从它的根端口(root port)上接收配置 BPDU 包，而不会主动发送拓扑改变通知 BPDU。当一台交换机检测到拓扑变化后，它就可以发送 TCN 给根桥。注意 TCN 是通过根端口向根桥方向发出的。当交换机从它的指定端口接收到 TCN 类 BPDU 时，它必须为其做转发，从它自己的 root port 上发送出 TCN 类型的 BPDU 包，这样一级一级地传到 root bridge 后，TCN 的任务才算完成。当 TCN 传遍全网，直至到达 root bridge 后，root bridge 也要做出一种回应，它会发出一个正常的配置 BPDU 包，直至传遍全网，所有交换机都得知拓扑变化为止。

3.2.3 虚拟以太网

1. 虚拟局域网 VLAN

在真实的互联网络中，通过软件的方法在数据链路层将该网络中的设备逻辑地划分为一个个网段的虚拟网络，这种技术被称为 VLAN(Virtual Local Area Network，虚拟局域网)技术。在该虚拟网络中可以透明地运行所有应用程序，VLAN 中所连接的设备可以来自不同网段，但是设备之间可以直接进行通信，就像处在同一网段的局域网一样。

虚拟以太网支持各种第三层网络协议，如 IP、IPV6、IPX 等。在广播域中，广播信息流量会发送到本局域网中的每个设备，一般交换机不会过滤局域网内广播报文，因此在大型的交换局域网中，有可能会出现"广播风暴"的现象，从而造成整个局域网内部广播消息的阻塞，对于网络带宽造成极大的浪费。

为了防止这种"广播风暴"的发生，我们将整个局域网划分为多个逻辑上互相独立的 VLAN，每一个 VLAN 都有一个属于自己的 VLAN 标识(VLAN ID)，所要传送的数据只有在相同的 VLAN ID 内，设备才能互相通信，不同 VLAN ID 下的设备不能进行互相通信。虚拟局域网结构如图 3-3 所示。

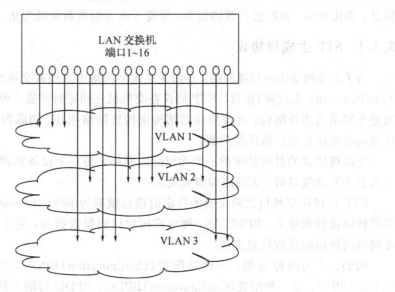

图 3-3　交换机虚拟局域网 VLAN 结构示意图

如图 3-3 所示，在交换机上生成 VLAN 1、VLAN 2 两个 VLAN ID，其中交换机端口 1 和 2 设置为 VLAN 1，交换机端口 3 和 4 设置为 VLAN 2，从 PC 1 发出广播帧消息，交换机就会把这个广播帧消息转发给同属于 VLAN 1 的端口下所有 PC，而不会转发给 VLAN 2 端口下的 PC。

不同 VLAN ID 的 PC 在不同的广播域之间如果进行互通互联，那么就需要由三层设备进行转发，通过路由器的方式来完成 PC 间的通信。然而由于路由器端口数量有限，路由速度较慢，也限制了网络的规模和访问速度，带有路由功能的三层交换机应运而生。其既可以工作在第三层完成路由器的功能，又可以拥有二层交换机的速度，因而在当前的局域网络中得到了广泛的应用。

2. 虚拟局域网 VLAN 的端口划分

1) 基于端口划分 VLAN

这是最常应用的一种 VLAN 划分方法，绝大多数的交换机都能提供这种 VLAN 的配置方法。这种划分 VLAN 的方法是基于以太网交换机的交换端口来划分的，也被称为"静态 VLAN"，允许 VLAN 内部各端口之间的通信。它将 VLAN 交换机上的物理端口和 VLAN 交换机内部的 PVC(永久虚电路)端口分成若干个组，每个组构成一个虚拟网，相当于一个独立的 VLAN 交换机，如图 3-4 所示。

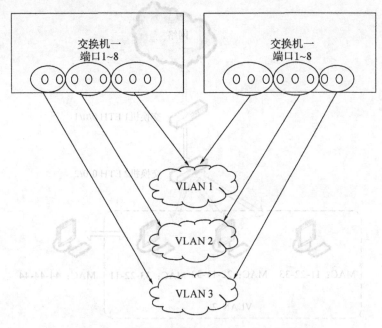

图 3-4　基于端口划分的 VLAN 结构示意图

对于不同部门需要互访时，可通过路由器转发，并配合基于 MAC 地址的端口过滤。在某站点的访问路径上最靠近该站点的交换机、路由交换机或路由器的相应端口上，设定可通过的 MAC 地址集，这样就可以防止非法入侵者从内部盗用 IP 地址从其他可接入点入侵的可能。

从这种划分方法本身我们可以看出，这种划分方法的优点是定义 VLAN 成员时非常简单，只要将所有的端口都定义为相应的 VLAN 组即可，适合于任何大小的网络。它的缺点是如果某用户离开了原来的端口，到了一个新的交换机的某个端口，则必须重新定义。

2) 基于 MAC 地址划分 VLAN

这种划分 VLAN 的方法是基于每个主机的 MAC 地址来划分的，即对每个 MAC 地址的主机都配置其属于哪个组，如图 3-5 所示。

它实现的机制就是每一块网卡都对应唯一的 MAC 地址，VLAN 交换机跟踪属于 VLAN 的 MAC 地址。当网络用户从一个物理位置移动到另一个物理位置时，VLAN 自动保留其所属 VLAN 的成员身份。

由这种划分的机制可以看出，这种 VLAN 划分方法的最大优点就是当用户物理位置移动时，即从一个交换机换到其他的交换机时，VLAN 不用重新配置，因为它是基于用户的，而不是基于交换机的端口。这种配置方式的缺点也很明显，初始化时，所有的用户都必须进行配置，如果有几百个甚至上千个用户的话，配置任务是非常繁重的，所以这种划分方法通常适用于小型局域网。而且这种划分方法也导致了交换机执行效率降低，因为在每一个交换机的端口都可能存在很多个 VLAN 组的成员，保存了许多用户的 MAC 地址，查询起来相当不容易。另外，对于使用笔记本电脑的用户来说，他们的网卡可能会经常更换，这样 VLAN 就必须经常配置。

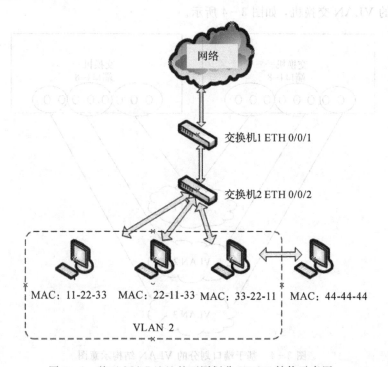

图 3-5 基于 MAC 地址的不同划分 VLAN 结构示意图

3）基于 IP 子网划分 VLAN

VLAN 按照每个主机的网络层 IP 地址来划分，即由网络层 IP 地址来定义 VLAN 成员资格。这种划分方法与网络层路由毫无关系，不需要 RIP（路由信息协议）、OSPF（开放式最短路径优先）。基于 IP 子网划分 VLAN 结构如图 3-6 所示。

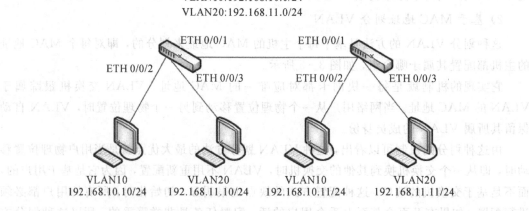

图 3-6 基于 IP 子网划分 VLAN 结构示意图

4）基于网络协议划分 VLAN

基于网络协议划分 VLAN 的方法是根据二层数据帧中协议字段进行 VLAN 划分的。VLAN 按网络层协议来划分，可分为 IP、IPX、DECnet、AppleTalk、Banyan 等 VLAN 网络。这种按网络层协议来组成的 VLAN，可使广播域跨越多个 VLAN 交换机。这对于希望针对具体应用和服务来组织用户的网络管理员来说是非常具有吸引力的。而且，用户可以在网络内部自由移动，但其 VLAN 成员身份仍然保留不变。如图 3－7 所示。

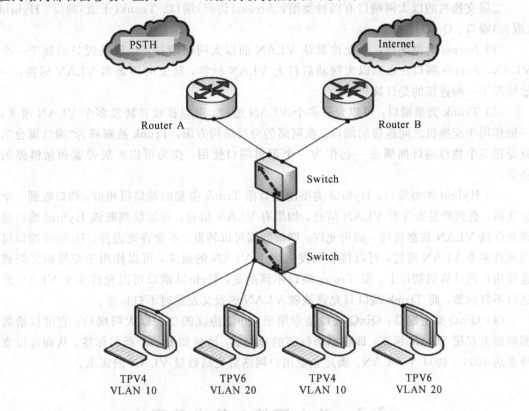

图 3－7 基于网络协议划分 VLAN 结构示意图

这种方法的优点是当用户的物理位置改变时，不需要重新配置所属的 VLAN，而且可以基于协议类型来划分 VLAN，这对网络管理者来说很重要。还有，这种方法不需要附加的帧标签来识别 VLAN，这样可以减少网络的通信量。这种方法的缺点是效率低，因为检查每一个数据包的网络层协议是需要消耗处理时间的（相对于前面两种方法），一般的交换机芯片都可以自动检查网络上数据包的以太网帧头，但要让芯片能检查 IP 帧头，需要更高的技术，同时也更费时。当然，这与各个厂商的实现方法有关。

5）基于组网策略划分 VLAN

基于组网策略的 VLAN 划分方法包括 VLAN 交换机端口、MAC 地址、IP 地址、网络层协议等类型。我们可根据自己的管理模式和网络结构的需求来决定选择哪种类型的 VLAN 划分策略。

在以上基于 MAC 地址、IP 地址、网络协议以及组网策略的 VLAN 划分方式中，VLAN 可以根据 PC 相连的交换机端口的变化而改变的，以此，也被称之为"动态 VLAN"。

此外，还可以基于 IP 组播、用户定义、非用户授权等策略来划分 VLAN。

3.2.4 以太网端口的类型

在交换机传输报文信息时，根据是否携带 VLAN 信息，划分为 Tag 报文和 Untag 报文两种。tag 报文是指携带了 VLAN 标签信息的报文，Untag 报文是指未携带 VLAN 标签的报文。

二层交换机的以太网端口有四种类型：Access（访问）端口、Trunk（干道）端口、Hybrid（混合）端口、QinQ 端口。

（1）Access 类型端口：只允许默认 VLAN 的以太网帧通过，也就是说只能属于一个 VLAN，Access 端口在收到以太网帧后打上 VLAN 标签，转发时再剥离 VLAN 标签，一般情况下一端连接的是计算机。

（2）Trunk 类型端口：可以允许多个 VLAN 通过，可以接收并转发多个 VLAN 报文，一般作用于交换机之间连接的端口。在网络的分层结构方面，Trunk 被解释为"端口聚合"，就是把多个物理端口捆绑在一起作为一个逻辑端口使用，作为可以扩展带宽和做链路的备份。

（3）Hybrid 类型端口：Hybrid 类型的端口跟 Trunk 类型的端口很相似，端口收到一个报文后，会判断是否含有 VLAN 信息，如果有 VLAN 信息，则继续判断该 Hybrid 端口是否允许该 VLAN 数据传输，如果允许，则该数据可以转发，不允许则丢弃。Hybrid 端口可以允许多个 VLAN 通过，可以接收和发送多个 VLAN 的报文，可以作用于交换机之间或连接用户的计算机端口上。跟 Trunk 端口不同的是，Hybrid 端口可以允许多个 VLAN 发送时不打标签，而 Trunk 端口只允许缺省 VLAN 的报文发送时不打标签。

（4）QinQ 类型端口：QinQ 端口是专用于 QinQ 协议的二层以太网端口。它可以给数据帧加上双层 VLAN 标签，即在原来标签的基础上，给帧加上一个新的标签，从而可以支持多达 4094×4094 个 VLAN，满足企业用户网络对更高数量 VLAN 的需求。

3.3 以太网接入技术管理

由于宽带接入网本身就是一个公共的网络环境，其网络要求在安全管理、IP 地址管理、业务控制管理等方面与以太网这样的私有网络环境有较大的不同。

3.3.1 以太网接入之用户广播隔离管理

用户在接入高速宽带网络时，一般都不希望泄露自己的网络通信信息，所以需要考虑公网中所有用户之间的信息广播隔离问题。实现用户之间的广播隔离问题的方法主要有基于 VLAN 划分的用户广播隔离、MAC 地址过滤和广播流向指定等。

1. 基于 VLAN 划分的用户广播隔离

通过划分不同的 VLAN，将以太网络划分为不同的广播域，不同的广播域之间实现相互隔离，可以有效地防止网络广播风暴的发生。目前，采用 VLAN 技术实现用户广播隔离是应用最广泛的一种方法。采用 VLAN 实现用户隔离也会存在一些缺点，首先需要划分的

VLAN 数目较多，其次 VLAN 划分数量的增大引起本地出口路由的设置难度加大，引起以太网交换效率的降低，还会大量浪费地址，所以在大型的局域网中接入用户数量较多的情况下，一般还会结合其他技术，比如 PVLAN 技术、VLAN Stacking 技术等。

1) PVLAN 技术

PVLAN 即私有 VLAN(Private VLAN)，PVLAN 采用两层 VLAN 隔离技术，只有上层 VLAN 全局可见，下层 VLAN 相互隔离。如果将交换机或 IP DSLAM 设备的每个端口划为一个(下层)VLAN，则实现了所有端口的隔离。

PVLAN 通常用于企业内部网，用来防止连接到某些接口或接口组的网络设备之间的相互通信，但却允许与默认网关进行通信。尽管各设备处于不同的 PVLAN 中，它们仍然可以使用相同的 IP 子网。

以太网接入中实现用户隔离时，一般采用划分 VLAN 和 PVLAN 相结合的方法，其可以减少第一层 VLAN 的数目，而且可以满足不同用户、业务之间的隔离要求。

2) VLAN Stacking 技术

VLAN Stacking 又称为"灵活 QinQ"，它是一种可以针对不同 VLAN 封装外层 VLAN 标签的二层技术，根据 IEEE 802.1ad 规定，VLAN Stacking(灵活 QinQ)可以根据用户报文的 Tag 或其他特征(IP/MAC 等)，给用户报文打上相应的外层 Tag，形成双标签的 VLAN，内层标签为 CVLAN(Customer VLAN)，外层标签为 SVLAN(Service provider VLAN)，以达到区分不同用户的目的。

VLAN Stacking 端口具有以下特点：

具备 VLAN Stacking 功能的端口可以配置多个外层 VLAN，端口可以给不同 VLAN 的帧加上不同的外层 Tag。

具备 VLAN Stacking 功能的端口可以在接收帧时给帧加上外层 Tag，发送帧时剥掉帧最外层的 Tag。

VLAN Stacking 是 802.1Q 的应用方式，所以 VLAN 和 LVAN Stacking 技术能共存，所以这三者完全可以配合使用。

2. MAC 地址过滤

通过在以太网交换机上设置过滤策略来实现用户的二层广播隔离，即 MAC 地址过滤。过滤策略一般是单独针对交换机的某个端口设定，而不是对整个交换机。

MAC 地址过滤包括源 MAC 地址过滤和目的 MAC 地址过滤。源 MAC 地址过滤是通过二层交换机端口进行 MAC 地址的过滤，使得该交换机端口只能接收来自特定源地址的数据包，禁止接收其他非指定源 MAC 地址的广播包。这种方法使得各个接入用户之间不能接收到广播包而实现用户隔离。基于目的 MAC 地址的过滤在以太网交换机内指定上联出口 MAC 地址，用户只能向上联端口发送数据包，而不允许向其他目的 MAC 地址发数据包，这就限制了用户间的信息广播，实现了用户的隔离。

MAC 地址过滤要求过滤策略配置功能必须简单、灵活、快速(过滤功能应在 ASIC 芯片等硬件上实现)，以提高网络系统的效率。

3. 广播流向指定

广播流向指定实现用户广播隔离的原理是在交换机上指定某些端口的广播流向，如指定用户端口的所有广播包只能发给上联端口，而不能在用户端口之间互相转发，上联端口下来的广播包则可转发给所有端口，两个用户端口间无法知道对方的 MAC 地址，广播包又不能发送，从而实现了相互隔离。

以上介绍了解决用户之间的广播隔离问题的三种方法，MAC 地址过滤和广播流向指定分别可以和 VLAN 技术结合使用，能达到比较好的广播隔离效果。

3.3.2 以太网接入之 IP 地址管理

IP 地址管理也称为 IPAM，是 IP Address Management 的缩写。随着以太网接入方式的多样化，覆盖面的扩大，以及用户数量的不断扩大，以太网中消耗了大量的地址资源。为了在 IPv4 条件下充分利用现有的 IP 地址，对于 IP 地址进行管理还是极其重要的。

当前，IP 地址划分为两部分，一部分为私有 IP 地址，另一部分为公有 IP 地址。私有 IP 地址是仅在机构内部使用的 IP 地址，不需要向互联网的管理机构进行地址申请。公有 IP 地址是接入互联网时所使用的全球唯一的 IP 地址，则必须向互联网的管理机构进行地址申请。对于基于以太网的公有 IP 地址，有两种地址分配方式：静态分配地址方式和动态分配地址方式。

1. 静态分配地址方式

在公有网络中，用户设备固定在网络指定端口上，给每一台设备都分配一个固定的 IP 地址。采用静态分配时，最好使用具有以下功能的设备：IP 地址与 MAC 地址静态 ARP 绑定；IP 地址与物理端口的对应绑定；IP 地址与 VLAN ID 的对应绑定。这样的设备只会允许符合绑定约束条件的 IP 数据包通过，大大加强了对用户的管理。

2. 动态分配地址方式

在用户每一次与网络建立连接时，网络通过认证许可接入后，分配给用户一个动态的 IP 地址，连接终止时，该 IP 地址被收回，这种 IP 地址分配的方式称为动态分配地址。

动态分配地址的管理方案有两种，分别是网络地址转换（Network Address Translation，NAT）和服务器代理方式。

网络地址转换允许一个整体机构以一个公用 IP（Internet Protocol）地址出现在互联网上。顾名思义，它是一种把内部私有网络地址（IP 地址）翻译成合法网络 IP 地址的技术。因此我们可以认为，NAT 在一定程度上，能够有效地解决公网地址不足的问题。

NAT 功能通常被集成到路由器、防火墙或者单独的 NAT 设备中，即需要在专用网连接到互联网的路由器（或防火墙）中安装 NAT 软件。装有 NAT 软件的路由器（或防火墙）叫做 NAT 路由器（或防火墙），它至少有一个有效的外部全球地址 IPG。

所有使用私有地址的主机在和外界通信时都要在 NAT 路由器（或防火墙）上将其私有地址转换成 IPG 才能和互联网连接。

私有 IP 地址是如何转换成为公有 IP 地址的呢？首先，内部主机 X 用私有 IP 地址 IPX 和互联网上的主机 Y 通信所发送的数据包必须经过 NAT 路由器。其次，NAT 路由器将数据包的源地址 IPX 转换成全球地址 IPG，但目的地址 IPY 保持不变，然后发送到因特网。再次，NAT 路由器在收到主机 Y 发回的数据包后，根据 NAT 转换表，NAT 路由器将目的地址 IPG 转换为 IPX，转发给最终的内部主机 X。

NAT 有三种类型：静态 NAT(Static NAT)、动态地址 NAT(Pooled NAT)、网络地址端口转换 NAPT(Port – Level NAT)。

（1）静态 NAT：在 NAT 表中为每一个需要转换的私有 IP 地址创建固定的映射表，私有 IP 地址与公有 IP 地址之间存在一一对应关系，内部网络中的每个主机都被永久映射成外部公有网络中的一个合法的 IP 地址。每当内部主机与外部网络进行通信时，通过 NAT 路由器映射表进行相应的转换。

（2）动态地址 NAT：将可用的公有地址集定义成 NAT 池，对于要与外界进行通信的内部主机，如果还没有建立转换映射，NAT 路由器将会动态地从 NAT 池中选择一个公有地址替换其私有地址，而在连接终止时再将此地址回收。

（3）网络地址端口转换 NAPT：由于 NAT 实现的是私有 IP 和 NAT 的公共 IP 之间的转换，私有网中同时与公共网进行通信的主机数量就受到 NAT 的公共 IP 地址数量的限制。为了克服这种限制，NAT 被进一步扩展到在进行 IP 地址转换的同时进行端口(Port)的转换。

3.3.3 以太网接入之业务控制管理

在解决了以太网中用户广播隔离问题后，接下来还要考虑以太网接入的业务控制管理功能，以太网接入的业务控制管理主要包括接入带宽的控制、接入服务的质量保证、接入认证及计费等部分。

1. 接入带宽的控制

不同的用户对于宽带业务有着不同的需求，就可以根据用户的实际需求划分为若干等级，这就是接入带宽的控制。

接入宽带的控制有两种方式：一种是在接入网网络侧对用户带宽进行控制，另一种是在用户的管理系统中对接入网络的带宽进行控制。

2. 接入服务的质量保证

接入业务的质量保证也就是服务质量 QoS 控制，包括带宽、时延、抖动、吞吐量及丢包率等。

以太网提供的不同接入业务需要分配不同的带宽，可以针对特定的服务类型采用不同的等级区分服务业务模型，将接入服务等级与带宽分配保证结合，为不同的宽带接入用户提供差异化的服务。

3. 用户接入认证和计费策略

随着互联网用户的不断增加，如何保证用户访问的安全性成为一个重要的课题，人们通常将认证（Authentication）、授权（Authorization）和计账（Accounting）称为"3A"或"AAA"，以此作为网络安全策略的一个组成部分。

认证（Authentication）是确认远端访问用户的身份，判断访问者是否是合法的网络用户，常用的办法是以一个用户标识和一个与之对应的口令来识别用户。

授权（Authorization）即对不同用户赋予不同的权限，限制用户可以使用的服务，如限制其访问某些服务器或使用某些应用，从而避免了合法用户有意或无意地破坏系统。

计账（Accounting）记录了用户使用网络服务中的所有操作，包括使用的服务类型、起始时间、数据流量等信息，它不仅为提供商(ISP)们提供了计费手段，对网络的使用也起到一定程度的监视作用。

目前普遍采用三种主流的认证方式：PPPoE 认证技术、WEB 认证技术和 802.1x 认证技术。

4. PPPoE 认证技术

PPPoE 是一种将窄带拨号认证技术用于宽带网络的认证方式，最初这项技术被用于 ADSL 的认证，后来应用于 VDSL 和 LAN 的接入认证，它是把应用最广泛的局域网技术、以太网和 PPP(Point to Point Protocol)点对点协议的可扩展性及管理控制功能结合在一起，实现对用户的接入认证和计费等功能。它使服务提供商通过用户线、电缆调制解调器或无线连接等方式，提供支持多用户的宽带接入服务时更加简便易行。

PPPoE(Point - to - Point Protocol over Ethernet)协议允许通过一个连接客户的简单以太网桥启动一个 PPP 对话。通过 PPPoE 协议，服务提供商可以在以太网上实现 PPP 协议的主要功能，包括采用各种灵活的方式管理用户。

采用 PPPoE 技术，用户以虚拟拨号方式接入宽带接入服务器，通过用户名密码验证后才能得到 IP 地址并连接网络。PPPoE 接入设备主要包括宽带接入服务器和 RADIUS 服务器等。

1) 工作过程

PPPoE 的建立需要两个阶段，首先是搜索阶段(Discovery stage)，其次是点对点对话阶段(PPP Session stage)。当一台 PC 希望建立一个 PPPoE 对话时，首先必须完成搜索阶段，确定对端的以太网 MAC 地址，并建立一个 PPPoE 的对话号(SESSION_ID)。工作过程如下：

(1) 主机发二层广播包，等待访问集中器(Access Concentrator，AC)响应。

(2) AC(一个或多个)收到广播后，若能提供(Offer)所需服务，则发 Offer 响应包给原主机。

(3) 主机收到 Offer 响应后，根据一定的原则(由具体实现决定)挑选出一个，向其发出请求包。

(4) 被选中的 AC 收到请求包后，产生一个唯一的会话标识，将其返回给主机。

随后进入了 PPP 会话阶段。经过 LCP 过程请求 RADIUS 认证、授权后，建立起 PPP 连接，即可传送 PPP 数据(PPP 封装 IP、Ethernet 封装 PPP)。

在 PPP 协议定义了一个端对端的关系时，搜寻阶段是一个客户-服务器的关系。在搜寻阶段的进程中，PC(客户端)搜寻并发现一个网络设备(服务器端)。在网络拓扑中，PC 能与之通信的可能不只是一个网络设备。在搜索阶段，PC 可以发现所有的网络设备但只能选择一个。当搜索阶段顺利完成，主机和网络设备将拥有能够建立 PPPoE 的所有信息。在点对点对话建立之前搜索阶段将一直存在，一旦点对点对话建立，主机和网络设备都必须为点对点对话阶段虚拟接口提供资源。

2) PPPoE 技术的优点及缺点

PPPoE 技术的主要优点有：

(1) PPPoE 技术能够利用已存在的用户认证、管理和计费系统，实现宽带用户的统一管理认证和计费。

（2）PPPoE 技术既可以按流量计费，也可以按时长计费，并能够对特定用户设置访问列表（ACL）过滤或防火墙功能。

（3）能够对特定用户访问网络的速率进行控制，并且可以满足上、下行速率不对称要求。可实现接入时间控制，是传统 PSTN 窄带拨号接入技术在以太网接入技术的延伸。

（4）PPPoE 设备可以防止地址冲突和地址盗用，所有 IP 应用数据流均使用相同的会话 ID，保障用户使用 IP 地址的安全。

（5）PPPoE 应用广泛、互通性好，与现有主流的电脑操作系统可以良好兼容。

PPPoE 技术的主要缺点有：

（1）PPP 协议和 Ethernet 技术本质上存在差异，PPP 协议需要被再次封装到以太帧中，所以封装效率很低。

（2）认证机制比较复杂，对设备处理性能、内存资源需求较高。

（3）PPPoE 技术在搜索阶段会产生大量的广播流量，对网络性能产生很大的影响。

（4）不支持多播组播应用，视频业务大部分是基于组播的，由于 PPPoE 技术的点对点特性，即使几个用户同属一个多播组，也要为每个用户单独复制一份数据流。

（5）PPPoE 不能穿过三层网络设备，所以需要购置专门的 PPPoE 接入设备，在使用三层设备组建的城域网中，宽带接入服务器必须分散放置，这在一定程度上增加了网络的建设成本。

5．Web 认证技术

Web 认证需要与 DHCP 服务器和 Portal 服务器配合使用，Web 认证的主要过程描述如下：

（1）用户机器上电启动，系统程序根据配置，通过 DHCP 由 BAS 做 DHCP - Relay，向 DHCP 服务器要 IP 地址（私网或公网）。

（2）BAS 为该用户构造对应表项信息（基于端口号、IP），添加用户 ACL 服务策略（让用户只能访问 Portal 服务器和一些内部服务器，以及个别外部服务器如 DNS）。

（3）Portal 服务器向用户提供认证页面，在该页面中，用户输入账号和口令，并单击"Log in"按钮，也可不输入账号和口令，直接单击"Log in"按钮。

（4）该按钮启动 Portal 服务器上的 Java 程序，该程序将用户信息（IP 地址，账号和口令）送给网络中心设备 BAS。

（5）BAS 利用 IP 地址得到用户的二层地址、物理端口号（如 VLAN ID，ADSL PVC ID，PPP Session ID），利用这些信息，对用户的合法性进行检查。如果用户输入了账号，则认为是卡号用户，使用用户输入的账号和口令到 RADIUS 服务器对用户进行认证；如果用户未输入账号，则认为用户是固定用户，网络设备利用 VLAN ID（或 PVC ID）查用户表得到用户的账号和口令，将账号送到 RADIUS 服务器进行认证。

（6）RADIUS 服务器返回认证结果给 BAS。

（7）认证通过后，BAS 修改该用户的 ACL，用户可以访问外部因特网或特定的网络服务。

（8）用户离开网络前，连接到 Portal 服务器上，单击"断开网络"按钮，系统停止计费，删除用户的 ACL 和转发信息，限制用户不能访问外部网络。

（9）在以上过程中，要注意检测用户非正常离开网络的情况，如用户主机死机，网络断掉，直接关机等。

6. 802.1x 认证技术

IEEE 802.1x 是 IEEE 制定的基于端口的网络访问控制的认证标准。最早它是为了配合无线以太网遵循的一种应用协议,有线以太网络也引入了这项技术,有效地解决了传统以太网网络认证问题。目前,它可提供对 802.11 无线网络和有线以太网络的网络访问权限的验证。

这种基于端口的网络访问控制采用交换式局域网基础设施的物理特性来认证连接到局域网某个端口的设备。802.1x 的实质是对以太网端口进行鉴权,如果在认证过程中失败,端口接入将被阻塞。应用 802.1x 协议,可以将 ADSL、VDSL、LAN 等多种宽带接入方式的认证计费融为一体,简化了网络结构。

802.1x 认证的主要过程描述如下:

(1)用户开机后,通过 802.1x 客户端软件发起请求,查询网络上能处理 EAPOL(EAP Over LAN)数据包的设备,如果某台验证设备能处理 EAPOL 数据包,就会向客户端发送响应包并要求用户提供合法的身份标识,如用户名、密码。

(2)客户端收到验证设备的响应后,会提供身份标识给验证设备,由于此时客户端还未经过验证,因此认证流只能从验证设备的未受控的逻辑端口经过。验证设备通过 EAP 协议将认证流转发到 AAA 服务器,进行认证。

(3)如果认证通过,则认证系统的受控逻辑端口打开。

(4)客户端软件发起 DHCP 请求,经认证设备转发到 DHCP Server。

(5)DHCP 服务器为用户分配 IP 地址。

(6)DHCP 服务器分配的地址信息返回给认证系统,认证系统记录用户的相关信息,如 MAC、IP 地址等信息,并建立动态的 ACL 访问列表,以限制用户的权限。

(7)当认证设备检测到用户的上网流量,就会向认证服务器发送计费信息,开始对用户计费。

(8)如果用户要下线,可以通过客户端软件发起 Log Off 过程,认证设备检测到该数据包后,会通知 AAA 服务器停止计费,并删除用户的相关信息(MAC/IP),受控逻辑端口关闭,用户进入再认证状态。

(9)验证设备会通过定期的检测来保证链路的激活,如果用户异常死机,则验证设备在发起多次检测后,自动认为用户已经下线,于是向认证服务器发送终止计费的信息。

本 章 小 结

(1)以太网接入技术是在以太网技术上发展起来的一种宽带接入技术,它诞生于 20 世纪 70 年代,也是目前应用最为广泛的一种局域网技术。

(2)在拓扑结构上,以太网通常采用总线型或星型结构,无论采用总线型结构还是采用星型结构,以太网在物理上都是通过 MAC 地址来判断数据包发送的源地址和目的地址。

(3)以太网技术是当今最普及的局域网技术,以太网有两个技术标准:DIX Ethernet V2 与 IEEE 的 802.3 局域网标准。

（4）以太网根据速率的不同又可以分为：标准以太网、快速以太网、吉比特以太网、万兆以太网等。

（5）以太网接入技术的关键技术：带冲突检测的载波监听多路访问 CSMA/CD、STP 生成树协议、虚拟以太网以及以太网的端口技术。CSMA/CD 总线网的特点是总线结构、竞争总线、冲突显著减少、轻负荷有效、广播式通信、发送不确定性及 MAC 规程简单。

（6）解决以太网用户之间的广播隔离问题的方法是基于 VLAN 的用户广播隔离、基于 MAC 地址过滤和广播流向制定等。

（7）基于以太网的接入网公用 IP 地址分配方式有两种：静态分配和动态分配。采用静态分配时的地址管理方案有：设备 IP 地址和 MAC 地址的静态 ARP 绑定，IP 地址和物理端口的对应绑定，IP 地址和 VLAN ID 的对应绑定；采用动态分配时的地址管理方案有：网络地址翻译 NAT，服务器代理方式和动态 IP 地址池分配。

（8）以太网的接入业务控制方法有：在分散放置的客户管理系统上对每个用户的接入带宽进行设置、在用户接入点上对用户接入带宽进行设置。

〜〜〜〜〜〜〜〜〜〜 **通 信 故 事** 〜〜〜〜〜〜〜〜〜〜

以太网的发展史

以太网是在 20 世纪 70 年代初期由 Xerox 公司 Palo Alto 研究中心推出的。1979 年 Xerox、Intel 和 DEC 公司正式发布了 DIX 版本的以太网规范，1983 年 IEEE 802.3 标准正式发布。

70 年代初，以太网产生；

1979 年，DEC、Intel、Xerox 成立联盟，推出 DIX 以太网规范；

1980 年，IEEE 成立了 802.3 工作组；

1983 年，第一个 IEEE 802.3 标准通过并正式发布；

通过 80 年代的应用，10 Mb/s 以太网基本发展成熟；

1990 年，基于双绞线介质的 10Base-T 标准和 IEEE 802.1D 网桥标准发布；

90 年代，LAN 交换机出现，逐步淘汰共享式网桥；

1992 年，出现了 100Mb/s 快速以太网；

通过 100Base-T 标准（IEEE 802.3u）；

全双工以太网（IEEE 97）问世；

千兆以太网开始迅速发展（1996 年）；

1000 Mb/s 千兆以太网标准问世（IEEE 802.3z/ab）；

IEEE 802.1Q 和 802.1P 标准出现（1998 年）；

10GE 以太网工作组成立（IEEE 802.3ae）。

习　题

3-1　什么是以太网，以太网可以分为哪几种？

3-2　简述以太网的帧结构。

3-3　吉比特以太网的传输介质有哪些？

3-4　什么是 CSMA/CD 技术？简述其工作过程。

3-5　常用的以太网接入技术有哪些？

3-6　以太网接入的典型网络结构有哪几种？简单画出其结构。

3-7　以太网接入提供的业务种类是哪些？

3-8　以太网接入技术的管理方案主要有哪些？

3-9　常用用户接入认证和计费方式有哪几种？各种认证方式各有什么优缺点？

3-10　以太网接入的业务控制管理包括哪些内容？

3-11　举例说明现有的网络环境中以太网的解决方案。

第四章 无线接入技术

未来宽带互联网的接入层面无线接入将是其关键技术。无线接入和多媒体数据业务的巨大需求推动了无线通信技术的快速发展，通信技术宽带化、IP 化、移动化成为未来的趋势。本章讲述了宽带无线接入、3G 通信技术、超宽带无线通信技术及近年来迅速发展的 WiFi 与 WiMax 等宽带技术。重点难点是无线接入网的关键技术，以及 WLAN、WiMaX、LTE 的网络架构。

4.1 无线接入技术概述

宽带无线接入技术是一种新的解决方案，为运营商和用户提供了一种新的选择。但是宽带无线接入系统只是构成整个电信运营解决方案中的一个环节，必须要多种有线数据产品配合才可以真正发挥作用。

4.1.1 无线接入网的概念及优点

1. 无线接入网的概念

无线接入技术（Radio Interface Technologies，RIT）是指通过无线介质将用户终端与网络节点连接起来，以实现用户与网络间的信息传递，即利用卫星、微波及超短波等传输手段向用户提供各种电信业务的接入技术。

2. 无线接入网的优点

1）高移动性

无线接入网具有较高的移动性，通信范围不受环境条件的限制，拓宽了网络的传输范围。在有线局域网中，两个站点之间的传输距离有限，即使采用单模光纤也只能达到 3000 m，而无线局域网中两个站点间的距离可达到 50 km。

2）高可靠性

无线接入网抗干扰性强、网络的保密性好。对于有线局域网中的许多安全问题，在无线局域网中基本上可以避免。

3）易于扩展

无线接入网有多种配置方式，能够根据用户需要灵活选择；建网容易，管理方便。相对于有线网络，无线接入网的组建、配置和维护较为容易。

由于无线接入网具有多方面的优点，所以发展十分迅速。在最近几年里，无线接入网使用非常广泛。

4.1.2 无线接入网的分类

无线接入网根据接入用户的移动范围可以分为固定无线接入网和移动无线接入网两类。

1. 固定无线接入网

固定无线接入网(Fixed Wireless Access Network，FWAN)是指业务节点到固定用户终端部分或全部采用了无线方式。固定无线接入系统的终端含有或不含有有限的移动性。固定无线接入网主要是为固定位置的用户或仅在小范围区域内移动的用户提供无线网络通信接入服务的方式。其用户终端包括电话机、传真机或计算机等。固定无线接入网是无线技术的固定应用，其工作频段可以为 450 MHz、800/900 MHz、1.5 GHz、1.8 /1.9 GHz 或 3 GHz 等。

窄带无线接入(Narrowband Wireless Access，NWA)主要是针对话音以及话音数据的接入而言的，大部分的传输速率都不超过 64 kb/s，少量的可能超过 100 kb/s。早期的无线对讲接入网、UHF/VHF、业余无线通信系统都属于模拟窄带无线接入。目前第二代移动通信系统 GSM、CDMA 及其 WAP 技术和 GPRS 技术等则属于数字窄带无线接入技术。

固定无线接入网的实现方式主要包括：直播卫星(DBS)系统、多路多点分配业务(MMDS)系统、本地多点分配业务(LMDS)系统、无线局域网(WLAN)以及全球、微波互联接入(WiMAX)系统。

1) 直播卫星系统

直播卫星(DBS)系统是指通过卫星将视频、图像和声音等节目进行点对面的广播，直接供广大用户接收。其特点是通信距离远，费用与距离无关，覆盖面积大且不受地理条件限制，频带宽，容量大，适用于多业务传输，可为全球用户提供大跨度、大范围、远距离的漫游和机动灵活的移动通信服务等功能。

数字卫星电视是近几年迅速发展起来的、利用地球同步卫星将数字编码压缩的电视信号传输到用户端的一种广播电视形式。

2008 年 6 月 9 日晚 8 时 15 分，中国在西昌卫星发射中心用"长征三号乙"运载火箭，成功地将"中星 9 号"广播电视直播卫星送入太空。此举开启了中国的直播卫星时代。"中星 9 号"是中国卫星通信集团公司向法国泰雷兹阿莱尼亚宇航公司订购的一颗广播电视直播卫星，价值 1 亿欧元，采用法国成熟的商用卫星平台，设计寿命为 15 年，是一颗大功率、高可靠性、长寿命的广播电视直播卫星。"中星 9 号"采取不加密方式传输节目，居民只要安装卫星地面接收设施就可收看。该卫星升空后，按照要求给西部边远地区免费传输近 50 套高清和标清数字电视节目，其商业模式是向各地的卫星电视台收取卫星带宽租售费用，而对电视观众免费。

2) 多路多点分配业务系统

多路多点分配业务(MMDS)系统是一种点对多点分布、提供宽带业务的无线技术。它适用于中小企业用户和集团用户。多路多点分配业务系统可透明地传输业务，在基站端与网络的接口为 T1/E1、100Base - T 和 O - 3 等，在用户端的接口为 E1 和 10Base - T 等，可以为用户提供 Internet 接入、本地用户的数据交换、话音业务和 VOD 视频点播业务。

MMDS 主要集中在 2～5 GHz 频段。相对而言，这个频段的资源比数字 MMDS 发射机紧张，各国能够分配给 MMDS 使用的频率要比 LMDS 少得多。由于 2～5 GHz 频段受雨衰的影响很小，并且在同等条件下空间传输损耗也比 LMDS 低，所以 MMDS 频段可应用于半径为几十千米的大范围覆盖。

3）本地多点分配业务系统

本地多点分配业务（LMDS）是一种微波的宽带业务，在较近的距离双向传输语音、数据和图像等信息。工作频段为 20 GHz～40 GHz，带宽为 1.3 GHz。

LMDS 由多个枢纽站按照类似蜂窝的方式组成，枢纽站作为骨干网的 AP，通过光缆或同轴电缆与外界相连。枢纽站与服务区域内的多个用户站实现点到多点的无线链路连接，LMDS 通过使用方向性强的用户天线，相邻枢纽站服务小区之间采用不同的极化方式等方法来实现频带复用，提高频率利用效率。LMDS 可提供广播图像分配业务（含高清晰度电视）、电话、可视电话、ISDN 以及各种交换式宽带多媒体高速业务。

4）无线局域网及全球微波互联接入系统

无线局域网（WLAN）是无线通信技术与计算机网络相结合的产物，一般来说，凡是采用无线传输媒介的计算机局域网都可称为无线局域网，即使用无线电波或红外线在一个有限地域范围内的工作站之间进行数据传输的通信系统。

全球微波互联接入系统（WiMAX）是一种可用于城域网的宽带无线接入技术，它是针对微波和毫米波段提出的一种新的空中接口标准。WiMAX 覆盖范围可达 50 km，最大传输数据速率可达 75 Mb/s。WiMAX 可提供固定、移动、便携形式的无线宽带连接业务。

2. 移动无线接入网

移动无线接入网是为移动用户提供各种电信业务的接入网技术。移动无线接入网的网络结构组成要比固定网络复杂得多，因为移动无线接入网所服务的用户是移动的，用到的设备和软件也比固定网络要多。

移动无线接入网使用的频段范围很宽，其中有高频（3～30 MHz）、甚高频（30～300 MHz）、特高频（300～3000 MHz）和微波（3～300 GHz）频段。移动无线接入的实现方式也有很多：陆地移动通信系统、卫星移动通信系统及 WiMAX 等。

1）陆地移动通信系统

陆地移动通信系统是指通信双方或至少其中一方在运动状态中通过陆地通信网络进行信息传递的通信方式。陆地移动通信系统主要分为三类：集群移动通信系统；蜂窝移动通信系统；无绳电话系统。

（1）集群移动通信系统。集群移动通信也称为大区制移动通信。它的特点是只有一个基站，天线高度为几十米至百余米，覆盖半径为 30 km，发射机功率可高达 200 W。用户数约为几十至几百户，可以是车载台，也可以是手持台。他们可以与基站通信，也可通过基站与其他移动台及市话用户通信，基站与市站为有线网连接。

（2）蜂窝移动通信系统。蜂窝移动通信也称为小区制移动通信。在蜂窝移动通信系统中，把信号覆盖区域分为一个个的小区，它可以是六边形、正方形、圆形或其他一些形状，通常是六角蜂窝状。这些分区中的每一个分区均被分配了多个频率（f_1～f_6），具有相应的基站。在其他分区中，可使用重复的频率，但相邻的分区不能使用相同的频率，这会引起同信道干扰。

蜂窝移动通信系统的发展经历了四代。

第一代蜂窝通信系统(1G)。1G 是基于模拟技术，且基本面向模拟电话的通信系统。它诞生于 20 世纪 80 年代初，是移动通信的第一个基本框架——包含了基本蜂窝小区架构、频分复用和漫游的理念。高级移动电话服务(AMPS)就是一种主流 1G 技术。

第二代蜂窝通信系统(2G)。2G 网络标志着移动通信技术从模拟走向了数字时代。这个引入了数字信号处理技术的通信系统诞生于 1992 年。2G 系统第一次引入了流行的用户身份模块(SIM)卡。主流 2G 接入技术是 CDMA 和 TDMA。GSM 是一种非常成功的 TDMA 网络，它从 2G 时代到现在一直都在被广泛使用。2.5G 网络出现于 1995 年，它引入了分组交换技术，对 2G 系统进行了扩展。

第三代蜂窝通信系统(3G)。3G 的基本思想是在支持更高带宽和数据速率的同时，提供多媒体服务。3G 同时采用了电路交换和分组交换策略。主流 3G 接入技术是 TDMA、CDMA、宽频带 CDMA(WCDMA)、CDMA2000 和时分同步 CDMA(TD-SCDMA)。

第四代蜂窝通信系统(4G)。广泛普及的 4G 包含了若干种宽带无线接入通信系统。4G 的特点可以用 MAGIC 描述，即移动多媒体(Mobile Multimedia)、任何时间任何地点(Anytime Anywhere)、全球漫游支持(Global Mobility Support)、集成无线(Integrated Wireless)方案，以及定制化个人服务(Customize Personal)。4G 系统不仅支持升级移动服务，也支持很多既存无线网络。

目前，移动通信发展迅猛，关于 5G 的移动通信建设也在如火如荼地展开。

(3) 无绳电话系统。无绳电话系统指的是以无线电波(主要是微波波段的电磁波)、激光、红外线等作为主要传输媒介，利用无线终端、基站和各种公共通信网(如 PSTN、ISDN 等)，在限定的业务区域内进行全双工通信的系统。无绳电话系统采用的是微蜂窝或微微蜂窝无线传输技术。

2) 卫星移动通信系统

卫星通信系统实际上也是一种微波通信，它以卫星作为中继站转发微波信号，在多个地面站之间通信，卫星通信的主要目的是实现对地面的"无缝隙"覆盖。由于卫星工作于几百、几千甚至上万公里的轨道上，因此覆盖范围远大于一般的移动通信系统。

卫星通信系统由卫星端、地面端、用户端三部分组成。卫星端在空中起中继站的作用，即把地面站发上来的电磁波放大后再返送回另一地面站。卫星星体又包括两大子系统：星载设备和卫星母体。地面端则是卫星系统与地面公众网的接口，地面用户也可以通过地面站出入卫星系统并形成链路，地面端还包括地面卫星控制中心及其跟踪、遥测和指令站。用户端即为各种用户终端。

4.2 无线接入网络及技术

在无线接入系统中，由于传输媒介是无线的，所以外部环境因素及频谱资源有限会影响信息的传递，无线接入网中采用了不同的技术来解决这些问题。在本节中将重点讲述信源编码和信道编码技术、多址接入技术、抗衰落技术、网络安全技术。

4.2.1 信源编码与信道编码技术

1. 信源编码技术

信源编码是将来自信源的模拟信号变成适合在数字通信系统中传输的数字信号。语音编码属于信源编码，在数字移动通信系统中起着关键的作用。语音编码的目的是把人说话的声音由模拟信号转变成二进制数字信号，使信号适合在数字信道中传输，到达接收端后再将数字信号还原成模拟语音。

移动通信对语音编码的要求是：编码速率要适合在移动信道内传输，纯编码的速率应低于 16 kb/s；在一定编码速率下语音质量应尽可能高，即解码后的复原语音的保真度要高；编解码时延要短；要能适应衰落信道的传输，即抗误码性能要好，以保持较好的语音质量；算法的复杂程度要适中，应易于大规模电路的集成。语音编码技术通常分为三类：波形编码、参量编码和混合编码。

波形编码是将连续的语音信号通过抽样、量化、编码后变成数字信号，使重建的语音波形尽量保持原语音信号的波形形状。波形编码的基本原理是在时间轴上对模拟语音按一定的速率抽样，然后将幅度样本分层量化，并用代码表示。解码是其反过程，是将收到的数字序列经过解码和滤波恢复成模拟信号。脉冲编码调制（PCM）和增量调制（ΔM），以及它们的各种改进型自适应增量调制（ADM）、自适应差分编码（ADPCM）等，都属于波形编码技术。这种编码技术话音质量高，压缩比低，码率通常在 20 kb/s 以上，适用于高清高保真音乐和语音传输。

参量编码又称声源编码，是将原始的模拟信号经过抽样、量化后提取出信号的特征参量，并将信号的特征参量变换成数字代码进行传输。解码为其反过程，是将收到的数字序列经变换恢复特征参量，再根据特征参量重建语音信号。具体说，参量编码是通过对语音信号特征参数的提取和编码，使重建的语音信号具有尽可能高的可靠性，即保持原语音的语意，但重建信号的波形同原语音信号的波形可能会有相当大的差别。这种编码技术可实现低速率语音编码，比特率可压缩到 2 kb/s～4.8 kb/s，甚至更低，但语音质量只能达到中等，特别是自然度较低，连熟人都不一定能识别出讲话人是谁。线性预测编码（LPC）及其他各种改进型都属于参量编码。

混合编码具有波形编码和参量编码两种编码方式的特点。它不仅仅对语音信号的特征参量进行编码，而且对原信号的部分波形也进行编码。根据移动通信的要求，在移动通信系统中一般采用混合编码技术。混合编码克服了原有波形编码和参量编码的弱点，结合了各自的长处，力图保持波形编码的高质量和参量编码的低速率，又能获得低速率上的高质量的合成语音，如规则脉冲激励长期线性预测编码 RPE - LTP、Qualcomm 码、码激励线性预测编码 CELP 等。另外，自适应差分脉冲编码调制 ADPCM 也已成为语音编码中常用的一种技术。

2. 信道编码技术

信道编码是指在数据发送之前，在信息码元中再增加监督码元，接收端通过监督码元来检测或纠正信息在传递过程中产生的误码，从而提高信道的可靠性。

由于移动通信存在干扰和衰落，在信号传输过程中将出现差错，故对数字信号必须采用纠、检错技术，即纠、检错编码技术，以增强数据在信道中传输时抵御各种干扰的能力，提高系统的可靠性。对要在信道中传送的数字信号进行纠、检错编码就是信道编码。信道编码之所以能够检出和校正接收比特流中的差错，是因为加入了一些冗余比特，把几个比特上携带的信息扩散到更多的比特上。为此付出的代价是必须传送比该信息所需要的更多的比特。差错控制方式主要有三种，即前向纠错（Forward Error Correction，FEC）、自动重传请求（Automatic Repeat Request，ARQ）和混合纠错（Hybrid Error Correction，HEC）。

前向纠错也叫前向纠错码，是增加数据通信可信度的方法。在单向通信信道中，一旦错误被发现，其接收器将无权再请求传输。FEC 是利用数据进行冗余信息传输的方法，当传输中出现错误时，将允许接收器再建数据。

自动重传请求方式是指在发送端发出的信息中包含有纠错的码元，接收端的译码器接收到信息后如果发现接收有错误，则给出重发指令，通知发送端重发传输的消息，直到接收端接收到正确的消息为止。

混合纠错是前两者的结合，收端收到码元后，检查差错情况，如果错误在码元的纠错能力范围以内，则自动纠错；如果超过了码元的纠错能力，但能检测出来，则经过反馈信道请求发端重发。混合纠错方式在实时性和译码复杂性方面是前向纠错和检错重发方式的折中，可达到较低的误码率，较适合于环路延迟大的高速数据传输系统。

4.2.2 多址接入技术

多址接入技术的目的是让多个用户能同时接入基站，享受基站提供的通信服务，保证各个用户之间的信号不会互相干扰。每一代通信系统有自己独特的多址接入技术。第一代移动通信系统（1G）主要采用频分多址接入方式（FDMA），第二代移动通信系统（2G）主要采用时分多址接入方式（TDMA），第三代移动通信系统（3G）主要采用码分多址接入方式（CDMA），第四代通信系统（4G）主要采用正交频分复用多址接入方式（OFDMA）。

1. 频分多址（FDMA）

频分复用（Frequency Division Multiplexing，FDM）就是将用于传输信道的总带宽划分成若干个子频带（或称子信道），每一个子信道传输 1 路信号。不同的用户采用不同的频带来传输信息，即不同的用户信息在不同的频带上传输，从而避免用户间信号的相互干扰。在频分复用技术中要求各个子信道频率之和应小于总频率宽度。频分复用技术还在各个子信道之间设立隔离带，这样就保证各个信道中传递的信号互不干扰。采用频分复用的技术使调制后的信号采用不同的频率传递，达到多路信号同时在一个信道内传输的目的。如图 4-1 所示。频分复用技术下，多个用户可以共享一个物理通信信道，该过程即为频分多址（FDMA）接入方式。

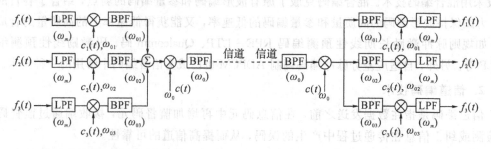

（a）频分复用发送端原理图 　　　　　　　（b）频分复用接收端原理图

图 4-1　频分复用原理图

频分复用的目的在于提高频带利用率。在通信系统中,信道能提供的带宽往往要比传送一路信号所需的带宽宽得多。因此,一个信道只传输一路信号是非常浪费的。为了充分利用信道的带宽,因而提出了信道的频分复用问题。合并后的复用信号,原则上可以在信道中传输,但有时为了更好地利用信道的传输特性,还可以再进行一次调制。在接收端,可利用相应的带通滤波器(BPF)来区分开各路信号的频谱。然后,再通过各自的相干解调器便可恢复各路调制信号。

在 FDMA 系统中,分配给用户一个信道,即一对频谱,一个频谱用作前向信道即基站向移动台方向的信道,另一个则用作反向信道即移动台向基站方向的信道。这种通信系统的基站必须同时发射和接收多个不同频率的信号,任意两个移动用户之间进行通信都必须经过基站的中转,因而必须同时占用 2 个信道(2 对频谱)才能实现双工通信。典型的例子如第一代蜂窝系统中的 AMPS 制式和 TACS 制式中所用的多址技术。

频分复用系统的最大优点是信道复用率高,容许复用的路数多,分路也很方便。因此,它成为模拟通信中最主要的一种复用方式。特别是在有线和微波通信系统中应用十分广泛。频分复用系统的主要缺点是设备构造比较复杂,会因滤波器件特性不够理想和信道内存在非线性而产生路间干扰,而且收发两端需要大量的载波,且载波必须同步,容量太小。

2. 时分多址(TDMA)

时分多址是把时间分割成周期性的帧(Frame),每一个帧再分割成若干个时隙向基站发送信号,在满足定时和同步的条件下,基站可以分别在各时隙中接收到各移动终端的信号而不混扰。同时,基站发向多个移动终端的信号都按顺序安排在指定的时隙中传输,各移动终端只要在指定的时隙内接收,就能在合路的信号中把发给自己的信号区分并接收下来。

时分多址的 N 个时隙(信道)在时间轴上互不重叠,满足时间正交性。如图 4-2 所示。

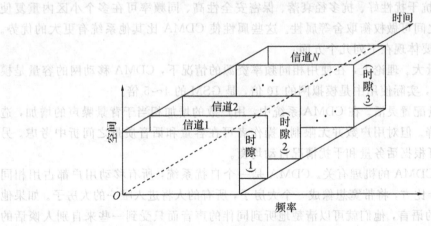

图 4-2　时分多址的 N 个时隙

时分多址只能用于数字通信系统。模拟话音必须先进行模数变换(数字语音编码)及成帧处理,然后以突发信号的形式发射出去。

时分多址的特点包括:

- 多个用户共享一个载波频率。
- 非连续传输,使切换更简单。

- 时隙配置可以根据动态 TDMA 的需求分配。
- 较 CDMA 宽松的功率控制，信元间干扰较小。
- 高于 CDMA 的同步开销。
- 频率分配的复杂性增加。

3. 码分多址技术(CDMA)

码分多址(CDMA)是在数字技术的分支——扩频通信技术上发展起来的一种崭新而成熟的无线通信技术。CDMA 技术的原理是基于扩频技术，即将需传送的具有一定信号带宽的信息数据，用一个带宽远大于信号带宽的高速伪随机码进行调制，使原数据信号的带宽被扩展，再经载波调制并发送出去。接收端使用完全相同的伪随机码，与接收的带宽信号作相关处理，把宽带信号换成原信息数据的窄带信号即解扩，以实现信息通信。

CDMA 通信系统中，不同用户传输信息所用的信号不是靠频率不同或时隙不同来区分，而是用各自不同的编码序列来区分，或者说，靠信号的不同波形来区分。如果从频域或时域来观察，多个 CDMA 信号是互相重叠的。

接收机用相关器可以在多个 CDMA 信号中选出其中使用预定码型的信号。其他使用不同码型的信号因为和接收机本地产生的码型不同而不能被解调。它们的存在类似于在信道中引入了噪声和干扰，通常称之为多址干扰。

在 CDMA 蜂窝通信系统中，用户之间的信息传输是由基站进行转发和控制的。为了实现双工通信，正向传输和反向传输各使用一个频率，即通常所谓的频分双工。无论正向传输或反向传输，除去传输业务信息外，还必须传送相应的控制信息。为了传送不同的信息，需要设置相应的信道。但是，CDMA 通信系统既不分频道又不分时隙，无论传送何种信息的信道都靠采用不同的码型来区分。类似的信道属于逻辑信道，这些逻辑信道无论从频域或者时域来看都是相互重叠的，或者说它们均占用相同的频段和时间。

CDMA 具有抗干扰性好、抗多径衰落、保密安全性高、同频率可在多个小区内重复使用、容量和质量之间可做权衡取舍等属性。这些属性使 CDMA 比其他系统有更大的优势。CDMA 的优势主要体现在下列几个方面：

(1) 系统容量大。理论上，在使用相同频率资源的情况下，CDMA 移动网的容量是模拟网容量的 20 倍，实际使用中是模拟网的 10 倍，是 GSM 的 4~5 倍。

(2) 系统容量配置灵活。在 CDMA 系统中，用户数的增加相当于背景噪声的增加，造成话音质量的下降。但对用户数并无限制，操作者可在容量和话音质量之间折中考虑。另外，多小区之间可根据话务量和干扰情况自动均衡。

这一特点与 CDMA 的机理有关。CDMA 是一个自扰系统，所有移动用户都占用相同带宽和频率，打个比方，将带宽想像成一个大房子，所有的人将进入唯一的大房子。如果他们使用完全不同的语言，他们就可以清楚地听到同伴的声音而只受到一些来自别人谈话的干扰。在这里，屋里的空气可以被想像成宽带的载波，而不同的语言即被当作编码，可以不断地增加用户，这样整个背景噪音就限制住了。如果能控制住用户的信号强度，在保持高质量通话的同时，就可以容纳更多的用户。

(3) 通话质量更佳。TDMA 的信道结构最多只能支持 4 kb/s 的语音编码器，它不能支持 8 kb/s 以上的语音编码器。而 CDMA 的结构可以支持 13 kb/s 的语音编码器。因此可以提供更好的通话质量。CDMA 系统的声码器可以动态地调整数据传输速率，并根据适当的门限值选择不同的电平级发射。同时门限值根据背景噪声的改变而变，这样即使在背景噪声较大的情况下，也可以得到较好的通话质量。

（4）频率规划简单。用户按不同的序列码区分，所以不同的 CDMA 载波可在相邻的小区内使用，网络规划灵活，扩展简单。

（5）建网成本低。CDMA 技术通过在每个蜂窝的每个部分使用相同的频率，简化了整个系统的规划，在不降低话务量的情况下减少所需站点的数量，从而降低部署和操作成本。CDMA 网络覆盖范围大，系统容量高，所需基站少，降低了建网成本。

4. 正交频分多址（OFDMA）

OFDM（Orthogonal Frequency Division Multiplexing）即正交频分复用技术。OFDM 的主要思想是：将信道分成若干正交子信道，将高速数据信号转换成并行的低速子数据流，调制到每个子信道上进行传输。正交信号可以通过在接收端采用相关技术来将其分开，这样可以减少子信道之间的相互干扰（ISI）。每个子信道上的信号带宽小于信道的相关带宽，因此每个子信道上可以看成平坦性衰落，从而可以消除码间串扰，而且由于每个子信道的带宽仅仅是原信道带宽的一小部分，信道均衡变得相对容易。OFDM 是一种多载波调制方式，通过减小和消除码间串扰的影响来克服信道的频率选择性衰落，其基本原理是将信号分割为 N 个子信号，然后用 N 个子信号分别调制 N 个相互正交的子载波。由于子载波的频谱相互重叠，因而可以得到较高的频谱效率。图 4-3 是 OFDM 基带信号处理原理图。其中，(a)是发射机工作原理，(b)是接收机工作原理。

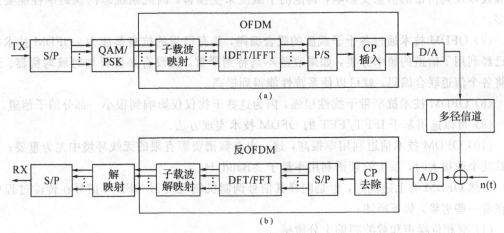

图 4-3 OFDM 系统框图

当调制信号通过无线信道到达接收端时，由于信道多径效应带来的码间串扰的作用，子载波之间不再保持良好的正交状态，因而发送前需要在码元间插入保护间隔。如果保护间隔大于最大时延扩展，则所有时延小于保护间隔的多径信号将不会延伸到下一个码元期间，从而有效地消除了码间串扰。当采用单载波调制时，为减小 ISI 的影响，需要采用多级均衡器，这样就会遇到收敛和复杂性高等问题。

在发射端，首先对比特流进行 QAM 或 QPSK 调制，然后依次经过串并变换和 IFFT 变换（快速傅里叶变换），再将并行数据转化为串行数据，加上保护间隔（又称"循环前缀"），形成 OFDM 码元。在组帧时，须加入同步序列和信道估计序列，以便接收端进行突发检测、同步和信道估计，最后输出正交的基带信号。

当接收机检测到信号到达时，首先进行同步和信道估计。当完成时间同步、小数倍频偏估计和纠正后，经过 FFT 变换（傅里叶变换），进行整数倍频偏估计和纠正，此时得到的数据是 QAM 或 QPSK 的已调数据。对该数据进行相应的解调，就可得到比特流。

OFDM 有很多技术优点，如下所述：

（1）OFDM 技术在窄带带宽下也能够发出大量的数据。

（2）OFDM 技术能够持续不断地监控传输介质上通信特性的突然变化，由于通信路径传送数据的能力会随时间发生变化，所以 OFDM 能动态地与之相适应，并且接通和切断相应的载波以保证持续地进行成功的通信。

（3）OFDM 技术可以自动地检测到传输介质下哪一个特定的载波存在高的信号衰减或干扰脉冲，然后采取合适的调制措施来使指定频率下的载波成功进行通信。

（4）OFDM 技术特别适合使用在高层建筑物、居民密集和地理上突出的地方以及将信号散播的地区。高速的数据传播以及数字语音广播都希望降低多径效应对信号的影响。

（5）OFDM 技术的最大优点是对抗频率选择性衰落或窄带干扰。在单载波系统中，单个衰落或干扰能够导致整个通信链路失败，但是在多载波系统中，仅仅有很小一部分载波会受到干扰。对这些子信道还可以采用纠错码来进行纠错。

（6）OFDM 技术可以有效地对抗信号波形间的干扰，适用于多径环境和衰落信道中的高速数据传输。当信道中因为多径传输而出现频率选择性衰落时，只有落在频带凹陷处的子载波以及其携带的信息受影响，其他的子载波未受损害，因此系统总的误码率性能要好得多。

（7）OFDM 技术通过各个子载波的联合编码，具有很强的抗衰落能力。OFDM 技术本身已经利用了信道的频率分集，如果衰落不是特别严重，就没有必要再加时域均衡器。通过将各个信道联合编码，就可以使系统性能得到提高。

（8）OFDM 技术抗窄带干扰性很强，因为这些干扰仅仅影响到很小一部分的子信道。

（9）可以选用基于 IFFT/FFT 的 OFDM 技术实现方法。

（10）OFDM 技术信道利用率很高，这一点在频谱资源有限的无线环境中尤为重要；当子载波个数很大时，系统的频谱利用率趋于 2 Baud/Hz。

虽然 OFDM 有上述优点，但是同样其信号调制机制也使得 OFDM 信号在传输过程中存在着一些劣势，如下所述：

（1）对相位噪声和载波频偏十分敏感。

这是 OFDM 技术一个致命的缺点，整个 OFDM 系统对各个子载波之间的正交性要求格外严格，任何一点小的载波频偏都会破坏子载波之间的正交性，引起 ICI（Inter-Carrier Interference，子载波间干扰）。同样，相位噪声也会导致码元星座点的旋转、扩散，形成 ICI。而单载波系统就没有这个问题，相位噪声和载波频偏仅仅是降低了接收到的信噪比 SNR，而不会引起互相之间的干扰。

（2）峰均比过大。

OFDM 信号由多个子载波信号组成，这些子载波信号由不同的调制符号独立调制。同传统的恒包络的调制方法相比，OFDM 调制存在一个很高的峰值因子。因为 OFDM 信号是很多个小信号的总和，这些小信号的相位是由要传输的数据序列决定的。对于某些数据，这些小信号可能同相，而在幅度上叠加在一起从而产生很大的瞬时峰值幅度。而峰均比过大，将会增加 A/D 和 D/A 的复杂性，而且会降低射频功率放大器的效率。同时，在发射端，放大器的最大输出功率就限制了信号的峰值，这会在 OFDM 频段内和相邻频段之间产生干扰。

（3）所需线性范围宽。

由于 OFDM 系统峰值平均功率比（PAPR）大，对非线性放大更为敏感，故 OFDM 调制系统比单载波系统对放大器的线性范围要求更高。

目前 OFDM 技术已经被广泛应用于广播式的音频和视频领域以及民用通信系统中，主要的应用包括非对称的数字用户环路（ADSL）、ETSI 标准的数字音频广播（DAB）、数字视频广播（DVB）、高清晰度电视（HDTV）、无线局域网（WLAN）等。

4.2.3　抗衰落技术

移动信道由于阴影效应、多径效应以及多普勒效应而形成衰落，为了克服这种衰落效应，在无线通信系统中采取了分集接收、信道均衡和扩频通信等技术。此外，目前普遍应用的还有 MIMO 技术。

1. 分集接收

分集接收是指利用电磁波在空间、频率、极化、时间上有足够大的差异时衰落的不相干性，用分别接收、解调，然后合成，或一并接收、分别解调后合成的方法，获取稳定信号的接收方式。

分集技术是用来补偿衰落信道损耗的，它通常利用无线传播环境中同一信号的独立样本之间不相关的特点，使用一定的信号合并技术改善接收信号，来抵抗衰落引起的不良影响。空间分集手段可以克服空间选择性衰落，但是分集接收机之间的距离要满足大于 3 倍波长的基本条件。

分集的基本原理是通过多个信道（时间、频率或者空间）接收到承载相同信息的多个副本，由于多个信道的传输特性不同，信号多个副本的衰落就不会相同。接收机使用多个副本包含的信息能比较正确地恢复出原发送信号。

在移动通信、短波通信中存在着许多经干涉而产生的快衰落，衰落深度可达 40 dB，偶尔可达 80 dB。分集接收就是克服这种衰落的一种方法。分集接收是利用信号和信道的性质，将接收到的多径信号分离成互不相关的（独立的）多径信号，然后将多径衰落信道分散的能量更有效地接收起来处理之后进行判决，从而达到抗衰落的目的。

分集有两重含义：

（1）分散传输：使接收端能获得多个统计独立、携带同一信息的衰落信号；

（2）集中处理：即接收机把收到的多个统计独立的衰落信号进行合并（包括选择与组合）以降低衰落的影响。

分集方式有两种：宏分集和微分集。宏分集是一种减小慢衰落影响的分集技术；微分集是一种减小快衰落影响的分集技术，又可以分为：场分量分集，时间分集，极化分集，空间分集，角度分集，频率分集。

在接收分集中，接收端从 N 个不同独立信号支路接收的信号，可以通过不同的合并方式来获取分集增益。合并方式分为三种：最大比值合并，选择式合并，等增益合并。

最大比值合并是指控制各合并支路的增益，使它们分别与本支路的信噪比成正比，然后再相加，使得合并后的信噪比达到最大。

选择式合并是指从 N 个接收分集支路中选择具有最大信噪比基带信号的支路作为输出，对于选择式合并来说，每增加一条分集支路，对选择式分集输出信噪比的贡献仅为总分集支路数的倒数倍。

等增益合并也称为相位均衡，仅仅对信道的相位偏移进行校正而幅度不做校正，输出结果是将各支路信号幅值进行叠加。

2. 信道均衡技术

均衡是指接收端的均衡器产生与信道相反的特性，用来抵消信道的时变多径传播特性引起的码间干扰。在带宽受限的信道中，由于多径影响的码间干扰会使被传输的信号产生变形，从而在接收时发生误码。码间干扰是移动无线通信信道中传输高速数据时的主要障碍，而均衡是对付码间干扰的有效手段。由于移动衰落信道具有随机性和时变性，这就要求均衡器必须能够实时地跟踪移动通信信道的时变特性，这种均衡器称为自适应均衡器。

常见的均衡方式包括频域均衡和时域均衡两种方式。频域均衡是指使包括均衡器在内的整个系统的总传输函数满足无失真传输的条件。它往往是分别校正幅频特性和群时延特性，序列均衡通常采用这种频域均衡法。时域均衡就是直接从时间响应考虑，使包括均衡器在内的整个系统的冲激响应满足无码间串扰的条件。

自适应均衡器一般包含两种工作模式，即训练模式和跟踪模式。首先，发射机发射一个已知的定长的训练序列，以便接收机处的均衡器可以做出正确的设置。典型的训练序列是一个二进制伪随机信号或一串预先指定的数据位，而紧跟在训练序列后被传送的是用户数据。接收机处的均衡器将通过递归算法来评估信道特性，并且修正滤波器系数以对信道做出补偿。在设计训练序列时，要求做到即使在最差的信道条件下，均衡器也能通过这个训练序列获得正确的滤波系数。这样就可以在收到训练序列后，使得均衡器的滤波系数已经接近于最佳值。而在接收数据时，均衡器的自适应算法就可以跟踪不断变化的信道，自适应均衡器将不断改变其滤波特性。

将自适应均衡技术应用到调制解调器中，不仅能减小数字信号的码间串扰，还能设计出具有抗多径衰落的调制解调器，图 4-4 所示的就是一个能抗多径衰落的解调器的系统组成示意图。

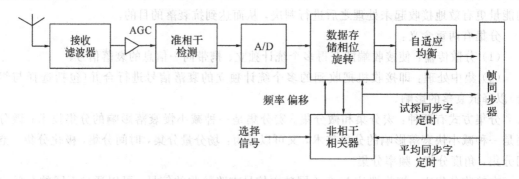

图 4-4　抗多径衰落的解调器系统的组成

该解调器的特殊之处就是在自适应均衡器前,采用了一个非相干相关器,试探与检测分析同步码字的位置,然后将它送给自适应均衡器,最终的检测是在自适应均衡器中完成。在这个电路中,自适应均衡器是最关键的部分,它的主要作用是:对通过多径衰落信道的接收信号进行均衡;计算即将输出的同步码字与均衡信号的相关系数,输出一个同步码字的检测脉冲。该解调器的工作原理为:接收信号通过接收滤波器和 AGC 电路后,经准相干检测器检测,提取基带信号的同相和正交相位,这些信号经过模/数转换后储存到存储电路与相位旋转电路中去,非相干相关器根据储存的数据试探和判决同步字的位置,在这个过程中,相关器可根据不同的输入信号采取软判决或硬判决,自适应均衡器对接收的信号(经过多径衰落信道的信号)进行均衡,然后将其输出给帧同步器,帧同步器控制解调器所有的定时。当移动站从一个区切换到另一个区时,或者存在大的频偏和较严重的多径衰落时,该解调器能够及时地进入快速同步捕获过程,其捕获的依据为相关器达到最大值。在进入稳定状态时,帧同步器从来自相关器的前同步码字位置的平均值而获得同步定时,自适应均衡器在该定时的作用下进行最后的同步字符的检测。这种解调器的优点就是它能用于多径衰落严重的信道和大频偏的情况。

3. 扩频通信技术

扩展频谱通信,简称扩频通信,是一种信息传输方式,其信号所占有的频带宽度远大于所传信息必需的最小带宽;频带的扩展是通过一个独立的码序列(一般是伪随机码)来完成,用编码及调制的方法来实现的,与所传信息数据无关;在接收端则用同样的码进行相关同步接收、解扩及恢复所传信息数据。

为了提高信息的传输速率 C,可以从两种途径实现,既加大带宽 W 或提高信噪比 S/N。换句话说,当信号的传输速率 C 一定时,信号带宽 W 和信噪比 S/N 是可以互换的,即增加信号带宽可以降低对信噪比的要求,当带宽增加到一定程度,允许信噪比进一步降低,有用信号功率接近噪声功率甚至淹没在噪声之下也是可能的。扩频通信就是用宽带传输技术来换取信噪比上的好处,这就是扩频通信的基本思想和理论依据。

以下为几种常见的扩频方式:

1) 直接序列扩频

直接序列扩频简称 DS(Direct Sequence),就是用高码率的扩频码序列在发端直接去扩展信号的频谱,在收端直接使用相同的扩频码序列对扩展的信号频谱进行解调,还原出原始的信息。直接序列扩频信号由于将信息信号扩展成很宽的频带,它的功率频谱密度比噪声还要低,使它能隐蔽在噪声之中,不容易被检测出来。对于干扰信号,收信机的码序列将对它进行非相关处理,使干扰电平显著下降而被抑制。这种方式运用得最为普遍,成为行业领域研究的热点。

2) 跳频扩频

跳频扩频简称 FH(Frequency Hopping),就是用一定码序列进行选择的多频率频移键控。也就是说,用扩频码序列去进行频移键控调制,使载波频率不断地跳变,所以称为跳频。频率跳变系统又称为"多频、码选、频移键控"系统,主要由码产生器和频率合成器两部分组成。一般选取的频率数为十几个至几百个,频率跳变的速率为 10～105 跳/秒。信号在许多随机选取的频率上迅速跳频,可以避开跟踪干扰或有干扰的频率点。

3) 跳时扩频

跳时扩频简称 TH(Time Hopping)。与跳频相似,跳时是使发射信号在时间轴上跳变。首先把时间轴分成许多时片。在一帧内哪个时片发射信号由扩频码序列去进行控制,可以把跳时理解为:用一定码序列进行选择的多时片的时移键控。跳时扩频系统主要通过扩频码控制发射机的通断,可以减少时分复用系统之间的干扰。

4) 宽带线性调频

宽带线性调频简称 CM(Chirp Modulation)。如果发射的射频脉冲信号在一个周期内,其载频的频率作线性变化,则称为线性调频。因为其频率在较宽的频带内变化,信号的频带也被展宽了。这种扩频调制方式主要用在雷达中,但在通信中也有应用。

5) 混合方式

上述几种基本扩频系统各有优缺点,单独使用一种系统有时难以满足要求,将以上集中扩频方法结合就构成了混合扩频系统,常见的有 FH/DS、TH/DS、FH/TH 等。

由于扩频通信能大大扩展信号的频谱,发送端用扩频码序列进行扩频调制,以及在接收端用相关解调技术,使其具有许多窄带通信难以替代的优良性能,民用后迅速推广到各种公用和专用通信网络之中,主要有以下几项特点:

- 易于重复使用频率,提高了无线频谱利用率;
- 抗干扰性强,误码率低;
- 隐蔽性好,对各种窄带通信系统的干扰很小;
- 可以实现码分多址;
- 抗多径干扰;
- 能精确地定时和测距;
- 适合数字话音和数据传输,以及开展多种通信业务;
- 安装简便,易于维护。

4. MIMO 技术

多输入多输出技术(Multiple Input Multiple Output,MIMO)是指在发射端和接收端分别使用多个发射天线和接收天线,使信号通过发射端与接收端的多个天线传送和接收,从而改善通信质量。它能充分利用空间资源,通过多个天线实现多发多收,在不增加频谱资源和天线发射功率的情况下,可以成倍地提高系统信道容量,显示出明显的优势,被视为下一代移动通信的核心技术。

发射端通过空时映射将要发送的数据信号映射到多根天线上发送出去,接收端将各根天线接收到的信号进行空时译码从而恢复出发射端发送的数据信号。根据空时映射方法的不同,MIMO 技术大致可以分为两类:空间分集和空间复用。空间分集是指利用多根发送天线将具有相同信息的信号通过不同的路径发送出去,同时在接收机端获得同一个数据符号的多个独立衰落的信号,从而获得分集提高的接收可靠性。举例来说,在慢瑞利衰落信道中,使用一根发射天线 n 根接收天线,发送信号通过 n 个不同的路径。如果各个天线之间的衰落是独立的,可以获得最大的分集增益为 n。对于发射分集技术来说,同样是利用多条路径的增益来提高系统的可靠性。在一个具有 m 根发射天线 n 根接收天线的系统中,如果天线对之间的路径增益是独立均匀分布的瑞利衰落,则可以获得的最大分集增益为 mn。

目前在 MIMO 系统中常用的空间分集技术主要有空时分组码(Space Time Block Code, STBC)和波束成形技术。

MIMO 技术的优点主要有：

(1) 增加覆盖。

无线电发送的信号被反射时，会产生多份信号。每份信号都是一个空间流。使用单输入单输出(SISO)的系统一次只能发送或接收一个空间流。MIMO 允许多个天线同时发送和接收多个空间流，并能够区分发往或来自不同空间方位的信号。MIMO 技术的应用，使空间成为一种可以用于提高性能的资源，并能够增加无线系统的覆盖范围。

(2) 提高信道的容量。

MIMO 接入点到 MIMO 客户端之间，可以同时发送和接收多个空间流，信道容量可以随着天线数量的增大而线性增大，因此可以利用 MIMO 信道成倍地提高无线信道容量，在不增加带宽和天线发送功率的情况下，频谱利用率可以成倍地提高。

(3) 提高信道的可靠性。

利用 MIMO 信道提供的空间复用增益及空间分集增益，可以利用多天线来抑制信道衰落。多天线系统的应用，使得并行数据流可以同时传送，可以显著克服信道的衰落，降低误码率。

MIMO 技术已经成为无线通信领域的关键技术之一，通过近几年的持续发展，MIMO 技术将越来越多地应用于各种无线通信系统。在无线宽带移动通信系统方面，第 3 代移动通信合作计划(3GPP)已经在标准中加入了 MIMO 技术相关的内容，B3G 和 4G 的系统中也已应用 MIMO 技术。在无线宽带接入系统中，正在制订中的 802.16e、802.11n 和 802.20 等标准也采用了 MIMO 技术。在其他无线通信系统研究中，如超宽带(UWB)系统、感知无线电系统(CR)，都在考虑应用 MIMO 技术。

随着使用天线数目的增加，MIMO 技术实现的复杂度大幅度增高，从而限制了天线的使用数目，不能充分发挥 MIMO 技术的优势。目前，如何保证在一定的系统性能的基础上降低 MIMO 技术的算法复杂度和实现复杂度，成为业界面对的巨大挑战。

4.2.4 网络安全技术

空中接口(Air Interface)又称"公共空中接口"，是移动终端与基站之间的接口。在移动通信当中，电话终端用户与基地台通过空中接口互相连接。空中接口是基站和移动电话之间的无线传输规范，它定义每个无线信道的使用频率、带宽、接入时机、编码方法以及越区切换方式。

由于无线网络使用的是开放性媒介，采用公共电磁波作为载体来传输数据信号，通信双方没有线缆连接。如果传输链路未采取适当的加密保护，数据传输的风险就会大大增加。为了增强无线网络的安全性，至少需要提供鉴权和加密两个安全机制。

(1) 鉴权技术：鉴权技术是指用于在通信网络中对试图访问来自服务提供商的服务的用户进行鉴权的方法。

(2) 加密机制：加密机制用来对无线链路的数据进行加密，保证无线网络数据只被所期望的用户接收和理解。

1. 鉴权技术

鉴权技术是指验证用户是否拥有访问系统的权利。采用鉴权技术可以检测出非法用户。用户鉴权是对试图接入网络的用户进行鉴权，审核其是否有权访问网络。通过用户鉴权可以保护网络，防止非法盗用；同时通过拒绝假冒合法客户的"入侵"而保护该网络中的客户。如果没有鉴权功能，移动用户可随意接入和使用任一无线网络，运营商的利益得不到保障，同时，用户的安全也会受到威胁。

下面以 3G UMTS 网络鉴权为例，讲述网络和用户分别是怎么鉴权的。

(1) 当用户购机入网时，运营商将国际移动用户标识(International Mobile Subscriber Identity，IMSI)和用户鉴权键 Ki 一起分配给用户，同时将该用户的 IMSI 和 Ki 存入鉴权中心(Authentication Center，AUC)，这样鉴权参数信息存储在手机的用户身份模块(UMTS Subscriber Identity Module，UMTS USIM)卡和 AUC 中。

(2) 拜访位置寄存器(Visitor Location Register，VLR)从 AUC 获得用户的鉴权数据，移动交换中心(Mobile Switching Center，MSC)/VLR 从鉴权数据中选取一组未使用过的鉴权参数。MSC/VLR 向手机发起鉴权请求。请求消息中携带所选取的鉴权参数中的 RAND、AUTN 和 CKSN 参数。

(3) 手机中的 USIM 根据收到的随机数(RAND)和自己保存的 IMSI、Ki 一起计算出预期消息认证码(XMAC)，与从网络侧收到的 AUTN 中的鉴权令牌(MAC)值进行比较。如果相同，继续验证接收到的 AUTN 中序列号 SQN 是否在有效的范围内。序列号 SQN 的设置是为了防止他人冒充网络，利用截获的、旧的鉴权参数 AUTN 欺骗用户。如果 SQN 有效，则认为这是个合法网络，网络鉴权成功。手机计算出 RES，并将 RES 发送给 MSC/VLR/SGSN，否则若发现 SQN 值无效时，手机会向网络报错并且触发网络与手机间的 SQN 重新同步过程。如果 SQN 同步失败或者 MAC 值不同，则网络鉴权失败。

(4) MSC/VLR 将自己用 RAND、IMSI 和 Ki 算出的期望响应(XRES)与手机返回的响应数(RES)进行比较。如果相同，则认为用户合法，用户鉴权成功，网络允许手机接入；否则认为用户不合法，用户鉴权失败，拒绝为其服务。

2. 信息加密机制

信息加密技术是利用数学或物理手段，对电子信息在传输过程中和存储体内进行保护，以防止泄漏的技术。用户通信信息的加密是指对基站和移动台之间交换的用户信息和用户参数进行加密，以防止信息被截获或监听。信息加密技术既保护了用户的信息，同时也加强了鉴权的过程。

在 CDMA 系统中，采用通过和密钥的模 2 加进行码元置换的加密方法。CDMA 系统采用伪随机码直接扩频的方式，伪随机码长达 242−1 位，使得 CDMA 空中信号占用频谱宽、抗干扰能力强、隐蔽性强且扰码加密性好。同时 CDMA 设计了许多用于保护用户安全的方法，防止在空中接口泄漏用户识别码、位置信息和用户正在传递的信息。

4.3 WLAN 无线局域网

4.3.1 WLAN 概述

无线局域网络(Wireless Local Area Networks，WLAN)是指应用无线通信技术将计算机设备互联起来，构成可以互相通信和实现资源共享的网络体系，从而使网络的结构和终端之间的通信更加灵活。无线局域网拓扑结构是指基于 IEEE 802.11 标准的无线局域网允许在局域网络环境中使用可以不必授权的 ISM 频段中的 2.4 GHz 或 5 GHz 射频波段进行无线连接。

WiFi 是由 AP(Access Point)和无线网卡组成的无线网络。一般架设无线网络的基本配备就是无线网卡及一台 AP，如此便能以无线的模式，配合既有的有线架构来分享网络资源，架设费用和复杂程序远远低于传统的有线网络。如果只是几台电脑的对等网，也可不要 AP，只需要给每台电脑配备无线网卡。它主要当作传统的有线局域网络与无线局域网络之间的桥梁，因此任何一台装有无线网卡的 PC 均可透过 AP 去分享有线局域网络甚至广域网络的资源。

4.3.2 WLAN 的优点

(1) 无线电波的覆盖范围广，基于蓝牙技术的电波覆盖范围非常小，半径大约只有 50 英尺左右，约合 15 m。而 WiFi 的半径则可达 100 m 左右。

(2) 虽然由 WiFi 技术传输的无线通信质量不是很好，数据安全性能比蓝牙差一些，传输质量也有待改进，但传输速度非常快，可以达到 11 Mb/s，符合个人和社会信息化的需求。

(3) 厂商进入该领域的门槛比较低。厂商只要在机场、车站、咖啡店、图书馆等人员较密集的地方设置"热点"，并通过高速线路将因特网接入上述场所。这样由于"热点"所发射出的电波可以达到距接入点半径数十米至 100 m 的地方，用户只要将支持无线 LAN 的笔记本电脑或 PDA 拿到该区域内，即可高速接入因特网。也就是说厂商不用耗费资金来进行网络布线接入，从而节省了大量的成本。

与有线网络相比，WLAN 最主要的优势在于不需要布线，可以不受布线条件的限制，因此非常适合移动办公用户的需要，具有广阔的市场前景。目前它已经从传统的医疗保健、库存控制和管理服务等特殊行业向更多行业拓展开去，甚至开始进入家庭以及教育机构等领域。

4.3.3 WLAN 的组成部分

WLAN 的网络结构是由站点、接入点、基本服务单元、分配系统、扩展服务单元和关口来组成。如图 4-5 所示。

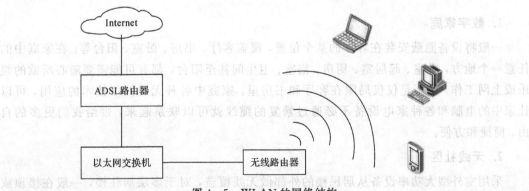

图 4-5 WLAN 的网络结构

1. 站点

所谓的站点(Station),是指具有 WiFi 通信功能的,并且连接到无线网络中的终端设备。网络最基本的组成部分,通常指的就是无线客户端,如手机、平板电脑、笔记本电脑等。

2. 接入点

接入点(Access Point,AP)既有普通站点的身份,又有接入到分配系统的功能,就是我们平常所说的 WiFi 热点,更通俗一点,就是我们家里的无线路由器。当我们需要从互联网上获取数据到手机上显示时,那么接入点就相当于一个转发器,将互联网上其他服务器上的数据转发到我们的手机上,当然这只是一个粗略的说法。同时,接入点也属于站点的一种。

3. 基本服务单元

基本服务单元(Basic Service Set,BSS)是网络最基本的服务单元。最简单的服务单元可以只由两个站点组成。站点可以动态地联结(Associate)到基本服务单元中。有接入点的,称为基础结构型基本服务集(infrastructure BSS);无接入点的,称为独立型基本服务集(Independent BSS,IBSS)。

4. 分配系统

分配系统(Distribution System,DS)。分配系统用于连接不同的基本服务单元。分配系统使用的媒介(Medium)逻辑上和基本服务单元使用的媒介是截然分开的,尽管它们在物理上可能会是同一个媒介,例如同一个无线频段。

5. 扩展服务单元

扩展服务单元(Extended Service Set,ESS)由分配系统和基本服务单元组合而成。这种组合是逻辑上的,并非物理上的——不同的基本服务单元也有可能在地理位置上相去甚远。分配系统也可以使用各种各样的技术。

6. 关口

关口(Portal)也是一个逻辑成分,用于将无线局域网和有线局域网或其他网络联系起来。

4.3.4 WLAN 技术的应用和发展

1. 数字家庭

一般将设备隐蔽安装在客厅的某个位置,覆盖客厅、书房、卧室、阳台等;在家庭中的任意一个地方,卧室、起居室、厨房、浴室、卫生间甚至阳台,都有可能需要随心所欲的娱乐或上网工作,而不是仅仅局限在客厅和书房里。家庭中各种无线网络技术的应用,可以让家中的电脑和各种家电设备不必通过繁复的缆线就可以联系起来,带给我们更多的自由、简捷和方便。

2. 无线社区

采用室外型大功率设备从居民楼的外部做无线覆盖,对于多层居住楼,一般在楼顶或侧高面架设一台室外型 AP 即可完全覆盖;也可把设备架设在对面的楼,将天线方向对准本楼,有时效果会更好。对于高层楼,根据具体高度决定安装设备的数量。所有的室外型 AP 通过小区交换机汇聚后,通过小区出口的宽带设备接入运营商或 ISP 的宽带网,也可以在以太网汇聚以后,采用室外远距离无线网桥将数据传输到有宽带网络的接入点或汇聚点。

3. 移动办公

可以采用 WLAN 室外型大功率设备,从商业楼宇的外部做覆盖,设备一般设置于楼的顶部;对于高层建筑,可以采用支架在楼的侧面和顶部架设两台以上设备以实现对整栋楼的覆盖;也可以采用 WLAN 室内商用型设备,从商业楼宇的内部根据各企业的需求不同做针对性的覆盖,一般多个会议室或办公室可共用一台商用型 AP 进行覆盖。

4. 无线商旅

采用 WLAN 室内型商用 AP W800A,有如下几种方式,根据现场实际情况选择采用不同的方式。

(1) AP 部署在酒店房间天花板上,天花板下吊装圆形吸顶天线,天花板内 AP 与吸顶天线以短距离馈线相连,WLAN 无线信号在吸顶天线上收发。1 个房间配置 1 套 AP 和吸顶天线。

(2) AP 部署在房间走廊天花板内,无线信号穿透走廊天花板、房间门或墙壁,到达房间,用户感觉不到 AP 的存在;走廊上每隔 2～4 间房分别布置 1 个 AP,每层的 AP 数据汇聚到楼层交换机。

(3) 酒店如果有 PHS、3G 室内天线分布系统,商用 AP W800A 不配天线,AP 射频口通过馈线接到室内天线分布系统合路器上,WLAN 无线信号因为频段不同,可以与 PHS、3G 共用室内分布系统进行覆盖。

(4) 在酒店大堂、咖啡厅等公共场所,商用 AP W800A 配自带花瓣角稍大的定向天线进行覆盖。

5. 无线校园

对于新建立的私立学校、大学分校等,为了解决快速接入网络的问题,可以直接采用 WLAN 的室外型大功率 AP W640A 进行室外覆盖;对于已有布线的学校,为了进一步扩大网络覆盖范围、实现校园的无缝覆盖、提供更高的带宽等,可以在现有的基础上采用室内型 AP 设备,做现有有线网络的补充覆盖;对于需要快速互联的建筑物,如图书馆与教学楼、实验室与教学楼、学生宿舍与教书楼等,可以采用室外无线网桥做互联,方便师生之间的及时交流和沟通。

4.4　WiMaX 全球微波互联接入

4.4.1　WiMaX 概述

WiMaX(Worldwide Interoperability for Microwave Access),即全球微波互联接入。1999 年 IEEE 802.16 工作组正式成立,主要负责制定无线城域网中空中接口的标准。

WiMaX 是以 IEEE 802.16 系列标准为基础的一种宽带无线接入技术。IEEE 802.16 标准系列包括 802.16、802.16a、802.16c、802.16d、802.16e、802.16f 和 802.16g 等标准。根据是否支持移动特性，802.16 标准又可分为固定宽带无线接入空中接口标准和移动宽带无线接入空中接口标准。其中，802.16、16a、16d 属于固定无线接入空中接口标准，而802.16e 属于移动宽带接入空中标准。

4.4.2 WiMaX 的关键技术

WiMaX 系统具有可扩展性和安全性的特点，可以提供具有 QoS 保障的业务，提供高数据速率和较高的移动性支持。IEEE 802.16 标准规定物理层需要支持 1.25～20 MHz 频段宽带，为了适应世界各地的带宽需求，方便系统频谱规划，并且允许灵活的频率复用和网络规划。为增强无线传输系统的安全性，IEEE 802.16 在 MAC 层中定义了一个保密子层来提供安全保障。WiMaX 系统可以提供数据、语音及视频等各类服务，是与其作为支撑的关键技术的支持分不开的，主要包括 OFDM/OFDMA 技术、自适应天线系统、自适应编码调制技术和快速资源调度技术等。

1. OFDM/OFDMA

WiMaX 支持单载波和 OFDM/OFDMA 三种结构。其中，OFDM/OFDMA 技术具有抗衰落和抗多径能力，频谱利用率高。

OFDM 技术比其他调制技术的频谱利用率和抗多径衰落能力都强。OFDM 把高速数据流通过串并转换，使得每个子载波上的数据符号持续长度相对增加，这样就使得由于无线信道的时间弥散所带来的符间干扰得到有效减少，同时也减少了接收机内均衡的复杂度。

由于各个子载波之间是相互正交的，无需保留保护频带，可以增加系统的频谱效率。此外，在 OFDM 系统中，调制中的子载波之间是相对独立的，每一个子载波都可以被指定一个特定的调制方式和发射功率电平。

2. 链路自适应技术

在 WiMaX 的 MAC 层还采用了一系列先进技术，确保系统性能。为改善端到端性能，WiMaX 采用 ARQ 和混合 ARQ(HARQ) 机制来快速应答和重传纠错，提高链路稳定性；为降低信道间干扰，采用了自动功率控制技术(AMC)；为增强系统容量，提高传输速率，可以根据信道质量选择最优编码调制方案。由于考虑到 WiMaX 的应用条件比较复杂，为了保证无线传输的质量，对多项物理层参数进行自适应调整，如调制解调器参数、FEC(前向纠错)编码参数、ARQ 参数、功率电平和天线极化方式等。WiMaX 物理层通过信道质量指示信道 CQICH，快速获得信道信息反馈，并根据信道状况采用合适的 AMC 和 HARQ 策略，效果非常明显。

3. MIMO 技术

MIMO(Multiple Input Multiple Output)技术指在发射端和接收端分别使用多个发射天线和接收天线，使信号通过发射端与接收端的多个天线传送和接收，从而改善通信质量。MIMO 技术主要有两种表现形式，即空间复用和空时编码。这两种形式都应用到 WiMaX 协议中。空时编码技术主要包括空时分组码与空时格码等技术，基本原理是利用空间分集对抗多径衰落，提高系统的可靠性。

空间复用技术是以 V. BLAST 编码为代表，通过空间复用，将数据流通过多根天线同时传送，从而可大大地提高系统容量。

4. QoS 机制

在 WiMaX 标准中，MAC 层定义了较为完整的 QoS 机制。MAC 层针对每个连接可以分别设置不同的 QoS 参数，包括速率、延时等指标。WiMaX 系统所定义的 4 种调度类型只针对上行的业务流。对于下行的业务流，根据业务流的应用类型只有 QoS 参数的限制而没有调度类型的约束，因为下行的宽带分配是由基站(BS)的缓冲(Buffer)中的数据触发的。

5. 自适应编码调制

自适应编码调制(AMC)就是通过改变调制和编码的格式，并使它在系统限制范围内和当前的信道条件相适应，以适应每一个用户的信道质量，提供高速率传输和高的频谱利用率。WiMaX 标准中加入了自适应调制方案，从而可以根据基站的距离、信道噪声、多径时延等信道状况自动调整调制方法。可选的调制方法有 BPSK、QPSK(主要面向较长距离)、16QAM、64QAM(主要面向较短距离)。

4.4.3　WiMaX 技术优势

1. 传输距离远

由于 WiMaX 技术中采用了 OFDM 的调制方式，能够有效地减小衰落和多径干扰的影响。在理论上，WiMaX 的无线信号传输距离最远可达 50 km，这是无线局域网所不能比拟的，其网络覆盖面积是 3G 基站的 10 倍。

2. 接入速度高

WiMaX 能够向互联网提供更高速的无线宽带接入，WiMaX 所能提供的最高接入速度是 70 Mb/s，这个速度是 3G 所能提供的宽带速度的 30 倍，是 HSDPA 的 5 倍，数据传输能力强大，可弥补 3G 在数据传输速率与 WLAN 覆盖范围的不足。

3. 建设成本低

WiMaX 能够通过无线的方式实现宽带连接，为 50 km 线性区域内的用户提供服务，用户不需要铺设线缆，即可与基站建立宽带连接，从而显著降低建设成本，最终有利于降低用户每月资费。

4. 兼容程度高

相对于其他有线或无线的接入技术，WiMaX 有统一的国际标准，不同厂商经过WiMaX 技术认证的设备，可在同一系统中工作，互操作性强，这使得 WiMaX 在成本控制、设备互操作性以及规模经济的实现上更胜一筹。

5. 系统容量大

WiMaX 技术的应用频段非常宽，包括 10~66 GHz 频段、小于 11 GHz 的许可频段和小于 11 GHz 的免许可频段。同时，WiMaX 通过采用空间复用、多用户检测(MUD)和自适应功率控制等技术，可以获得更大的覆盖范围和容量，能够同时支持数百个使用 T1 连接速度的公司和数千个使用 DSL 连接速度的家庭。

6. 业务范围广

由于 WiMaX 较之 WLAN 具有更好的可扩展性和安全性,从而能够实现电信级的多媒体通信服务,以满足不同用户的应用需要。WiMaX 支持多人交互式游戏、VoIP、视频会议、流媒体下载、网页浏览与即时信息、媒体内容下载等业务。

4.5 移动无线接入技术

移动通信是从低速语音业务到高速多媒体业务发展的过程,目前,移动通信技术已经历了几代的发展。

第一代移动通信技术(1G)是模拟移动通信。1G 主要采用的是模拟调制技术与频分多址接入(FDMA)技术,这种技术的主要缺点是频谱利用率低、通信质量差等。

第二代移动通信(2G)是数字移动通信。2G 主要业务是语音通信,其主要特性是提供数字化的语音业务及低速数据业务。它克服了模拟移动通信系统的弱点,语音质量、保密性能得到大的提高,并可进行省内、省际自动漫游。第二代移动通信系统替代第一代移动通信系统完成模拟技术向数字技术的转变。第二代移动通信数字无线标准主要有欧洲的 GSM 和美国高通公司推出的 IS-95CDMA 等,我国主要采用 GSM,美国、韩国主要采用 CDMA。

第三代移动通信技术(3G)也是数字移动通信。3G 最基本的特征是智能信号处理技术,智能信号处理单元将成为基本功能模块,支持话音和多媒体数据通信,它可以提供前两代产品不能提供的各种宽带信息业务,例如高速数据、慢速图像与电视图像等。国际电信联盟(ITU)目前一共确定了全球四大 3G 标准,分别是 WCDMA、CDMA2000、TD-SCDMA 和 WiMAX。在中国,中国移动采用 TD-SCDMA,中国电信采用 CDMA2000,中国联通采用 WCDMA。

第四代移动通信技术 LTE 是 3G 技术的演进,是 3G 技术向 4G 技术的平滑过渡,是 3.9G 的全球标准,其改进了 3G 的空中接入技术,采用 OFDM 和 MIMO 作为其无线网络演进的唯一标准。LTE 在 20 MHz 的频谱带宽下能够提供下行 100 Mb/s 与上行 50 Mb/s 的峰值速率。

4.5.1 UMTS 技术

通用移动通信系统,简称 UMTS(Universal Mobile Telecommunications System)。UMTS 作为一个完整的 3G 移动通信技术标准,它并不仅限于定义空中接口。除 WCDMA 作为首选空中接口技术获得不断完善外,UMTS 还相继引入了 TD-SCDMA 和 HSDPA 技术。

UMTS 有时也叫 3GSM,强调结合了 3G 技术而且是 GSM 标准的后续标准。UMTS 分组交换系统是由 GPRS 系统演进而来的,故两者的系统架构基本相同。

4.5.1.1 UMTS 网络架构

UMTS R99 网络基本构成如图 4-6 所示。

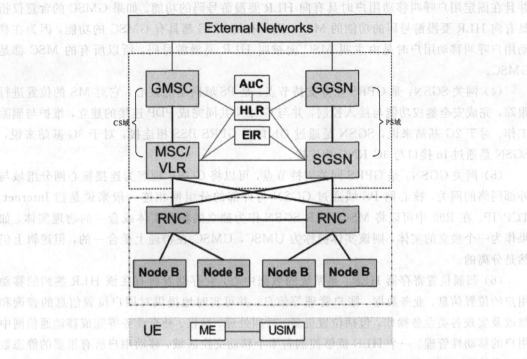

图 4-6 UMTS R99 网络基本构成

从图中可以看出，核心网分为电路域 CS 和分组域 PS，电路域是基于 GSM Phase2＋的电路核心网的基础演进而来的，网络单元包括移动业务交换中心 MSC、访问位置寄存器 VLR 和网关移动业务交换中心 GMSC。分组域是基于 GPRS 核心网的基础演进而来，网络单元包括业务 GPRS 支持节点 SGSN 网关、GPRS 支持节点 GGSN。归属位置寄存器 HLR、鉴权中心 AuC 和设备标识寄存器 EIR 为电路域和分组域共用网元。从整个核心网子系统来看，UMTS R99 核心网与 GSM GPRS 的核心网之间的差别主要体现在 Iu 接口与 A 接口的差别、智能网 CAMEL 的差别以及业务上的差别。

各网络单元的功能如下：

（1）移动交换中心 MSC：是 CS 域网络的核心，它提供交换功能，负责完成移动用户寻呼接入、信道分配、呼叫接续、话务量控制、计费、基站管理等功能，并提供面向其他功能实体的接口功能。作为网络的核心，MSC 与其他网络单元协同工作，完成移动用户位置登记、越区切换和自动漫游，以及合法性检验及信道转接等功能。MSC 从 VLR HLR/AuC 数据库获取处理移动用户的位置登记和呼叫请求所需的数据。反之，MSC 也根据其最新获取的信息请求更新数据库的部分内容。

（2）拜访位置寄存器 VLR：是服务于其控制区域内的移动用户的，它存储着进入其控制区域内已登记的移动用户的相关信息，为已登记的移动用户提供建立呼叫接续的必要条件。VLR 从该移动用户的归属位置寄存器 HLR 获取并存储必要的数据，一旦移动用户离开该 VLR 的控制区域，则重新在另一个 VLR 上登记，原 VLR 将取消临时记录的移动用户数据。因此 VLR 可看做一个动态用户数据库。

（3）网关 MSC GMSC：是用于连接核心网 CS 域与外部的 PSTN 的实体，通过 GMSC 可以完成 CS 域与 PSTN 的互通，它的主要功能是为 PSTN 与 CS 域的互联提供物理连接，并且在固定用户呼叫移动用户时具有向 HLR 要漫游号码的功能。如果 GMSC 的含意仅指具有向 HLR 要漫游号码的功能的 MSC，则所有的 MSC 都具有 GMSC 的功能，因为在移动用户呼叫移动用户时是由主叫 MSC 向被叫 HLR 要漫游号码，所以所有的 MSC 都是 GMSC。

（4）网关 SGSN：是 GPRS 业务支持节点，是 PS 域网络的核心，它对 MS 的位置进行跟踪，完成安全鉴权功能与接入控制，并与 GGSN 共同完成 PDP 连接的建立，维护与删除工作。对于 2G 基站来说，SGSN 是通过 Gb 口与 GPRS BSS 相连接，对于 3G 基站来说，SGSN 是通过 Iu 接口与 3G RNC 相连接。

（5）网关 GGSN：是 GPRS 网关支持节点，可以将 GGSN 理解为连接核心网分组域与外部网络的网关，核心网 PS 域通过 GGSN 与外部的分组网相连一般来说是指 Internet TCP/IP。在 R99 中可以将 MSC/VLR SGSN 作为独立的物理实体或合一的物理实体，如果作为一个独立的实体，则该实体被称为 UMSC，UMSC 在物理上是合一的，但逻辑上仍然是分离的。

（6）归属位置寄存器 HLR：是系统的数据中心，它存储着所有在该 HLR 签约的移动用户的位置信息、业务数据、账户管理等信息，并可实时地提供对用户位置信息的查询和修改及实现各类业务操作，包括位置更新、呼叫处理、鉴权、补充业务等完成移动通信网中用户的移动性管理。一个 HLR 能够控制若干个移动交换区域，移动用户所有重要的静态数据都存储在 HLR 中。这包括移动用户识别号码、访问能力、用户类别和补充业务等数据。另外 HLR 还为 MSC 提供有关移动用户实际漫游所在区域的动态信息数据。

（7）鉴权中心 AuC：用于系统的安全性管理，AuC 存储着鉴权信息和加密密钥，用来防止无权用户接入系统和保证通过无线接口的移动用户的通信安全。

（8）移动设备识别寄存器 EIR：其中存储着移动设备的国际移动设备识别码，IMEI 通过核查白色清单、黑色清单或灰色清单这三种表格，在表格中分别列出准许使用的、出现故障需监视的、失窃不准使用的移动设备的 IMEI 号码，使得运营部门对于不管是失窃还是由于技术故障或误操作而危及网络正常运行的 UE 设备，都能采取及时的防范措施，以确保网络内所使用的移动设备的唯一性和安全性。

无线接入网络的网络单元包括无线网络控制中心 RNC 和 WCDMA 的收发信基站 NodeB，无线网络子系统与 GSM GPRS 相比发生了革命性的变化。

无线网络子系统 RNS 通过无线接口 Uu 直接与移动台相接，负责无线信号的发送和接收。同时，RNS 与 MSC SGSN 相连，实现移动用户之间或移动用户与固定网用户之间的通信连接，传送系统信号和用户信息等。

RNS 子系统包括 RNC 和 Node B 两部分：

RNC 是 RNS 的控制部分，主要负责各种接口的管理，承担无线资源和无线参数的管理，它主要与 MSC 和 SGSN 以 Iu 口相连，UE 和 UTRAN 之间的协议在此终结。

NodeB 属于 RNS 的无线部分，由 RNC 控制服务于某个小区的无线收发信设备，完成空中接口与物理层相关的处理信道编码、交织、速率匹配、扩频等，同时它还完成一些内环功率控制等无线资源管理功能。

UE 移动台是用户设备，它可以为车载型、便携型和手持型，物理设备与移动用户可以是完全独立的。与用户有关的全部信息都存储在智能卡 SIM 中，该卡可在任何移动台上使用,在 2G 的 MS 中,MS 由 ME 与 SIM 卡组成,在 3G 的 UE 中,UE 由 ME SIM 以及 USIM 组成,其中 ME 是一个裸的终端,通过它可以完成与基站子系统之间的空中接口的交互,SIM 存储的是 2G 用户的签约数。

4.5.1.2 UMTS 特性

UMTS 是一个自干扰系统,上行的用户靠扰码区分,下行的用户(物理信道)靠 OVSF 码区分,上行干扰受限,下行功率和码资源受限。运行频段上行为 1920~1980 MHz,下行为 2110~2170 MHz,运行模式支持同步/异步基站运行模式,信号带宽为 5 MHz,码片速率为3.84 Mc/s。WCDMA 终端发射功率:室内为 20 mW,室外为 300 mW,由于发射功率低,终端待机时间延长。

UMTS 的业务种类包括:

(1) CS 业务:基本电信业务(语音、特服、紧急呼叫)、补充业务、点对点短消息业务、电路型承载业务、电路型多媒体业务、智能网业务。

(2) PS 业务:PS 域短消息业务、移动 QICQ、移动游戏、移动冲浪、视频点播、手机收发 Email、智能网业务。

UMTS 系统在各种场景下的数据速率:

- 高速移动(120 km/h):144 kb/s;
- 步行速度(3 km/h):384 kb/s;
- 室内:2 Mb/s;
- HSDPA:14.4 Mb/s;
- HSUPA:5.76 Mb/s。

UMTS 采用 AMR 语音编码技术,语音传输速率最高达到 12.2 kb/s,因此语音质量接近固定网的语音质量。

4.5.1.3 UMTS 关键技术

UMTS 由于在各方面采用了新的技术,因此在用户体验方面比 2G 网络大大提升,其中采用的新技术包括:

1. RAKE 技术

由于在多径信号中含有可以利用的信息,所以 CDMA 接收机可以通过合并多径信号来改善接收信号的信噪比。RAKE 接收机就是通过多个相关检测器接收多径信号中各路信号并把它们合并在一起的。

RAKE 接收机包含多个相关器,每个相关器接收一个多路信号,在相关器进行去扩展,信号进行合成,在扩频和调制后,信号被发送。每个信道具有不同的时延和衰落因子,每个信号对应不同的传播环境,经过多径信道传输,RAKE 接收机利用相关器检测出多径信号中最强的 M 个支路信号,然后对每个 RAKE 支路的输出进行加权合并,以提供优于单路信号的接收信噪比,然后再在此基础上进行判决。

对于具体的合并技术来说,通常有三类:选择性合并(Selection Diversity Combining)、最大比合并(Maximal Ratio Combining)和等增益合并(Equal Gain Combining)。

1) 选择性合并

所有的接收信号送入选择逻辑,选择逻辑从所有接收信号中选择具有最高基带信噪比的基带信号作为输出。

2）最大比合并

这种方法是对 M 路信号进行加权，再进行同相合并。最大比合并的输出信噪比等于各路信噪比之和，所以即使各路信号都很差，以至于没有一路信号可以被单独解调时，最大比方法仍能合成出一个达到解调所需信噪比要求的信号。在所有已知的线性分集合并方法中，这种方法的抗衰落性是最佳的。

3）等增益合并

在某些情况下，最大比合并需要产生可变的加权因子，这并不方便，因而出现了等增益合并方法，这种方法也是把各支路信号进行同相后再相加，只不过加权时各路的加权因子相同。这样接收机仍然可以利用同时接收到的各路信号，并且接收机从大量不能够正确解调的信号中合成一个可以正确解调信号的概率仍很大，其性能只比最大比合并略差，但比选择性合并好不少。

2. 多用户检测

在蜂窝移动码分多址通信中，干扰大概分为三种类型：加性白噪声干扰，多径干扰与多用户间的多址干扰。由于在同一个小区间同时通信的用户不是一个而是多个，在码分多址中多个用户占用同一时隙、同一频率，当同时通信用户数较多时，多址干扰成为最主要的干扰。CDMA 系统是一个多入多出 MIMO 系统，采用传统的单入单出 SISO 检测方法，如匹配滤波器，不能充分利用用户间的信息，而将多址干扰认为是高斯白噪声，所以多址干扰不仅严重影响系统的抗干扰性，而且也严格限制了系统容量的提高。

在多径衰落环境下，由于各个用户之间所用的扩频码通常难以保持正交，因而造成多个用户之间的相互干扰，并限制系统容量的提高。解决以上问题的一个有效方法是使用多用户检测技术 MUD。多用户检测技术是通过取消小区间干扰来改进性能，增加系统容量，实际容量的增加取决于算法的有效性、无线环境和系统负载。除了系统的改进，还可以有效地缓解远近效应。

由于信道的非正交性和不同用户扩频码字的非正交性，导致用户间存在相互干扰，多用户检测的作用就是去除多用户之间的相互干扰，也就是根据多用户检测算法，在经过非正交信道和非正交的扩频码字后，重新定义用户判决的分界线，在这种新的分界线上，可以达到更好的判决效果，去除用户之间的相互干扰。

多用户检测的主要优点是可以有效地减弱和消除多径干扰、多址干扰和远近效应，简化功率控制，减少正交扩频码互相关性不理想所带来的消极影响，改善系统性能，提高系统容量，增加小区覆盖范围。

多用户检测的主要缺点是大大增加了设备的复杂度，增加系统时延，通过不停地进行信道估计来获取用户扩频码的主要特征参量，信道估计的精度直接影响多用户检测的性能。

3. 智能天线

智能天线是基于自适应天线阵原理，利用天线阵的波束赋形产生多个独立的波束，并自适应地调整波束方向来跟踪每一个用户，达到提高信号干扰噪声比 SINR，增加系统容量的目的。采用智能天线技术，实际上是通过数字信号处理，使天线阵为每个用户自适应地进行波束赋形，相当于为每个用户形成了一个可跟踪的高增益天线。由于其体积及计算复杂性的限制，目前仅适用于在基站系统中的应用。

智能天线包括两个重要组成部分，一是对来自移动台发射的多径电波方向进行到达角估计，并进行空间滤波，抑制其他移动台的干扰；二是对基站发送信号进行波束成形，使基站发送信号能够沿着移动台电波的到达方向发送回移动台，也就是信号在有限的方向区域发送和接收，充分利用了信号的发射功率，从而降低发射功率，减少对其他移动台的干扰。

智能天线提高了移动通信系统的性能，包括扩大系统的覆盖区域，提高系统容量，提高频谱利用率，降低基站发射功率，节省系统成本，减少信号间干扰与电磁环境污染。

4. 功率控制

在 WCDMA 系统中，功率控制按方向分为上行反向功率控制和下行前向功率控制，按移动台和基站是否同时参与又分为开环功率控制和闭环功率控制两大类。

在理想情况下，由于下行链路的发射是同步正交的，那么移动台之间的干扰不会存在，但是由于有多径衰落的影响，完全正交是不可能的，所以前向功率控制还是有必要使用的，尤其是在下行链路存在较多高速数据流的情况下，不采用前向功率控制，那么前向链路很有可能成为容量的瓶颈。

下行物理信道种类较多，除了专用物理信道 DPCH 外，还有导频信道、公共控制信道和其他共享信道、指示信道等。反向功率控制是 CDMA 系统中研究较早的技术，因为在以普通语音为主的服务区内反向链路（上行链路）是系统容量受限的关键，控制 UE 的发射功率，可以克服远近效应和阴影效应的影响，同时能够最大程度上节省 UE 的功率，延长电池使用时间。

开环功率控制的原理是根据接收到的链路的信号衰落情况，估计自身发射链路的衰落情况从而确定发射功率。开环控制的主要特点是不需要反馈信息，因此在无线信道突然变化时它可以快速响应变化。此外它的功率调整动态范围大。但是由于在频率双工 FDD 模式中，上下行链路的频段相差 190 MHz，远远大于信号的相关带宽，所以上行和下行链路的信道衰落情况是完全不相关的。这导致开环功率控制的准确度不会很高，只能起到粗略控制的作用，必须使用闭环功率控制达到相当精度的控制效果。

闭环功率控制由内环功率控制和外环功率控制两种方法组成，闭环功控是发方根据收方链路质量测量结果的反馈信息，进行增加或减少（降低）发射功率的过程，可见闭环功控需要一个反馈通道。内环功率控制和外环功率控制的结合，体现了信干比平衡准则和质量平衡准则的结合。外环功率控制在 CDMA 通信系统中，其目的是使每条链路的通信质量基本保持在设定值。外环功率控制通过闭环功率控制间接影响系统的用户容量和通信质量。

4.5.2　LTE

LTE 是 3G 技术的演进，是 3G 技术向 4G 技术的平滑过渡，也称 3.9G 的全球标准，其改进了 3G 的空中接入技术，采用 OFDM 和 MIMO 作为其无线网络演进的唯一标准。LTE 在 20 MHz 的频谱带宽下能够提供下行 150 Mb/s 与上行 50 Mb/s 的峰值速率。

4.5.2.1　LTE 的结构

LTE 采用了与 2G、3G 均不同的空中接口技术，即基于 OFDM 技术的空中接口技术，并对传统 3G 的网络架构进行了优化，采用扁平化的网络架构，亦即接入网 E－UTRAN 不再包含 RNC，仅包含节点 eNB(eNode B)，提供 E－UTRAN 用户面 PDCP/RLC/MAC/物理层协议的功能和控制面 RRC 协议的功能。E－UTRAN 的系统结构如图 4－7 所示。

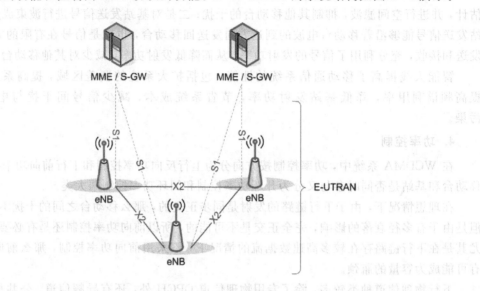

图 4－7 E－UTRAN 的系统结构

eNB 之间由 X2 接口互连，每个 eNB 又和演进型分组核心网 EPC 通过 S1 接口相连。S1 接口的用户面终止在服务网关 S－GW 上，S1 接口的控制面终止在移动性管理实体 MME 上。控制面和用户面的另一端终止在 eNB 上。图 4－7 中各网元节点的功能划分如下：

1. eNB 功能

LTE 的 eNB 除了具有原来 Node B 的功能之外，还承担了原来 RNC 的大部分功能，包括物理层功能、MAC 层功能(包括 HARQ)、RLC 层(包括 ARQ)功能、PDCP 功能、RRC 功能(包括无线资源控制功能)、调度、无线接入许可控制、接入移动性管理以及小区间的无线资源管理功能等。具体包括：

(1) 无线资源管理：无线承载控制、无线接纳控制、连接移动性控制、上下行链路的动态资源分配(即调度)等功能；

(2) IP 头压缩和用户数据流的加密；

(3) 当从提供给 UE 的信息无法获知到 MME 的路由信息时，选择 UE 附着的 MME；

(4) 路由用户面数据到 S－GW；

(5) 调度和传输从 MME 发起的寻呼消息；

(6) 调度和传输从 MME 或 O&M 发起的广播信息；

(7) 用于移动性和调度的测量和测量上报的配置。

2. MME 功能

MME 是 SAE 的控制核心，主要负责用户接入控制、业务承载控制、寻呼、切换控制等控制信令的处理。MME 功能与网关功能分离，这种控制平面和用户平面分离的架构，有助于网络部署、单个技术的演进以及全面灵活的扩容。MME 具体功能如下：

(1) NAS 信令；

(2) NAS 信令安全；

(3) AS 安全控制；

(4) 3GPP 无线网络的网间移动信令；

(5) 保证 IDLE 状态 UE 的可达性（包括寻呼信号重传的控制和执行）；

(6) 跟踪区列表管理；

(7) P-GW 和 S-GW 的选择；

(8) 切换中需要改变 MME 时的 MME 选择；

(9) 切换到 2G 或 3GPP 网络时的 SGSN 选择；

(10) 漫游；

(11) 鉴权；

(12) 包括专用承载建立的承载管理功能。

3. S-GW 功能

S-GW 作为本地基站切换时的锚定点，主要负责以下功能：在基站和公共数据网关之间传输数据信息；为下行数据包提供缓存；基于用户的计费等。S-GW 具体功能如下：

(1) eNB 间切换时，作为本地的移动性锚点；

(2) 3GPP 系统间的移动性锚点；

(3) E-UTRAN IDLE 状态下，下行包缓冲功能以及网络触发业务请求过程的初始化；

(4) 合法侦听；

(5) 包路由和前转；

(6) 上、下行传输层包标记；

(7) 运营商间的计费（基于用户和 QCI 粒度统计）；

(8) 分别以 UE、PDN、QCI 为单位的上下行计费；

(9) PDN 网关（P-GW）功能。

4. 公共数据网关 P-GW

作为数据承载的锚定点，提供以下功能：包转发、包解析、合法监听、基于业务的计费、业务的 QoS 控制，以及负责和非 3GPP 网络间的互连等。公共数据网关 P-GW 具体功能如下：

(1) 基于每用户的包过滤（例如借助深度包探测方法）；

(2) 合法侦听；

(3) UE 的 IP 地址分配；

(4) 下行传输层包标记；

(5) 上下行业务级计费、门控和速率控制；

(6) 基于聚合最大比特速率（AMBR）的下行速率控制。

从图 4-7 中可见，新的 LTE 架构中，没有了原有的 Iu 和 Iub 以及 Iur 接口，取而代之的是新接口 S1 和 X2。

4.5.2.2 LTE 的双工方式

LTE 系统同时定义了频分双工（Frequency Division Duplexing，FDD）和时分双工（Time Division Duplexing，TDD）两种不同的双工方式。TDD 是指收发共用一个射频频点，上、下行链路使用不同的时隙来进行通信；FDD 是指收发使用不同的射频频点来进行通信。FDD 和 TDD 的工作原理如图 4-8 所示。

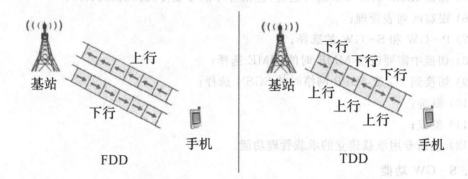

图 4-8　FDD/TDD 工作原理

在 3G 的三大标准中，WCDMA 和 CDMA2000 系统也采用了 FDD 双工方式，而 TD-SCDMA 系统采用的是 TDD 双工方式。FDD 双工采用成对的频谱资源配置，上下行传输信号分布在不同的频带内，并设置一定的频率保护间隔，以免产生相互干扰。由于 TDD 双工方式采用非成对频谱资源配置，具有更高的频谱效率。

基于 TDD 技术系统称为 TD-LTE，TD-LTE 优势主要包括以下几条：

（1）能够灵活配置频率，TDD 不需要成对的频率，频率的利用率高，满足 LTE 系统的需求；

（2）可以通过调整上下行时隙转换点，提高下行时隙比例，能够很好地支持非对称业务；

（3）具有上下行信道一致性，基站的接收和发送可以共用部分射频单元，降低了设备成本；

（4）接收上下行数据时，不需要收发隔离器，只需要一个开关即可，降低了设备的复杂度；

（5）具有上下行信道互惠性，能够更好地采用传输预处理技术，如预 RAKE 技术、联合传输（JT）技术、智能天线技术等，能有效地降低移动终端处理的复杂性。

TDD 双工方式相较于 FDD，也存在明显的不足：

（1）由于 TDD 方式的时间资源分别分给了上行和下行，因此 TDD 方式的发射时间大约只有 FDD 的一半，如果 TDD 要发送和 FDD 同样多的数据，就要增大 TDD 的发送功率；

（2）TDD 系统上行受限，因此 TDD 基站的覆盖范围明显小于 FDD 基站；

（3）TDD 系统收发信道同频，无法进行干扰隔离，系统内和系统间存在干扰。

4.5.2.3 LTE 特性

LTE 将原有的 UMTS 下电路交换和分组交换结合，网络简化为全 IP 扁平化基础网络

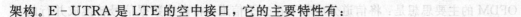

架构。E-UTRA 是 LTE 的空中接口，它的主要特性有：

（1）峰值下载速度可高达 150 Mb/s，峰值上传速度可高达 50 Mb/s。该速度需配合 E-UTRA 技术、4×4 天线和 20 MHz 频段实现。根据终端需求不同，包括重点支持语音通信和支持达到网络峰值的高速数据连接等不同需求，终端共被分为五类。全部终端将拥有处理 20 MHz 带宽的能力。

（2）最优状况下小 IP 数据包可拥有低于 5 ms 的延迟，相比原无线连接技术拥有较短的交接和建立连接准备时间。

（3）加强移动状态连接的支持，可接受终端在不同的频段下以高至 350 km/h 或 500 km/h 的移动速度下使用网络服务，下载使用 OFDMA，上载使用 SC-FDMA 以节省电力。

（4）支持频分双工（FDD）和时分双工（TDD）通信，并接受使用同样无线连接技术的时分半双工通信。

（5）1.4 MHz、3 MHz、5 MHz、10 MHz、15 MHz 和 20 MHz 频点带宽均可应用于网络。

（6）支持从覆盖数十米的毫微微级基站（如家庭基站和 Picocell 微型基站）至覆盖 100 公里的 Macrocell 宏蜂窝基站。

（7）支持至少 200 个活跃连接同时连入单一 5 MHz 频点带宽。

（8）E-UTRA 网络仅由 eNodeB 组成。

（9）支持分组交换无线接口。

（10）采用全 IP 化网络。

（11）支持多播/广播单频网络。

4.5.2.4　LTE 下行多址接入方式 OFDMA

在传统的并行数据传输系统中，整个信号频段被划分为 N 个相互不重叠的频率子信道。每个子信道传输独立的调制符号，然后再将 N 个子信道进行频率复用。这种避免信道频谱重叠看起来有利于消除信道间的干扰，但是这样又不能有效利用频谱资源。OFDM（Orthogonal Frequency Division Multiplexing）即正交频分复用，是一种能够充分利用频谱资源的多载波传输方式。常规频分复用与 OFDM 的信道分配情况如图 4-9 所示，可以看出 OFDM 至少能够节约二分之一的频谱资源。

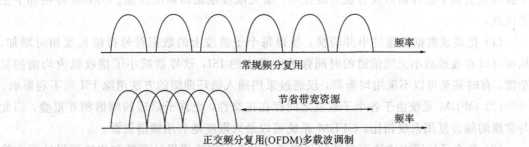

图 4-9　常规频分复用与 OFDM 的信道分配情况

OFDM 的主要思想是：将信道分成若干正交子信道，将高速数据信号转换成并行的低速子数据流，调制到每个子信道上进行传输，如图 4-10 所示。

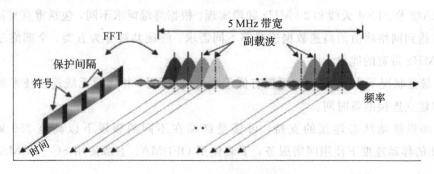

图 4-10　OFDM 的主要思想

OFDM 利用快速傅立叶反变换（IFFT）和快速傅立叶变换（FFT）来实现调制和解调，如图 4-11 所示。

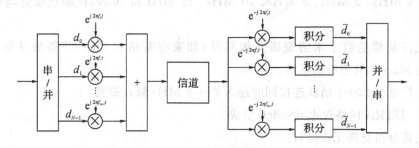

图 4-11　OFDM 的调制解调流程

OFDM 的调制解调流程如下：

（1）发射机在发射数据时，将高速串行数据转为低速并行数据，利用正交的多个子载波进行数据传输。

（2）各个子载波使用独立的调制器和解调器。

（3）各个子载波之间要求完全正交、各个子载波收发完全同步。

（4）发射机和接收机要精确同频、同步，准确进行位采样。

（5）接收机在解调器的后端进行同步采样，获得数据，然后转为高速串行。

在向 B3G/4G 演进的过程中，OFDM 是关键的技术之一，可以结合分集、时空编码、干扰和信道间干扰抑制以及智能天线技术，最大限度地提高系统性能。OFDM 存在如下主要优点：

（1）把高速数据流通过串并转换，使得每个子载波上的数据符号持续长度相对增加，从而可以有效地减小无线信道的时间弥散所带来的 ISI，这样就减小了接收机内均衡的复杂度，有时甚至可以不采用均衡器，仅通过采用插入循环前缀的方法消除 ISI 的不利影响。

（2）OFDM 系统由于各个子载波之间存在正交性，允许子信道的频谱相互重叠，因此与常规的频分复用系统相比，OFDM 系统可以最大限度地利用频谱资源。

（3）各个子信道中这种正交调制和解调可以采用快速傅里叶变换和快速傅里叶反变换来实现。

（4）无线数据业务一般都存在非对称性，即下行链路中传输的数据量要远大于上行链路中的数据传输量，如 Internet 业务中的网页浏览、FTP 下载等。另一方面，移动终端功率一般小于 1 W，在大蜂窝环境下传输速率低于 10～100 kb/s；而基站发送功率可以较大，有可能提供 1 Mb/s 以上的传输速率。因此无论从用户数据业务的使用需求，还是从移动通信系统自身的要求考虑，都希望物理层支持非对称高速数据传输，而 OFDM 系统可以很容易地通过使用不同数量的子信道来实现上行和下行链路中不同的传输速率。

（5）由于无线信道存在频率选择性，不可能所有的子载波都同时处于比较深的衰落情况中，因此可以通过动态比特分配以及动态子信道的分配方法，充分利用信噪比较高的子信道，从而提高系统的性能。

（6）OFDM 系统可以与其他多种接入方法相结合使用，构成 OFDMA 系统，其中包括多载波码分多址 MC－CDMA、跳频 OFDM 以及 OFDM－TDMA 等等，使得多个用户可以同时利用 OFDM 技术进行信息的传递。

（7）因为窄带干扰只能影响一小部分的子载波，因此 OFDM 系统可以在某种程度上抵抗这种窄带干扰。

但是 OFDM 系统内由于存在多个正交子载波，而且其输出信号是多个子信道的叠加，因此与单载波系统相比，存在如下主要缺点：

（1）易受频率偏差的影响。由于子信道的频谱相互覆盖，这就对它们之间的正交性提出了严格的要求，然而由于无线信道存在时变性，在传输过程中会出现无线信号的频率偏移，例如多普勒频移，或者由于发射机载波频率与接收机本地振荡器之间存在的频率偏差，都会使得 OFDM 系统子载波之间的正交性遭到破坏，从而导致子信道间的信号相互干扰，这种对频率偏差的敏感是 OFDM 系统的主要缺点之一。

（2）存在较高的峰值平均功率比。与单载波系统相比，由于多载波调制系统的输出是多个子信道信号的叠加，因此如果多个信号的相位一致时，所得到的叠加信号的瞬时功率就会远远大于信号的平均功率，导致出现较大的峰值平均功率比（PAPR）。这就对发射机内放大器的线性提出了很高的要求，如果放大器的动态范围不能满足信号的变化，则会为信号带来畸变，使叠加信号的频谱发生变化，从而导致各个子信道信号之间的正交性遭到破坏，产生相互干扰，使系统性能恶化。

4.5.2.5　上行多址接入 SC－FDMA

OFDM 系统的输出是多个子信道信号的叠加，因此，如果多个信号的相位一致，所得到的叠加信号的瞬时功率就会远远高于信号的平均功率，即峰均比（PAPR）高，对发射机的线性度提出了很高的要求。所以在上行链路，基于 OFDM 的多址接入技术并不适合在 UE 侧使用。TE 在上行采用的是单载频频分多址（SC－FDMA）技术。

SC－FDMA 同 OFDM 相比，它具有较低的峰均比。SC－FDMA 技术和 OFDMA 十分类似。每个用户的数据流比特被映射到星座图符号（比如 BPSK 符号、QPSK 符号或者 M－QAM 符号）。系统给不同的用户分配不同的傅立叶系数。傅立叶系数的分配在映射单元和逆映射单元内完成。发射端在 IFFT 之前插入傅立叶沉默系数，接收端则在 FFT 之后去除这个系数。OFDMA 中，数据符号被独立地调制到每一个子载波，因此在任何一个时点，每个子载波的振幅取决于数字信号调制方案的星座点。而在 SC－FDMA，调制到特定子载波上的某个时点的所有数据符号的线性组合。SC - FDMA 的特征是输出单载频发射信号，而 OFDMA 输出的是多载频信号。

SC - FDMA 多址接入技术基于 DFT - spread OFDM 传输方案，DFTS - OFDM 的调制过程如图 4 - 12 所示。

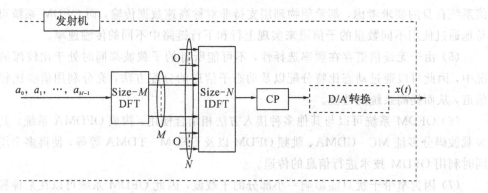

图 4 - 12   DFTS - OFDM 的调制过程

DFTS - OFDM 的调制过程是以长度为 M 的数据符号块为单位完成的，其具体过程如下：

（1）通过 DFT 离散傅立叶变换，获取这个时域离散序列的频域序列。这个长度为 M 的频域序列要能够准确描述出 M 个数据符号块所表示的时域信号。

（2）DFT 的输出信号送入 N 点的离散傅立叶反变换 IDFT 中去，其中 N＞M。因为 IDFT 的长度比 DFT 的长度长，IDFT 多出的那一部分输入用 0 补齐。

（3）在 IDFT 之后，为避免符号干扰，同样为这一组数据添加循环前缀。从上面的调制过程可以看出，DFTS - OFDM 同 OFDM 的实现有一个相同的过程，即都有一个采用 IDFT 的过程，所以 DFTS - OFDM 可以看成是一个加入了预编码的 OFDM 过程。

因此，SC - FDMA 与 OFDMA 相比之下具有较低的 PAPR，比多载波的 PAPR 低 1～3 dB。更低的 PAPR 可以使移动终端在发送功效方面得到更大的好处，并进而延长电池使用时间。SC - FDMA 具有单载波的低 PAPR 和多载波的强韧性的两大优势。

4.5.2.6 LTE 关键技术

1. 自适应多天线技术

多天线技术是指在发送端或接收端都采用多根天线的无线通信技术，是近期发展较快的热点研究技术之一。采用多天线技术可获得功率增益、空间分集增益、空间复用增益、阵列增益和干扰抑制增益，从而可以在不显著增加无线通信系统成本的同时，提高系统的覆盖范围、链路的稳定性和系统传输速率。多天线技术有不同的实现模式，如空间分集、空间复用、波束赋形、循环延迟分集以及它们之间的结合等。

1）空间分集技术

空间分集是在空间引入信号冗余以达到分集的目的，发送端通过在两根天线的两个时刻发送正交的信息集合，从而获得分集增益。

2）空间复用技术

空间复用是在每根天线上的同一时频资源上，发送不同信息，以达到在不增加频谱资源的情况下成倍提高频谱效率的目的。通常人们将空间分集和空间复用技术称为多输入多输出（MIMO）技术。

3）波束赋形技术

波束赋形（BF）是基于自适应天线原理，利用天线阵列，通过先进的信号处理算法分别对各物理天线进行加权处理的一种技术。发射端对数据流进行加权，并发送出去。在接收端看来，整个天线阵列相当于一根虚拟天线。通过加权处理后，天线阵列形成一个窄发射波束对准目标接收端，并在干扰接收端方向形成零点以减小干扰。

4）MIMO＋BF技术

由于BF技术在同一时刻只发射一个数据流，没有复用增益，尤其是当信道质量较好时，使用BF带来的传输速率提升并不明显，因此，为了进一步提高系统传输速率，可将BF技术与MIMO结合起来。空间分集与波束赋形的结合，称为空间分集波束赋形（SD＋BF）；而空间复用与波束赋形的结合，则称为复用波束赋形（SM＋BF）。发送端的4根物理天线被分成2个子阵列，在每个子阵列上利用波束赋形技术，形成一根虚拟天线或者波束，2个波束间构成空间分集或者空间复用。

5）循环延迟分集技术

循环延迟分集（CDD）是正交频分复用（OFDM）技术中常用的一种多天线发送分集方案，它在各个物理天线上发送相同的频域数据，并对时域的OFDM符号进行不同的循环延迟，以此来获得频域分集增益。时域数据流在各物理天线上分别进行循环延迟 δ_i 后再发送出去。

6）CDD＋MIMO技术

由于CDD技术在同一时刻只发射一个数据流，当信道条件比较好时，可以跟MIMO技术相结合来提升传输速率。空间分集与循环延迟分集的结合，称为空间分集循环延迟分集（SD＋CDD）；而空间复用与循环延迟分集的结合，称为空间复用循环延迟分集（SM＋CDD）。

2. MIMO

多天线技术是移动通信领域中无线传输技术的重大突破。通常，多径效应会引起衰落，因而被视为有害因素。然而，多天线技术却能将多径作为一个有利因素加以利用。MIMO（Multiple Input Multiple Output，多输入多输出）技术利用空间中的多径因素，在发送端和接收端采用多个天线，通过空时处理技术实现分集增益或复用增益，充分利用空间资源，提高频谱利用率。

总的来说，MIMO技术的基础目的是：

（1）提供更高的空间分集增益。联合发射分集和接收分集两部分的空间分集增益，提供更大的空间分集增益，保证等效无线信道更加"平稳"，从而降低误码率，进一步提升系统容量。

（2）提供更大的系统容量。在信噪比（SNR）足够高时，可以在发射端把用户数据分解为多个并行的数据流，然后分别在每根发送天线上进行同时刻、同频率的发送，同时保持总发射功率不变。最后，再由多元接收天线阵根据各个并行数据流的空间特性，在接收机端将其识别，并利用多用户解调技术最终恢复出原数据流。

LTE 系统中常用的 MIMO 模型有下行单用户 MIMO(SU - MIMO)和上行多用户 MIMO(MU - MIMO)。

SU - MIMO(单用户 MIMO)：指在同一时频单元上一个用户独占所有空间资源，这时的预编码考虑的是单个收发链路的性能，其传输模型如图 4 - 13 所示。

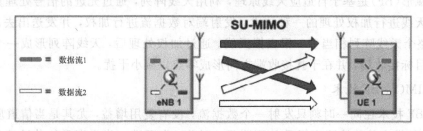

图 4 - 13 单用户 MIMO 传输模型

MU - MIMO(多用户 MIMO)：多个终端同时使用相同的时频资源块进行上行传输，其中每个终端都是采用 1 根发射天线，系统侧接收机对上行多用户混合接收信号进行联合检测，最后恢复出各个用户的原始发射信号。上行 MU - MIMO 是大幅提高 LTE 系统上行频谱效率的一个重要手段，但是无法提高上行单用户峰值吞吐量。

其传输模型如图 4 - 14 所示。

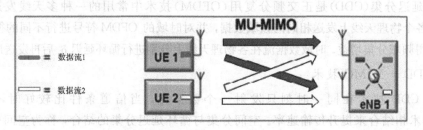

图 4 - 14 多用户 MIMO 传输模型

为了满足系统中高速数据传输速率和高系统容量方面的需求，LTE 系统的下行 MIMO 技术支持 2×2 的基本天线配置。下行 MIMO 技术主要包括空间分集、空间复用及波束成形三大类。与下行 MIMO 相同，LTE 系统上行 MIMO 技术也包括空间分集和空间复用。在 LTE 系统中，应用 MIMO 技术的上行基本天线配置为 1×2，即一根发送天线和两根接收天线。考虑到终端实现复杂度的问题，目前对于上行传输并不支持一个终端同时使用两根天线进行信号发送，即只考虑存在单一上行传输链路的情况。因此，在当前阶段上行传输仅仅支持上行天线选择和多用户 MIMO 两种方案。

LTE R8/R9 版本中下行传输引入了 8 种 MIMO 传输模式，其中 LTE FDD 常用的 MIMO 传输模式为模式 1 到模式 6(TM1～TM6)，而模式 7(TM7)和模式 8(TM8)主要应用于 TD - LTE 系统中。这 8 种传输模式的特点如下：

·模式 1：单天线端口传输，应用于单天线传输场景。

·模式 2：开环发射分集，主要应用于对抗衰落，可提高信号传输的可靠性，适用于小区边缘用户。

·模式 3：开环空间复用，针对小区中心用户，可提高峰值速率，适用于高速移动场景。

·模式 4：闭环空间复用，对于无线信道条件较好的场合，可以提供较高的传输速率，适用于低速移动场景。

·模式 5：支持多用户 MIMO，可提高系统容量，适用于上行链路传输及室内覆盖。

·模式 6：单层闭环空间复用，可增强小区发射功率和小区信号覆盖，适用于市区等业务密集区，可以获得较好的覆盖。

·模式 7：单流波束赋形(端口 5)，可增加小区发射功率并抑制干扰，主要适用于小区边缘的用户，只使用天线端口 5。

·模式 8：双流波束赋形(端口 7 和端口 8)，采用智能天线技术，进行多路波束赋形发送，既可提高用户信号强度，又可提高用户的峰值和均值速率。

模式 1～2 适用于 PDSCH、PBCH、PCFICH、PDCCH、PHICH 和 SCH 下行物理信道；模式 3～8 适用于 PDSCH 下行物理信道。

3. 链路自适应

下行链路自适应的核心技术是 AMC(Adaptive Modulation Coding，自适应调制和编码)。该技术结合多种调制方式、信道编码速率，应用于共享数据信道。在一个 TTI 内传送的数据流内，调度给某个用户的属于相同层 2PDU 的所有资源块组，采用相同的编码速率和调制方式。需要特别说明的是，若采用 MIMO 技术，则 MIMO 的不同数据流之间可以采用不同的 AMC 组合。

AMC 的原理是无线基站通过信道估值，获取信道的瞬时状态，动态地选择合适的调制和编码格式，为了辅助基站估计无线信道条件，需要 UE 上报无线信道传输质量(CQI)，CQI 与信道的调制方式存在着对应关系，如表 4－1 所示。

表 4－1　CQI、调制方式与编码率关系

CQI	调制方式	编码率(1024)
1	QPSK	78
2	QPSK	120
3	QPSK	193
4	QPSK	308
5	QPSK	449
6	QPSK	602
7	16QAM	378
8	16QAM	490
9	16QAM	616
10	64QAM	466
11	64QAM	567
12	64QAM	666
13	64QAM	772
14	64QAM	873
15	64QAM	948

上行链路自适应的目标是保证每个 UE 所要求的最小传输性能，如用户数据速率、误块率、延迟，同时使得系统吞吐量达到最大。根据信道状况、UE 能力(如最大的发射功率、最大的传输带宽等)以及所要求的 QoS(如数据速率、延迟、误块率等)，上行链路自适应技术包括以下几点：

(1) 自适应传输带宽：每个用户的传输带宽由平均信道条件(如路损和阴影等)、UE 能力和要求的数据速率等决定。

(2) 发射功率控制。

(3) 自适应调制和信道编码码率：与下行技术类似，上行 MCS 技术仍是基站依据上行信道质量等信息来调整调制方式和信道编码码率，具体调整方式取决于厂家设备的实现。

4. HARQ 和 ARQ

E-UTRAN 支持 HARQ，即混合自动重传请求(Hybrid Automatic Repeat Request，HARQ)，是一种将前向纠错编码(FEC)和自动重传请求(ARQ)相结合而形成的技术。

HARQ 的关键词是存储、请求重传、合并解调。接收方在解码失败的情况下，保存接收到的数据，并要求发送方重传数据。接收方将重传的数据和先前接收到的数据进行合并后再解码。混合自动重传技术可以高效地补偿由于采用链路适配所带来的误码，提高了数据传输速率，减小了数据传输时延。

HARQ 的基本原理如下：

(1) 在接收端使用 FEC 技术纠正所有错误中能够纠正的那一部分。

(2) 通过错误检测判断不能纠正错误的数据包。

(3) 丢弃不能纠错的数据包，向发射端请求重新发送相同的数据包。

根据重传内容的不同，在 3GPP 标准和建议中主要有 3 种混合自动重传请求机制，包括 HARQ-Ⅰ、HARQ-Ⅱ和 HARQ-Ⅲ等。

1) HARQ-Ⅰ型

HARQ-Ⅰ即为传统 HARQ 方案，它仅在 ARQ 的基础上引入了纠错编码，即对发送数据包增加循环冗余校验(CRC)比特并进行 FEC 编码。收端对接收的数据进行 FEC 译码和 CRC 校验，如果有错则放弃错误分组的数据，并向发送端反馈 NACK 信息请求重传与上一帧相同的数据包。一般来说，物理层设有最大重发次数的限制，防止由于信道长期处于恶劣的慢衰落而导致某个用户的数据包不断地重发，从而浪费信道资源。如果达到最大的重传次数时，接收端仍不能正确译码(在 3G LTE 系统中设置的最大重传次数为 3)，则确定该数据包传输错误并丢弃该包，然后通知发送端发送新的数据包。这种 HARQ 方案对错误数据包采取了简单的丢弃，而没有充分利用错误数据包中存在的有用信息。所以，HARQ-Ⅰ型的性能主要依赖于 FEC 的纠错能力。

2) HARQ-Ⅱ型

HARQ-Ⅱ也称作完全增量冗余方案。在这种方案下，信息比特经过编码后，将编码后的校验比特按照一定的周期打孔，根据码率兼容原则依次发送给接收端。收端对已传的错误分组并不丢弃，而是与接收到的重传分组组合进行译码；其中重传数据并不是已传数据的简单复制，而是附加了冗余信息。接收端每次都进行组合译码，将之前接收的所有比特组合形成更低码率的码字，从而可以获得更大的编码增益，达到递增冗余的目的。每一次重传的冗余量是不同的，而且重传数据不能单独译码，通常只能与先前传送的数据合并后才能被解码。

3）HARQ - Ⅲ型

HARQ - Ⅲ型是完全递增冗余重传机制的改进。对于每次发送的数据包采用互补删除方式，各个数据包既可以单独译码，也可以合成为一个具有更大冗余信息的编码包进行合并译码。另外根据重传的冗余版本不同，HARQ - Ⅲ又可进一步分为两种：一种是只具有一个冗余版本的 HARQ - Ⅲ，各次重传冗余版本均与第一次传输相同，即重传分组的格式和内容与第一次传输的相同，接收端的解码器根据接收到的信噪比（SNR）加权组合这些发送分组的拷贝，这样，可以获得时间分集增益。另一种是具有多个冗余版本的 HARQ - Ⅲ，各次重传的冗余版本不相同，编码后的冗余比特的删除方式是经过精心设计的，使得删除的码字是互补等效的。所以，合并后的码字能够覆盖 FEC 编码中的比特位，使译码信息变得更全面、更利于正确译码。

随着人们对高速无线多媒体业务需求的不断增加和无线频谱资源日趋紧张，探索未来高效率的移动通信系统将具有越来越重要的意义和价值。混合自动重传请求（HARQ）技术能够很好地补偿无线移动信道时变和多径衰落对信号传输的影响，已经成为未来 4G 长期演进系统中不可或缺的关键技术之一。

本 章 小 结

（1）无线接入技术（Radio Interface Technologies，RIT）是指通过无线介质将用户终端与网络节点连接起来，以实现用户与网络间的信息传递，即利用卫星、微波及超短波等传输手段向用户提供各种电信业务的接入技术。

（2）无线接入网具有安装便捷、使用灵活、易于扩展等优点。

（3）无线接入可以分为固定无线接入网和移动无线接入网两类。

（4）在无线接入网中采用了信源编码和信道编码技术、多址接入技术、抗衰落技术、网络安全技术等来克服外部环境对信息传递的影响。

（5）无线局域网络（Wireless Local Area Networks，WLAN）是指应用无线通信技术将计算机设备互联起来，构成可以互相通信和实现资源共享的网络体系，从而使网络的结构和终端之间的通信更加灵活。WLAN 的网络结构是由站点、接入点、基本服务单元、分配系统、扩展服务单元和关口来组成。

（6）WiMaX（Worldwide Interoperability for Microwave Access），即全球微波互联接入。WiMaX 系统可以提供数据、语音及视频各类服务，是与其作为支撑的关键技术的支持分不开的，主要包括 OFDM/OFDMA 技术、自适应天线系统、自适应编码调制技术和快速资源调度技术等。

（7）LTE 是 3G 技术的演进，是 3G 技术向 4G 技术的平滑过渡，是 3.9G 的全球标准，LTE 主要由 E - UTRAN 和 SAE 两部分构成；其中，SAE 主要含有的是演进型分组交换核心网（EPC），其控制处理部分为移动性管理实体（MME），数据承载部分称为业务网关（S - GW）；接入网（E - UTRAN）主要含有的网元是演进型基站（eNodeB）。

※※※※※※※※※※ 通 信 故 事 ※※※※※※※※※※

杜拉拉的新自由

怀揣支持 WiFi 功能的智能手机和笔记本电脑,年轻的白领丽人杜拉拉再也不用整天待在办公室里了。肯德基店、星巴克店都是她的办公地点,随时随地都可以与同事和客户保持联系。出差在外,酒店、机场也可以办公,WiFi 给杜拉拉的工作和生活带来了极大的方便。很多人都在享受 WiFi 带来的生活和乐趣:白领们在星巴克中浏览网页,记者在会议现场发回稿件,普通人在自己家中随心所欲地使用手机或者笔记本电脑无线上网……这些都离不开 WiFi。

并不是随时随地都能用 WiFi 上网的,附近都得有 WiFi 的热点才行。很多城市的酒店、机场、肯德基、星巴克等消费场所都有 WiFi 热点覆盖,这些地方用 WiFi 上网费用极低,甚至是免费的。在家里,杜拉拉买了一个无线路由器做 AP,这样,在家里任何地方均可上网而不用到处拉线了,可以躺在床上用手机通过 WiFi 上网、办公。因为家里的宽带已经付过费了,通过 WiFi 上网时并没有额外的费用。

习 题

4-1 简述无线接入网的基本概念。

4-2 无线接入网的优点有哪些?

4-3 无线接入网的分类有哪些?

4-4 简述蜂窝移动通信的发展情况。

4-5 什么是信源编码?可以分为哪几类?

4-6 多址接入技术有哪些?

4-7 简述抗衰落技术的主要内容。

4-8 简述 WLAN 的基本概念。

4-9 简述 WLAN 的网络构成。

4-10 简述 WiMaX 的关键技术的主要内容。

4-11 简述 LTE 的基本概念。

4-12 画出 LTE 的网络结构。

第五章 光纤接入技术

近年来,以互联网为代表的新技术革命正在深刻地改变着传统电信的概念和体系结构。随着各国接入网市场的逐渐开放,电信管制政策的放松,竞争的日益加剧和扩大,新业务需求的迅速出现,有线技术(包括光纤技术)和无线技术的发展,接入网开始成为人们关注的焦点。光纤是下一代网络的重要组成部分,与其相关的技术也是未来近十年光通信技术发展的主要方向,光纤具有容量大、传输损耗小、不受电磁干扰、体积小重量轻等优点。

本章重点介绍无源光网络(PON)技术的起源和基本知识,并详细介绍了 EPON 和 GPON 的原理、模型、协议以及未来发展。

5.1 光纤接入技术概述

光纤接入网(Optical Access Network,OAN)技术是目前电信网中发展最为快速的接入网技术。光纤接入网具有支持更高速率的宽带业务,有效解决接入网的"瓶颈效应",传输距离长、质量高、可靠性好、易于扩容和维护的优点。

5.1.1 光纤接入网的基本概念

光纤接入网是指局端与用户之间完全以光纤作为传输媒体的接入技术。将这种技术应用于接入网,就是我们所说的光接入网。更专业一些的定义是:光接入网就是采用光纤传输技术的接入网,泛指本地交换机或局端模块与用户之间采用光纤通信或部分采用光纤通信的系统。

光纤接入网主要通过光纤实现信息的传送功能。光纤接入网由三个部分构成:光线路终端(Optical Line Terminal,OLT)、光网络单元(Optical Network Unit,ONU)以及光分配网络(Optical Distribution Network,ODN)。光纤接入网的组网结构如图 5-1 所示。

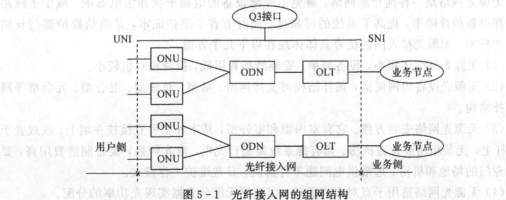

图 5-1 光纤接入网的组网结构

光线路终端(Optical Line Terminal，OLT)是用于连接光纤干线的终端设备。OLT 设备是光纤接入网中重要的局端设备，通过网线与前端交换机相连将电信号转变成光信号，通过光纤(或分光器等器件)把光信号传递到用户端，实现对用户端设备 ONU 的控制、管理、测距等功能。OLT 设备是光电一体的设备。

光网络单元(Optical Network Unit，ONU)是光纤接入网中重要的用户侧设备。ONU 可以选择接收 OLT 发送的广播数据，响应 OLT 发出的测距及功率控制命令，并作出相应的调整。

光分配网络(Optical Distribution Network，ODN)就是两个有源设备——OLT 设备和 ONU 设备之间所有无源光纤、无源设备(分光器)组成的一个网络。

5.1.2 无源光网络

光纤接入可以分为有源光网络(AON)接入技术和无源光网络(PON)接入技术。无源光网络是指在 OLT 和 ONU 之间是光分配网络(ODN)，没有任何有源电子设备，它包括基于 ATM 的无源光网络 APON 及基于 IP 的无源光网络 EPON 和 GPON。

无源光网络的概念最早是英国电信公司的研究人员于 1987 年提出的，是一种应用光纤的接入网，因为它从光线路终端(OLT)一直到光网络单元(ONU)之间没有任何需用电源的电子设备，所用的器件包括光纤、光分路器等，都是无源器件，所以被称为"无源光网络"。无源光网络的组网结构如图 5-2 所示。

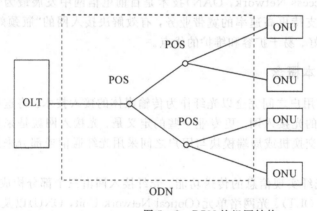

图 5-2 PON 的组网结构

无源光网络是一种纯介质网络，避免了外部设备的电磁干扰和雷电影响，减少了线路和外部设备的故障率，提高了系统的可靠性，同时节省了维护成本，是电信维护部门长期期待的技术。无源光接入网的优势具体体现在以下几个方面：

(1) 无源光网络体积小，设备简单，安装维护费用低，投资相对也较小。

(2) 无源光设备组网灵活，拓扑结构可支持树型、星型、总线型、混合型、冗余型等网络拓扑结构。

(3) 无源光网络安装方便。它有室内型和室外型，其室外型可直接挂在墙上，或放置于"H"杆上，无须租用或建造机房。而有源系统需进行光电、电光转换，设备制造费用高，要使用专门的场地和机房，远端供电问题不好解决，日常维护工作量大。

(4) 无源光网络适用于点对多点通信，仅利用无源分光器实现光功率的分配。

（5）无源光网络是纯介质网络，彻底避免了电磁干扰和雷电影响，极适合在自然条件恶劣的地区使用。

（6）从技术发展角度看，无源光网络扩容比较简单，不涉及设备改造，只需设备软件升级，硬件设备一次购买，长期使用，为光纤入户奠定了基础，使用户投资得到保证。

5.1.3　无源光网络的典型应用模式

FTTx 是光纤接入网的应用模式。根据光纤深入用户的程度，光纤接入技术可以分为光纤到户（FTTH）、光纤到楼宇（FTTB）、光纤到路边（FTTC）、光纤到节点（FTTN）、光纤到办公室等。无源光网络的典型应用模式如图 5 - 3 所示。

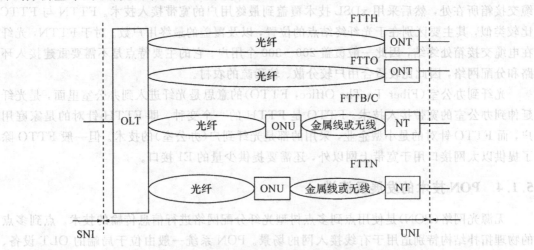

图 5 - 3　无源光网络的典型应用模式

光纤到户（Fiber To The Home，FTTH），顾名思义就是一根光纤直接引到家庭。它是在光纤上承载的业务，从局端到用户中间基本上可以做到无源。FTTH 去掉了整个铜线设施：馈线、配线和引入线。它还去掉了铜线所需要的所有维护工作并大大延长了网络寿命。对所有的宽带应用，这种结构是最健壮和长久的解决方案。FTTH 显著技术的特点是不但可以提供更大的带宽，而且增强了网络对数据格式、速率、波长和协议的透明性，放宽了对环境条件和供电条件等的要求，简化了维护和安装，适合于引入各种新业务，是最理想的业务透明网络，是接入网发展的最终方式。

光纤到大楼（Fiber To The Building，FTTB），顾名思义就是光纤引入到大楼，是在楼内安装交换机，将光纤连接到交换机，通过交换机连接到各家的是双绞线而没有光猫，双绞线可以直接连接电脑或路由器的 WAN 接口。FTTB 是一种基于优化高速光纤局域网技术的宽带接入方式，采用光纤到楼、网线到户的方式实现用户的宽带接入，即实现 FTTB＋LAN 的宽带接入网，这是一种最合理、最实用、最经济有效的宽带接入方法。使用 FTTB 不需要拨号，用户只要开机即可接入 Internet，可以认为是采用专线接入。FTTB 对硬件要求和普通局域网的要求是一样的，只需要配置以太网卡，所以对用户来说硬件投资非常少。FTTB 作为一种高速的上网方式优点是显而易见的，但是不可避免地也有一些缺点，运营商必须投入大量的资金来铺设五类线到每个用户家中，因此极大地限制了 FTTB 在老小区的推广和应用。

光纤到路边(Fiber To The Curb，FTTC)是光接入网的应用类型之一。光网络单元(ONU)放在配线点(DP)或灵活点(FP)处，光网络单元到各用户之间的部分仍为双绞铜线或同轴电缆。FTTC是一种基于优化 xDSL 技术的宽带接入方式，采用光纤到路边、铜线到户的方式实现用户的宽带接入，我们称为 FTTC＋xDSL 的宽带接入网。这是适合小区缺乏五类线的情况下的一种最合理、最实用、最经济有效的宽带接入方法。使用 FTTC 时实际用户仍旧采用 xDSL 接入，因此与当前的 xDSL 一样需要拨号，家里需要配置 xDSL 的"猫"。在 FTTC 中一般采用小型 DSLAM 设备作为最终接入，设备布放在电话分线盒位置上，一般覆盖 24～96 个用户。国内的运营商一般也称 FTTC 为 FTTB＋xDSL 接入模式。

光纤到节点(Fiber To The Node，FTTN)的意思就是光纤到连接点，是光纤延伸到电缆交接箱所在处，然后采用 xDSL 技术覆盖到最终用户的宽带接入技术。FTTN 与 FTTC 比较类似，其主要区别在于光纤终结点的位置，以及覆盖的最终用户数。对于 FTTN，光纤在电缆交接箱处终结，因此一般覆盖 200～300 个用户。它的主要特点是不需要重建接入环路和分配网络，因此比较适合用户较分散、较稀疏的农村。

光纤到办公室(Fiber To The Office，FTTO)的意思是光纤进入到办公室里面，是光纤延伸到办公室的宽带接入技术。FTTO 是 FTTH 的一个变种，即 FTTH 针对的是家庭用户，而 FTTO 针对的是小型企业，采用的都是光纤到户(办公室)的技术。但一般 FTTO 除了提供以太网接口用于宽带上网以外，还需要提供少量的 E1 接口。

5.1.4　PON 技术的发展及演进

无源光网络(PON)是使用点到多点树型光纤分配网络进行信息传输的技术。点到多点的物理拓扑结构特别适用于有线接入网的场景。PON 系统一般由位于局端的 OLT 设备、位于用户侧的 ONU 设备和连接两者的无源光分配网构成。

PON 系统中由于多个 ONU 设备共享同一光纤媒质与 OLT 通信，因此主要需要解决不同 ONU 间的媒质共享问题。解决光纤中媒质共享的主要方式包括时分复用/多址技术、波分复用技术和正交频分复用(OFDM)技术。因此主要的 PON 技术也可分为 TDM－PON、WDM－PON 和 OFDM－PON 三大类。目前技术比较成熟应用比较广泛的 EPON、GPON 等主要采用的就是 TDM－PON 技术。

1. 早期的窄带 PON 及 BPON

最早的 PON 系统主要是用于解决多个窄带接入网(数字用户环路)远端设备的互联，传送 n×64 kb/s 的语音时隙。但由于价格和业务保护方面均无法与环型拓扑的数字用户环路设备抗衡，因此成为失败的技术。

20 世纪 90 年代，随着 ATM 和 B－ISDN 的兴起，宽带第一次成为电信技术发展的重要方向，而带宽潜力巨大的光纤技术也成为信息传输技术的宠儿。因此，在 1995 年全球 7个重要的运营商成立了全球业务接入网组织(FSAN)，致力于光纤接入网的标准制定和应用的推进工作。在 FSAN 和 ITU－T 的共同努力下，第一个关于 PON 系统的国际标准《基于无源光网络的宽带光接入系统》(ITU－T G.983.1)于 1998 年发布，该标准一般也被称为 BPON 标准。

BPON 在当时的技术环境下采用了以 ATM 为内核的设计思路，且限于当时器件水平和价格的因素，PON 设备的成本还比较高，光纤接入网的外部配套条件也不成熟。因此 BPON 仅在北美地区的电信运营商中有一定规模的部署，并未在全球获得广泛的应用。

2. EPON 和 GPON

随着 ATM 技术的衰落和互联网 IP 技术的迅速兴起，继 BPON 之后，业界希望开发一种新型的 PON 系统，取代过时的 BPON 技术。在这个背景下，IEEE 和 ITU-T 相继在 2000 年和 2001 年启动了 EPON 和 GPON 的标准化工作，并于 2004 年发布了完成的标准，为今天 EPON 和 GPON 在通信网中的大量应用奠定了基础。

EPON 标准由 IEEE 的 EFM(Ethernet in the First Mile)工作组完成，并在 2004 年 9 月被 IEEE 批准为 IEEE 802.3ah 标准。EPON 标准的很多内容继承了以太网的设计思想，重用了吉比特以太网的速率和物理层编码等内容，并对 MAC 层协议和以太网帧前导码序列进行了修改，以适应 PON 的点到多点的网络拓扑结构。

GPON 标准由 ITU-T 第 15 研究组进行标准化工作，GPON 相关的标准包括 G.984.1～G.984.6 六个标准，分别涵盖了 GPON 系统的架构、物理媒质相关层、传输汇聚层、ONU 控制管理协议以及对增强的波长使用和距离扩展的规定。GPON 标准的设计比较全面地考虑了运营商的业务和运行维护需求，标准体系完备全面，但是内容也相对复杂。

EPON 系统采用单纤双向传输，上行标称波长为 1310 nm，下行标称波长为 1490 nm。按照最大传输距离的不同，标准中将 EPON 接口光收发指标分为 10 km(P×10)和 20 km(P×20)两类规范，实际网络中为了获得较大的光功率预算多采用 P×20 类型接口，可实现 20 km 传输距离和 1：32 分路比。EPON 系统的每个 PON 口的实际有效带宽为 800～950 Mb/s。

GPON 同样采用单纤双向传输，上行标称波长为 1310 nm，下行标称波长为 1490 nm。GPON 采用 GEM 封装方式进行多种业务适配，利用 GEM 封装方式可以直接承载以太网业务、ATM 业务或 TDM 业务。与 EPON 类以太网的变长帧传输方式不同，GPON 采用 125 μs 固定帧长，这对于精确地传送时钟信号有所帮助。GPON 信道编码采用 NRZ 码，下行速率为 2.488 Gb/s，上行速率为 1.244 Gb/s，除去系统开销后每个 PON 口的实际有效带宽约为下行 2.45 Gb/s，上行 1.1 Gb/s。目前主流的 GPON 系统采用 B+类光器件，可实现 20 km 传输距离下的 1：64 分路比，以及支持 60 km 的最大逻辑距离。

当前 EPON 和 GPON 分别可以提供大约 1 Gb/s 和 2.4 Gb/s 的下行带宽，在 FTTH 场景下，如果不考虑并发，最大分路比下(32 和 64)的每个用户可以保证获得大约 30 Mb/s 的下行带宽。但在中国现网条件下，运营商大量采用 FTTB 的方式进行组网，即每个 ONU 下还连接 16～32 个用户，最终可能会达到每个 PON 口连接 1000 个(32×32)左右的用户。这样每个用户可获得的带宽将无法满足现网提速的需求。

3. 10G-EPON 和 XG-PON

从 2005 年开始，IEEE 和 ITU 相继开展了对下一代 PON 系统的标准化研究。根据 FSAN 对几大运营商的关于下一代 PON 的意见的征求，绝大多数运营商指出应在现有的 EPON 和 GPON 的技术基础上提升速率，也有个别运营商希望可以发展像 WDM-PON 一类的新技术。

IEEE 于 2006 年立项开始制定 10 Gb/s 速率的 EPON 系统的标准 IEEE 802.3av。该标准针对 10 Gb/s 速率的需求制定了新的 EPON 物理层规范，并对 MAC 层规范进行了更新。在该标准中，10G EPON 分为 2 个类型。其一是非对称方式，即下行速率为 10 Gb/s，但上行速率与 EPON 相同，仍然为 1 Gb/s。其二是对称方式，即上下行速率均为 10 Gb/s。

相比来说，由于 PON 系统的上行传输技术难度较大，因此 1 Gb/s 上行 10 Gb/s 下行方式的 10 Gb/s EPON 系统较为容易实现，目前芯片厂家已经可以提供原型系统。但由于该类系统上下行带宽比达到 1∶10，因此能否与实际的用户业务需求的带宽模型相匹配目前仍存在疑问。

ITU 于 2008 年启动了下一代 GPON 标准的研究，目前称为 XG-PON 标准。XG-PON 标准ITU-T G.987 系列已陆续发布。XG-PON 目前规定的物理层速率为非对称方式，即下行速率为 10 Gb/s，上行速率为 2.5 Gb/s。

10 Gb/s EPON 和 XG-PON 系统使用同样的波长规划，有利于两者共用部分光器件，扩大产业规模，降低器件成本。两者均规定上行选择 1 260～1 280 nm 的波长范围，下行选择 1 575～1 580 nm 的波长范围。下行方向与现有的 1 490 nm 的 EPON 或 GPON 系统可以采用 WDM 方式进行波长隔离。上行方向，由于 EPON ONU 使用的激光器谱宽较宽（1310±50 nm），与 1260～1280 nm 波长重叠，因此，EPON 与 10 Gb/s EPON 的 ONU 共存在同一 ODN 时需采用 TDMA 方式，两者不能同时发射。GPON 与 XG-PON 的 ONU 可以采用波长隔离，两者互不影响。

在功率预算方面，10 Gb/s EPON 增加了 PR/PRX30 的功率预算档次，将光链路预算提升到 29 dB。10 Gb/s GPON 正在研究如何支持 31～32 dB 的光链路预算能力。

4. NG-PON2

NG-PON2 是现有的 GPON/XG-PON 的演进系统。由于 TDM-PON 发展到单波长 10 Gb/s 速率后，再进一步提升单波长速率将面临技术和成本的双重挑战，于是在 PON 系统中引入 WDM 技术成为必然的选择。由于 10 Gb/s EPON 和 XG-PON 目前在现网中的应用也很少，因此 NG-PON2 的主要目标是瞄准 2015 年以后的应用窗口。

NG-PON2 系统定位于全业务的光纤接入网，除了通过速率的提升支持更高速率的家庭和商业客户，NG-PON2 还需要具有良好的同步性能支持移动回传等业务。目前正在讨论中的 NG-PON2 的标准草案中提出了以下基本特性：

(1) 下行速率至少为 40 Gb/s，上行速率至少为 10 Gb/s。

(2) 最大传输距离和最大差分距离为 40 km。

(3) 最大支持 1∶256 分路比。

(4) 至少包含 4 个 WDM 通道。

(5) 使用无色 ONU。

NG-PON2 在物理层采用的主要原理是 TDM 和 WDM 结合的方式，使用多个 XG-PON 在波长上进行堆叠。该技术可以最大限度地重用 GPON/XG-PON 的技术，并与现有的采用功率分配分光器的 ODN 具有比较好的兼容性。NG-PON2 系统的基本架构如图 5-4 所示。

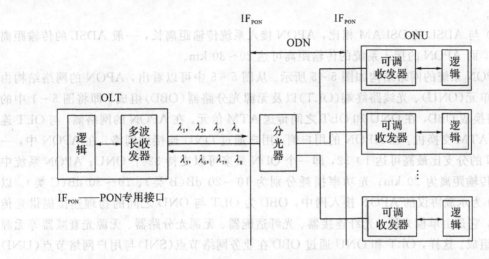

图 5-4　NG-PON2 系统的基本结构

OLT 采用多波长光模块配置 4 个或更多的上下行波长，ONU 侧采用波长可调光收发器技术实现 ONU 的无色化。OLT 与 ONU 之间通过一个正在标准化中的波长选择与分配协议，控制 ONU 在分配的波长上工作。

5.2　APON 无源光网络接入技术

APON 是 ATM PON 的简称，是指在 PON 上实现基于 ATM 信元的传输技术。ATM 是一种基于信元的传输协议，近年来，被越来越广泛地应用于接入网上以提供视频广播、远程教学以及数据通信等多种业务。ATM 技术能为接入网提供动态的带宽分配，从而更适合宽带数据业务的需要。

5.2.1　APON 的系统结构

APON 是在 20 世纪 90 年代中期由全业务接入网（FSAN）组织提出的基于 ATM 的 PON 技术。1998 年 10 月，ITU-T 通过了 APON 技术标准 G.983，该标准以 ATM 作为通道层协议，支持话音、数据等多种业务，提出明确的业务质量保证和服务级别，具有完善的操作维护管理（OAM）功能，支持的最高传输速率为 622.080 Mb/s。以 ATM 为基础的 APON 技术综合了 PON 系统的透明宽带传送能力和 ATM 技术的多业务、多比特支持能力的优点，代表了接入网的发展方向。APON 接入系统的主要优点有：

（1）成本有望比 PDH/SDH 接入系统低 20%～40%。

（2）可完成不同速率的多种业务接入。

（3）由于无源光网络的固有特性，与有源光网络相比，系统更可靠、更稳定。

（4）ATM 技术在宽带、高速率、传输质量方面有保证。

（5）SDH 技术也可以进入接入网领域，但 SDH 只传输恒定比特率业务，不适合 B-ISDN 使用。

（6）与有线电视（CATV）网络相比，每个用户可以占用单独的带宽，而不会发生拥挤和堵塞。

(7) 与 ADSL 的 DSLAM 相比，APON 接入系统传输距离长，一般 ADSL 的传输距离为 4km，而 APON 的接入系统的传输距离可达 20～30 km。

APON 系统的网络结构如图 5-5 所示。从图 5-5 中可以看出，APON 的网络结构由光网络单元(ONU)、光线路终端(OLT)以及无源光分路器(OBD)组成，即将图 5-1 中的 ODN 替换成 OBD，在 ONU 和 OLT 之间传送 ATM 信元。在 APON 的网络侧，与 OLT 连接的是 ATM 交换机。在 APON 的用户侧，用户通过 ONU 连接到网络。在 APON 中，一个 ODN 的分支比最高可达 1：32，即一个 ODN 最多可以支持 32 个 ONU；APON 系统中最大的传输距离为 20 km；光功率损耗分别为 10～20 dB(B 类)、10～30 dB(C 类)。以 ATM 作为承载协议的 APON 接入网中，OBD 为 OLT 与 ONU 之间的物理连接提供光传输介质，它是由单模光纤、光纤连接器、光纤适配器、无源光分路器、无源光衰减器等无源光器件组成。这样，OLT 和 ONU 通过 OBD 在业务网络节点(SNI)与用户网络节点(UNI)之间提供透明的 ATM 传输业务。

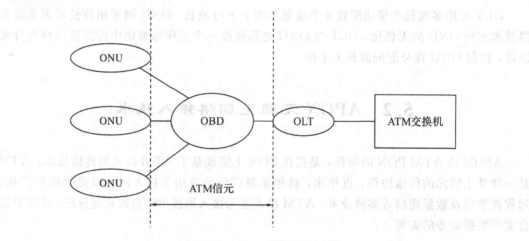

图 5-5　APON 系统的网络结构

5.2.2　APON 的工作机制

1. 双向传输技术

APON 系统所采用的双向传输技术主要有两种：

(1) 单向双纤的空分复用方式：此方式采用两根光纤，一根传上行信号，另一根传输下行信号，上行和下行工作波长均为 1310 nm。

(2) 单纤粗波分复用：上行工作波长为 1310 nm，下行工作波长为 1550 nm。由于 WDM 器件和激光器价格的下降，单纤粗波分复用更经济，所以实际应用中多采用此方案。

2. 速率结构

根据 G.983.1 建议，APON 系统可采用两种速率结构：

(1) 上、下均为 155.520 Mb/s 的对称速率结构。

(2) 上行为 155.520 Mb/s，下行为 622.080 Mb/s 的不对称帧结构。

3. 传输复用技术

在 APON 系统中，上行和下行采用两种不同的传输复用技术：

(1) 上行采用 TDMA 复用技术。

(2) 下行采用 TDM 复用技术。

4. 工作机制示意图

APON 工作机制示意图如图 5-6 所示。

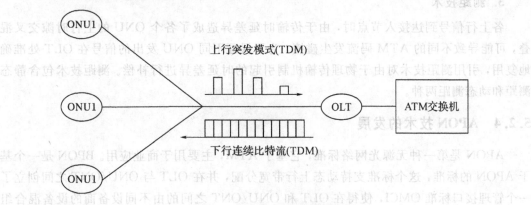

图 5-6 APON 工作机制示意图

在下行方向上，由 ATM 交换机送来的 ATM 信元先送给 OLT，由 OLT 将 ATM 信元组装进 APON 帧中，并采用 TDM 复用方式。这样 APON 帧由连续时隙组成，每个时隙的宽度为发送一个信元的时间（即每个时隙填充一个 53 字节的 ATM 信元）。由 OLT 将其变为 155.520 Mb/s 或 622.080 Mb/s 的速率，以广播方式，用 1550 nm 波长传送到所有与 OLT 相连的 ONU。各个 ONU 根据 ATM 信元的 VCI/VPI 标识从下行信号中选出属于自己的信元传送给用户终端。

在上行方向上，由 OLT 轮询各个 ONU，得到 ONU 的上行带宽要求。OLT 合理分配带宽后，以上行授权的形式允许 ONU 发送上行信元，这样只有收到有效上行授权的 ONU 才有权利在上行帧中占有指定的时隙。各个收到有效上行授权的 ONU 收集来自用户的信息，并通过 1310 nm 波长以 155.520 Mb/s 的速率，采用 TDMA 复用方式、突发模式发送数据。这样上行信号是突发的、幅度不等的、长度也不同的、时间间隔也不相同的脉冲串。

5.2.3 APON 的关键技术

1. 传输技术

考虑到集成电路的速率限制和成本，APON 不采用窄带 PON 的单纤双向时分复用技术，而是采用了两种双向传输方法。第一种采用单纤波分复用（WDM）技术，两个波长分别工作于 1310 nm 区和 1550 nm 区；第二种方法为了提高可靠性采用双纤传输，波长为 1310 nm，以便于利用低成本的光源，系统扩容时可采用 TDM 方式，进一步可以考虑 WDM 技术。

2. 上行通信中的 TDMA 技术

为了最大限度地利用频段，APON 给每个 ONU 都分配了相同的频谱，这样有可能当多个 ONU 在同一时刻往上行信道发送信息时产生冲突，降低网络效率。其改进措施是在上行信道中采用 TDMA(时分多址)方式，从而实现光纤信道的共享。其机理为：APON 通过 OLT 将上行信道划分成若干个时间片刻，从而保证在同一时刻仅有一个 ONU 发送上行信号，除去极少量的同步开销和保护时间外，频带几乎全部利用；此外，TDMA 能够更有效地利用各种数字技术，在预分配和按申请分配方面也有其优势，尤其适用于基于信元分组的 ATM 分组在上行信道中的传输。

3. 测距技术

各上行信号到达接入节点时，由于传输时延差异造成了各个 ONU 的上行时隙交叉混叠，可能导致不同的 ATM 码流发生碰撞。为了保证不同 ONU 发出的信号在 OLT 处准确地复用，引用测距技术对由于物理传输机制引起的时延差异进行补偿。测距技术包含静态测距和动态测距两种。

5.2.4 APON 技术的发展

APON 是第一种无源光网络标准，它基于 ATM，主要用于商业应用。BPON 是一个基于 APON 的标准，这个标准支持动态上行带宽分配，并在 OLT 与 ONU/ONT 之间创立了一个管理接口标准 OMCI，使得在 OLT 和 ONU/ONT 之间的由不同设备商的设备混合组网成为可能。一个典型的 BPON 提供 622 Mb/s 的下行带宽和 155 Mb/s 的上行带宽。

从长远的业务发展来看，APON/BPON 是基于 ATM 的技术，而 ATM 技术不是未来主流发展方向，且速率有限，设备复杂，满足不了用户高带宽和低成本的要求。因此，APON 和 BPON 不是发展方向，这些用户逐步都要切换到 EPON 或者 GPON 技术上来。实际上，APON 技术早已消失。北美地区因其早期部署了较多的 BPON 用户，目前还有一小部分的 BPON 用户在发展，其他地方基本已经停止发展 BPON 技术。

5.3 EPON 无源光网络接入技术

宽带业务的进一步发展，为运营商宽带提速创造了需求。您可能已经注意到，家中的电话线已经逐渐被光纤所取代，而 EPON 是一种实现光纤到户的重要技术。EPON(Ethernet Passive Optical Network，以太网无源光网络)，顾名思义，是基于以太网的 PON 技术。它采用点到多点结构、无源光纤传输，在以太网之上提供多种业务。2004 年 6 月，IEEE 802.3EFM工作组发布了 EPON 标准——IEEE 802.3ah (2005 年并入 IEEE 802.3-2005 标准)。在该标准中将以太网和 PON 技术结合，在物理层采用 PON 技术，在数据链路层使用以太网协议，利用 PON 的拓扑结构实现以太网接入。因此，它综合了 PON 技术和以太网技术的优点：低成本、高带宽、扩展性强、与现有以太网兼容、方便管理等。

5.3.1 EPON 的系统结构

EPON 技术采用点到多点的用户网络拓扑结构，利用光纤实现数据、语音和视频的全业务接入的目的。EPON 系统主要由 OLT、ODN、ONU 三个部分构成。EPON 的系统结构如图5-7所示。

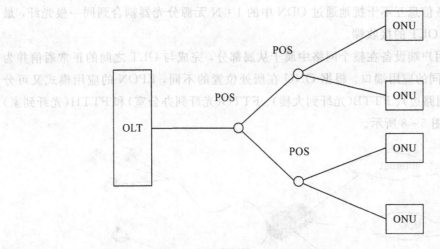

图 5-7　EPON 的系统结构图

其中 OLT 作为整个网络节点的核心和主导部分，完成 ONU 的注册和管理、全网的同步和管理以及协议的转换、与上联网络之间的通信等功能。OLT 既是一个交换机或路由器，又是一个多业务提供平台，它提供面向无源光纤网络的光纤接口（PON 接口）。根据以太网向城域和广域发展的趋势，OLT 上将提供多个 1 Gb/s 和 10 Gb/s 的以太接口，可以支持 WDM 传输。OLT 还支持 ATM、FR 以及 OC3/12/48/192 b/s 等速率的 SONET 的连接。如果需要支持传统的 TDM 话音，普通电话线（POTS）和其他类型的 TDM 通信（T1/E1）线路可以被复用连接到出接口。OLT 除了提供网络集中和接入的功能外，还可以针对用户的 QoS（服务质量）/SLA（服务质量）的不同要求进行带宽分配、网络安全和管理配置。OLT 根据需要可以配置多块 OLC（Optical Line Card），OLC 与多个 ONU 通过 POS（无源分光器）连接。POS 是一个简单设备，它不需要电源，可以置于相对宽松的环境中，一般一个 POS 的分光比可为 1∶8、1∶16、1∶32、1∶64，并可以多级连接。一个 OLT PON 端口下最多可以连接的 ONU 数量与设备密切相关，一般是固定的。在 EPON 中系统，OLT 到 ONU 间的距离最大可达 20 km。

ODN 在网络中的定义为从 OLT 到 ONU 的线路部分，包括光缆、配线部分以及分光器（Splitter）全部为无源器件，是整个网络信号传输的载体。其中光缆部分选用 G.652、G.657 系列的全部型号光纤，分光器的分光比可以从 1∶2～1∶32 可选（1∶64 的分光器因成本原因基本上在现网中没有使用）。OLT 到 ONU 之间的传输距离一般为 10～20 km，原则上是 10 km 用 1∶32 的分光器，20 km 用 1∶16 的分光器。因为分光器分光比例越高，光衰耗越大。OLT（Optical Line Terminal）放在中心机房，ONU（Optical Network Unit）放在用户设备端附近或与其合为一体。ODN 是无源光纤分支器，是一个连接 OLT 和 ONU 的无源设备，它的功能是分发下行数据，并集中上行数据。EPON 中使用单芯光纤，在一根光纤上转送上下行两个波长的波（上行波长为 1310 nm，下行波长为 1490 nm）。另外还可以在这个光纤上下行叠加 1550 nm 的波长，来传递模拟电视信号）。

在下行方向，IP 数据、语音、视频等多种业务由位于中心局的 OLT 采用广播方式，通过 ODN 中的 1：N 无源分光器分配到 PON 上的所有 ONU 单元。在上行方向，来自各个 ONU 的多种业务信息互不干扰地通过 ODN 中的 1：N 无源分光器耦合到同一根光纤，最终送到位于局端 OLT 的接收端。

ONU 作为用户端设备在整个网络中属于从属部分，完成与 OLT 之间的正常通信并为终端用户提供不同的应用端口。根据 ONU 在所处位置的不同，EPON 的应用模式又可分为 FTTC(光纤到路边)、FTTB(光纤到大楼)、FTTO(光纤到办公室)和 FTTH(光纤到家)等多种类型，如图 5-8 所示。

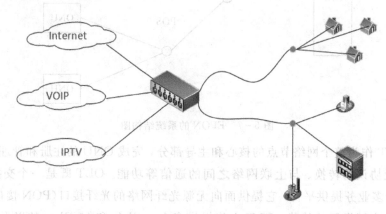

图 5-8 EPON 的应用模式

在 FTTC 结构中，ONU 放置在路边或电线杆的分线盒边，从 ONU 到各个用户之间采用双绞线铜缆。如果传送宽带图像业务，则采用同轴电缆。FTTC 的主要特点之一是到用户家里面部分仍可采用现有的铜缆设施，可以推迟入户的光纤投资。从目前来看，FTTC 在提供 2 Mb/s 以下窄带业务时是 OAN(称光纤接入网)中最现实、最经济的方案。但如需提供窄带与宽带的综合业务，则这一结构不很理想。

在 FTTB 结构中，ONU 被直接放到楼内，光纤到大楼后可以采用 ADSL、Cable、LAN 等，即 FTTB+ADSL、FTTB+Cable 和 FTTB+LAN 等方式接入用户家中。FTTB 与 FTTC 相比，光纤化程度进一步提高，因而更适用于高密度以及需提供窄带和宽带综合业务的用户区。FTTO 和 FTTH 结构均在路边设置无源分光器，并将 ONU 移至用户的办公室或家中，是真正全透明的光纤网络。它们不受任何传输制式、带宽、波长和传输技术的约束，是光纤接入网络发展的理想模式和长远目标。

5.3.2 EPON 的传输原理

根据 IEEE 802.3 协议，在 EPON 中传送的是可变长度的数据包，最长可为 1518 字节。而 APON 则是根据 ATM 协议，按照固定长度 53 个字节包来传送数据，其中 48 个字节为负荷，5 个字节为开销。这种差别意味着 APON 运载 IP 协议的数据效率低且困难。用 APON 传送 IP 业务，数据包被分成每 48 个字节一组，然后在每一组前附加上 5 个字节开销。这个过程耗时且复杂，也给 OLT 和 ONU 增加了额外的成本。此外，每一 48 个字节段就要浪费 5 个字节，造成沉重的开销，即所谓的 ATM 包的数据头。相反，以太网传送 IP

流量，相对于 ATM 开销急剧下降。

EPON 从 OLT 到多个 ONU 的下行数据传输和从多个 ONU 到 OLT 的上行数据传输是完全不同的，所采取的不同的上行/下行技术如图 5－9 所示。

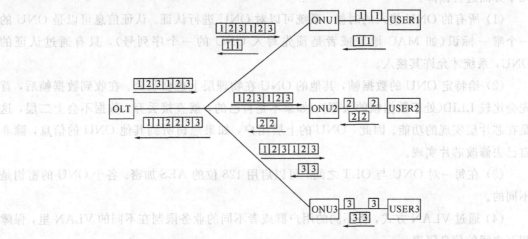

图 5－9　EPON 的上行/下行工作原理

当 OLT 启动后，它会周期性地在本端口上广播允许接入的时隙等信息。ONU 上电后，根据 OLT 广播的允许接入信息，主动发起注册请求，OLT 通过对 ONU 的认证（本过程可选），允许 ONU 接入，并给请求注册的 ONU 分配一个本 OLT 端口唯一的一个逻辑链路标识（Logical Link Identifier，LLID）。由于 EPON 的系统是一种基于点到多点（MP2P）的无源光网络，一个 OLT 连接多个不同的 ONU，所以数据从 OLT 到多个 ONU 以广播下行传输。根据 IEEE 802.3ah 协议，每一个数据帧的帧头包含前面注册时分配的、特定 ONU 的逻辑链路标识。LLID 是用来标识 ONU（ONU1，ONU2，ONU3，…，ONUn）中的唯一性的，表明数据帧是传给 n 个 ONU 中的唯一一个的。

另外，部分数据帧可以是传给所有的 ONU（广播）或者特殊的一组 ONU（组播）的。在图 5－9 的组网结构下，在分光器处，数据分成独立的三组信号，每一组载有到所有 ONU 的信号。当数据信号到达 ONU 时，ONU 根据 LLID，在物理层上做判断，接收给它自己的数据帧，丢弃那些给其他 ONU 的数据帧。例如，在图 5－9 中，ONU1 同时接收到 ONU1、ONU2、ONU3 的数据包，但它仅仅将 ONU1 的数据包转发给用户，丢弃掉 ONU2 和 ONU3 的数据包。

EPON 上行/下行传输原理如表 5－1 所示。

表 5－1　EPON 上行/下行传输原理

上行采用时分多址复用技术	下行采用广播技术
（1）上行波长为 1310 nm	（1）下行波长为 1490 nm
（2）每个 ONU 在 OLT 允许的时间段内向 OLT 发送数据	（2）OLT 发送的混合数据通过分光器到达每个用户的 ONU
	（3）每个 ONU 只接收发送给自己的数据，丢弃其他数据

1. 下行方向

对于下行方向，EPON 网络采用广播方式传输数据，为了保障信息的安全，可从以下几个方面进行保障：

(1) 所有的 ONU 接入的时候，系统可以对 ONU 进行认证。认证信息可以是 ONU 的一个唯一标识（如 MAC 地址或者是预先写入 ONU 的一个序列号），只有通过认证的 ONU，系统才允许其接入。

(2) 给特定 ONU 的数据帧，其他的 ONU 在物理层上也会收到。在收到数据帧后，首先会比较 LLID（处于数据帧的头部），如果不是自己的，就直接丢弃，数据不会上二层，这是在芯片层实现的功能。因此，ONU 的上层用户，如果想窃听到其他 ONU 的信息，除非自己去修改芯片实现。

(3) 在每一对 ONU 与 OLT 之间，可以启用 128 位的 AES 加密。各个 ONU 的密钥是不同的。

(4) 通过 VLAN 方式，将不同的用户群或者不同的业务限制在不同的 VLAN 里，保障相互之间的信息隔离。

2. 上行方向

对于上行方向，EPON 采用时分多址接入技术（TDMA）分配时隙给 ONU 传输上行流量。当 ONU 在注册成功后，OLT 会根据系统的配置，给 ONU 分配特定的带宽。在采用动态带宽调整时，OLT 会根据指定的带宽分配策略和各个 ONU 的状态报告，动态地给每一个 ONU 分配带宽。带宽对于 PON 层面来说，就是可以传输数据的基本时隙的数量，每一个基本时隙的单位时间长度为 16 ns。在一个 OLT 端口（PON 端口）下面，所有的 ONU 与 OLT PON 端口之间时钟是严格同步的。每一个 ONU 只能够从 OLT 给它分配的时刻上开始，用分配给它的时隙长度传输数据。通过时隙分配和时延补偿，确保多个 ONU 的数据信号耦合到一根光纤时，各个 ONU 的上行包不会互相干扰。

在上行方向上，ONU 不能直接接收到其他 ONU 上行的信号，所以 ONU 之间的通信都必须通过 OLT。在 OLT 上可以设置允许或禁止 ONU 之间的通信，在缺省状态下是禁止的，所以安全方面不存在问题。

5.3.3 EPON 关键技术介绍

1. 逻辑链路标识（LLID）与仿真子层

传统的以太网是点到点（P2MP）的网络，而我们的 EPON 网络是一种基于点到多点的结构。IEEE 802.3ah 标准在 OLT 与 ONU 之间建立了一个逻辑链路，每一条逻辑链路都有唯一一个标识符，即逻辑链路标识。逻辑链路标识是在 ONU 的自动发现与注册这个阶段中建立的，当 OLT 接收到 ONU 的注册请求时，就给这个 ONU 分配新的 LLID。

在 EPON 的整个系统中由 OLT 统一分配 LLID。在上行方向，OLT 可以根据 LLID 来区分数据帧是从哪个 ONU 发送的。在下行方向，ONU 可以根据 LLID 过滤数据帧，ONU 仅接受符合自己逻辑链路标识的数据帧。

OLT 通过光纤向各 ONU 广播时，为了区别各 ONU，保证只有发送请求的 ONU 能收到数据包。802.3ah 标准引入了 LLID。这是一个两字节的字段，每个 ONU 由 OLT 分配一个网内独一无二的 LLID，这个标识决定了哪个 ONU 有权接收广播的数据。这个两字节的字段所处的位置见图 5 - 10 所示。

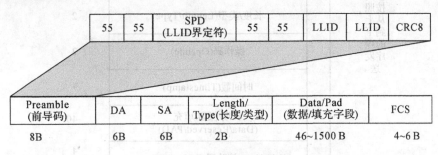

图 5 - 10　EPON 的帧结构

EPON 系统通过一条共享光纤将多个 ONU 连接起来，其拓扑结构为基于无源分光器的树型分支结构。多点控制协议(Muti - Point Control Protocol，MPCP)就是使这种拓扑结构适用于以太网的一种控制机制。

在 P2MP 拓扑中的每个 ONU 都包含一个 MPCP 的实体，用以和 OLT 中的 MPCP 的一个实体相互通信。作为 EPON/MPCP 的基础，EPON 实现了一个 P2P 仿真子层，仿真子层的作用是使下层的 P2MP 网络的处理方式看起来类似于多个 P2P 链路的集合。

该子层是通过在每个数据报的前面加上一个逻辑链路标识(LLID)来实现的，LLID 的定义改变了以太网固有的特性，是传输质量得以控制的基础。该 LLID 将替换前导码中的两个字节。PON 将拓扑结构中的根节点认为是主设备，即 OLT；将位于边缘部分的多个节点认为是从设备，即 ONU。MPCP 在点对多点的主从设备之间规定了一种控制机制以协调数据有效的发送和接收。系统运行过程中上行方向在一个时刻只允许一个 ONU 发送，OLT 的高层负责处理发送的定时、不同 ONU 的拥塞报告，以便优化 PON 系统内部的带宽分配。

2. 多点控制协议

EPON 是一种点到多点(P2MP)的网络结构，为了便于局端设备控制和管理用户端设备，IEEE 802.3ah 任务组开发了多点控制协议(MPCP)。MPCP 由 IEEE 802.3ah 任务组开发。MPCP 是 MAC 控制子层的一种双向消息协议，它使用消息、状态机和时钟来控制 P2MP 拓扑结构的访问。

1) MPCP MAC 控制帧结构

MPCP 数据单元(MPCP Data Unit，MPCPDU)为 64B 的 MAC 控制帧，帧结构如图 5 - 11 所示。

(1) 目的地址(DA)：MPCPDU 中的 DA 为 MAC 控制组播地址，或者是 MPCPDU 的目的端口关联的单独 MAC 地址。

(2) 源地址(SA)：MPCPDU 中的 SA 是和发送 MPCPDU 的端口相关联的单独的 MAC 地址。对于源于 OLT 端的 MPCPDU，源地址可以是任意一个单独的 MAC 地址。

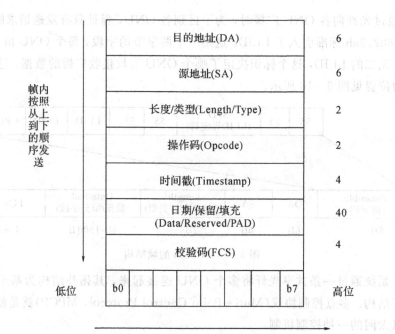

目的地址(DA)	6
源地址(SA)	6
长度/类型(Length/Type)	2
操作码(Opcode)	2
时间戳(Timestamp)	4
日期/保留/填充 (Data/Reserved/PAD)	40
校验码(FCS)	4

帧内按照从左到右的顺序发送

图 5 - 11 MAC 控制帧结构

(3) Length/Type：MPCPDU 都进行类型编码，并且承载 MAC_Control_Type 域值。

(4) Opcode：操作码，指示所封装的特定 MPCPDU。

(5) Timestamp：时间戳域，在 MPCPDU 发送时刻，时间戳域传递 localtime 寄存器中的内容。该域长度为 32 比特，对 16 比特发送进行计数。时间戳计时步进值为 16 比特。

(6) Data/Reserved/PAD：这 40 个 8 位字节用于 MPCPDU 的有效载荷。当不使用这些字节时，在发送时填充为 0，并在接收时忽略。

(7) FCS：该域为帧校验序列，一般由下层 MAC 产生。

2) MPCP 控制帧的类型

MPCP 在已有的 Ethernet 控制帧的基础上又定义了 5 个控制帧，以实现 EPON 系统的启动注册、时间同步、时隙分配等功能。MPCP 功能的实现位于分层结构的 MAC 控制子层。

在 EPON 的标准体系 IEEE 802.3ah 中，主要定义了以下 5 种控制帧：GATE、REPORT、REGISTER_REQ、REGISTER 及 REGISTER_ACK。其中前两个用于控制数据的发送，后三个用于 ONU 的自动发现模式，自动发现模式用于检测新连接的 ONU 并测量它的往返时间 RTT(Round Trip Time)和 ONU 的 MAC 地址。

(1) GATE：该消息由 OLT 发出，允许接收到 GATE 帧的 ONU 立即或者在指定的时间段发送数据。

(2) REPORT：该消息由 ONU 发出，向 OLT 报告 ONU 的状态，包括该 ONU 同步于哪一个时间戳以及是否有数据需要发送。

（3）REGISTER_REQ：该消息由 ONU 发出，在注册规程处理过程中请求注册。

（4）REGISTER：该消息由 OLT 发出，在注册规程处理过程中通知 ONU 已经识别了注册请求。

（5）REGISTER_ACK：该消息由 ONU 发出，在注册规程处理过程中表示注册确认。

3. MPCP 的控制过程

MPCP 主要包括三个控制过程：GATE 过程、REPORT 过程、DISCOVERY 过程。其中 GATE 过程和 REPORT 过程控制上下行带宽分配，保证数据有序传输，实现一个 OLT 与多个 ONU 的正常通信。DISCOVERY 过程使 OLT 可以自动发现并注册 ONU。

1）GATE 过程

MPCP 的一个关键原则是每时刻只允许一个 ONU 占用上行信道。OLT 通过发送 GATE 消息向 ONU 授权，告诉传送窗口的起始时间（Start Time）和间隔大小（Length）。ONU 接收到 GATE 消息后等待自己的传送窗口打开（Start Time 到来），然后开始向 OLT 发送数据；当传送窗口关闭时（经过 Length 大小的时间间隔后）停止发送，等待下一次授权和授权所指定的窗口。这里需要注意的是：授权 GATE 只是一个控制命令，是 OLT 用来告诉 ONU 什么时候可以上传数据而发送的一个消息。传送窗口是 ONU 上传数据的时间区间。通常 ONU 接收到授权后需等待一段时间才能传送数据。

2）REPORT 过程

为了优化带宽分配，OLT 须实时监控各 ONU 的传输需求，所以 OLT 的授权必须以 ONU 的申请（REPORT）为前提。ONU 在传送窗口内除了发送一般数据也会向 OLT 发送命令数据 REPORT 消息，向 OLT 报告本地还有多少数据等待下次发送。OLT 收到后才能够根据每个 ONU 的申请统筹规划，动态分配带宽。MPCP 没有定义带宽分配算法，但自定义的算法需要符合"OLT 应尽量满足 ONU 需求"的基本原则。MPCP 要求 OLT 必须定期向 ONU 授权。所以在 ONU 没有数据申请时，也要向其发送一个空授权（窗口的 Length 仅够 ONU 发送下一个 REPORT 帧，不附带任何其他上行数据）。只有这样才可以保持链路激活和 OLT 与 ONU 同步。

3）DISCOVERY 过程

OLT 启动时首先要运行 DISCOVERY 过程，自动发现活动的 ONU，将它连接到 EPON 上（ONU 登录）。此后 OLT 还会周期调用 DISCOVERY 过程动态发现新启动的 ONU 或掉线后重新恢复的 ONU，使它们能及时登录到 EPON 上。此外，还可以通过该过程实现重新登录（Reregister）和注销（Deregister）。在登录过程中 ONU 和 OLT 可以相互交换性能参数，使得 EPON 的介质更加广泛，不同厂商的设备可以互连互通。

DISCOVERY 具体过程如图 5 - 12 所示。

（1）OLT 广播 DISCOVERY GATE，向所有 ONU 通知 DISCOVERY 窗口的时间范围。

（2）未登录的 ONU 在 DISCOVERY 窗内发送 REGISTER_REQ 消息，告知 OLT 自己的 MAC 地址，及其他性能参数。

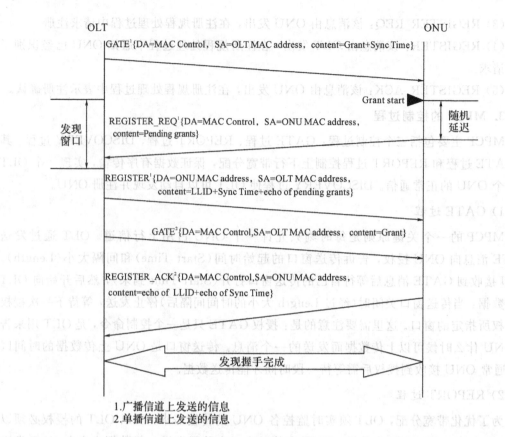

1. 广播信道上发送的信息
2. 单播信道上发送的信息

图 5 - 12 ONU 的发现过程

(3) OLT 在一个 DISCOVERY 窗内可能收到多个正确的 REGISTER_REQ 请求。OLT 收到 REGISTER_REQ 后：

① 为该 ONU 分配 LLID，并将该 LLID 与其 MAC 地址绑定。

② 记录 ONU 参数并作相应处理。

③ 发送 REGISTER 消息通知 ONU 登录是否成功，返回 LLID 等参数，并回应 ONU 的性能参数。

(4) OLT 向 ONU 发标准 GATE，授权 ONU 回复 REGISTER_ACK。

(5) ONU 在 GATE 所授权的窗口内回应 REGISTER_ACK。OLT 正确收到 REGISTER_ACK 标志着对该 ONU 的 DISCOVERY 过程结束。ONU 登录后正常的数据传送开始。

DISCOVERY 窗口是唯一允许多个 ONU 同时占用上行信道的时段。当 ONU 在发出 REGISTER_REQ 的一段时间内，如果没有收到 OLT 发给自己的 REGISTER，该 ONU 就认为自己发送的 REGISTER_REQ 与其他 ONU 发送的 REGISTER_REQ 发生了冲突，从而自动进入冲突的处理算法。对于注册冲突，主要有两种处理方案：

(1) 随机延迟时间：发生注册冲突后，发生冲突的 ONU 仍然每次都响应 DISCOVERY GATE，但它在新的注册窗口中，ONU 发送 REGISTER_REQ 前随机等待一段时间（时间小于 DISCOVERY 窗口的长度）。这种方法可以缩短 ONU 加入系统的时间，但是要增大注册开窗的长度，从而降低系统的带宽利用率。

（2）随机跳过开窗：发生注册冲突后，发生冲突的 ONU 随机跳过若干个 DISCOVERY GATE 才开始重新响应。采用这种方法比随机延迟时间的方法所需时间多，但是不需要增大注册窗口，从而也不会影响到整个系统的带宽利用率。

4. 自动化测距

由于 EPON 的上行信道采用 TDMA 方式，多点接入导致各 ONU 的数据帧延时不同，因此必须引入测距和时延补偿技术以防止数据时域碰撞，并支持 ONU 的即插即用。准确测量各个 ONU 到 OLT 的距离，并精确调整 ONU 的发送时延，可以减小 ONU 发送窗口间的间隔，从而提高上行信道的利用率并减小时延。另外，测距过程应充分考虑整个 EPON 的配置情况。例如，若系统在工作时加入新的 ONU，此时的测距就不应对其他 ONU 有太大的影响。EPON 的测距由 OLT 通过时间标记（Timestamp）在监测 ONU 的即插即用的同时发起和完成。测距过程如图 5-13 所示。

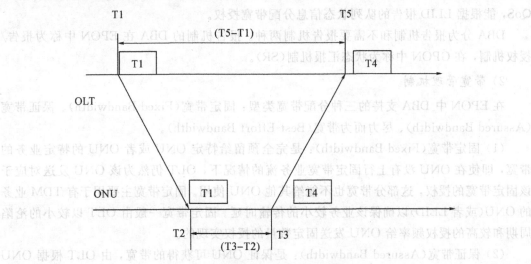

图 5-13　OLT 与 ONU 之间测距过程

基本过程如下：OLT 在 T1 时刻通过下行信道广播时隙同步信号和空闲时隙标记，已启动的 ONU 在 T2 时刻监测到一个空闲时隙标记时，将本地计时器重置为 T1，然后在时刻 T3 回送一个包含 ONU 参数的（地址、服务等级等）在线响应数据帧，此时，数据帧中的本地时间戳为 T4；OLT 在 T5 时刻接收到该响应帧。通过该响应帧 OLT 不但能获得 ONU 的参数，还能计算出 OLT 与 ONU 之间的信道延时 RTT＝T2－T1＋T5－T3＝T5－T4。之后，OLT 便依据 DBA 协议为 ONU 分配带宽。当 ONU 离线后，经过 OLT 长时间（如 3 min）收不到 ONU 的时间戳标记，则判定其离线。

在 OLT 侧进行延时补偿，发送给 ONU 的授权反映出经过 RTT 补偿的到达时间。例如，如果 OLT 在 T 时刻接收数据，OLT 发送包括时隙开始的 GATE＝T－RTT。在时戳和开始时间之间所定义的最小延时，实际上就是允许处理时间。在时戳和开始时间之间所定义的最大延时，是为了保持网络同步。

5. 动态带宽分配技术

PON 系统在上行方向采用的是时分多址复用技术（TDMA），多个 ONU 共享上行信道的带宽，所以 OLT 必须要按照统一的标准将上行的带宽分配给 PON 系统中的每一个

ONU。带宽分配有静态带宽分配(Static Bandwidth Allocation，SBA)和动态带宽分配(Dynamic Bandwidth Allocation，DBA)两种。静态带宽分配技术是将上行带宽固定地划分给若干个ONU，这种技术非常适合传统的TDM业务，因为这些业务的带宽需求是恒定的。但是数据业务突发性很强，流量具有一定的不稳定性。因此静态带宽分配技术对于IP数据业务占主导地位的现代通信网而言，会造成极大的带宽浪费，导致网络带宽利用率低下。

1) DBA 机制

DBA即动态带宽分配是一种能在微秒或毫秒级的时间间隔内完成对上行带宽的动态分配的机制。通过采用DBA，可以提高PON端口的上行线路带宽利用率，可以在PON口上增加更多的用户，用户可以享受到更高带宽的服务，特别是那些对带宽突变比较大的业务。EPON系统采用动态带宽分配机制来提高系统上行带宽利用率以及保证业务公平性和QoS，能根据LLID报告的队列状态信息分配带宽授权。

DBA分为报告机制和不需要报告机制两种。报告机制的DBA在EPON中称为报告/授权机制，在GPON中称为状态汇报机制(SR)。

2) 带宽管理机制

在EPON中DBA支持的三种分配带宽类型：固定带宽(Fixed Bandwidth)、保证带宽(Assured Bandwidth)、尽力而为带宽(Best-Effort Bandwidth)。

(1) 固定带宽(Fixed Bandwidth)：是完全预留给特定ONU或者ONU的特定业务的带宽，即使在ONU没有上行固定带宽业务流的情况下，OLT仍然为该ONU发送对应于该固定带宽的授权，这部分带宽也不能给其他ONU使用。固定带宽主要用于有TDM业务的ONU(或者LLID)以确保该业务较小的传输时延。固定带宽一般由OLT以较小的沦陷周期和较高的授权频率给ONU发送固定数量的授权实现的。

(2) 保证带宽(Assured Bandwidth)：是保证ONU可获得的带宽，由OLT根据ONU的REPORT信息进行授权。当ONU的实际业务流量未达到保证带宽时，OLT的DBA机制能够将其剩余带宽分配给其他ONU的业务。如果ONU上行业务流量超过保证带宽，即使系统上行方向发生流量拥塞，也能保证该ONU获得至少等于"保证带宽"的带宽。

(3) 尽力而为带宽(Best-Effort Bandwidth)：是指当EPON接口上的带宽没有被其他高优先级的业务占用时，ONU可以使用的这部分带宽。尽力而为带宽由OLT根据PON系统中全部在线ONU的REPORT信息以及PON接口上的带宽占用情况为ONU分配授权，系统不保证该ONU或者ONU的特定业务获得带宽的数量，属于优先级最低的业务类型。当然，即使系统上行带宽剩余，一个ONU获得的尽力而为带宽也不应超过所设定的值。

以上三种带宽分配算法都是在满足ONU的保证带宽的前提下，充分利用系统的剩余带宽，保证重要用户能够得到更多的带宽，满足不同ONU对带宽的不同需求；既保证每个ONU都可得到所配置的带宽，又使得系统剩余带宽可以分配给带宽要求高的用户，提高带宽使用的灵活性。

采用动态带宽分配机制，可以提高系统上行带宽利用率以及保证业务公平性和QoS，根据各个ONU报告的队列状态信息来有效地分配带宽，以达到上行带宽的最优分配。在

EPON 的关键技术中，上行带宽的利用率和它们所提供的 QoS 保证是两大关键技术。这种基于 QoS 的动态带宽分配的算法，把业务的优先级和动态带宽分配相结合，体现了带宽分配的公平性和灵活性，提高了带宽的利用率和服务质量。只有提高了上行带宽的利用率，才能做到不浪费资源，从而尽可能地降低成本，获取最大利润。随着新业务的出现和网络结构的改进，基于 QoS 的动态带宽分配算法将不断发展成熟，也会有更广阔的应用空间。

6. EPON 的保护机制

主要的光纤保护倒换方式包括骨干光纤保护倒换、OLT 保护倒换和全光纤保护倒换三种方式，分别如图 5-14、图 5-15、图 5-16 和图 5-17 所示。在设备支持的前提下，可以根据实际需要采用相应的保护方式。对于公众客户，一般不考虑系统保护。对于有特殊要求的客户，根据客户的要求选用相应级别的保护方式。

1) 骨干光纤保护倒换方式（Type A）

OLT 采用单个 PON 端口，PON 口处内置 1×2 光开关，采用 2：N 光分路器，在分路器和 OLT 之间建立 2 条独立的、互相备份的光纤链路。由 OLT 检测线路状态，一旦主用光纤链路发生故障，即切换至备用光纤链路。

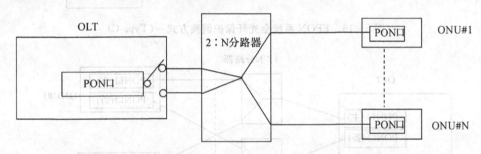

图 5-14　骨干光纤保护倒换方式

2) OLT PON 口保护倒换方式（Type B）

OLT 采用两个 PON 端口，备用的 PON 端口处于冷备用状态，采用 2：N 光分路器，在分路器和 OLT 之间建立两条独立的、互相备份的光纤链路。由 OLT 检测线路状态、OLT PON 端口状态，一旦主用光纤链路发生故障，即由 OLT 完成倒换。

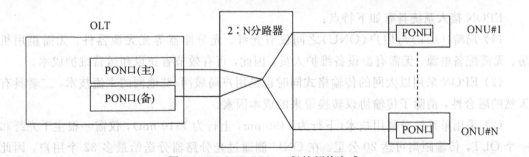

图 5-15　OLT PON 口保护倒换方式

3) 全光纤保护方式

全光纤保护有两种方式，一种是 OLT 采用两个 PON 端口，均处于工作状态；ONU 的 PON 端口前内置 1×2 光开关；采用 2 个 1：N 光分路器，在 ONU 和 OLT 之间建立 2 条独立的、互相备份的光纤链路；由 ONU 检测线路状态，一旦主用光纤链路发生故障，立刻由 ONU 完成倒换。另外一种 OLT 侧和分光器均与第一种相同，在 ONU 侧采用 2 个 PON口，系统采用热备份保护方式，保护倒换时间小于 50 ms。

全光纤保护倒换配置对 OLT PON 口、ONU PON 口、光分路器和全部光纤进行备份。在这种配置方式下，通过倒换到备用设备可在任意点对故障进行恢复，具有高可靠性。

全光纤保护倒换方式的一个特例是网络中有部分 ONU 以及 ONU 和光分路器之间的光纤没有备份，此时没有备份的 ONU 不受保护。

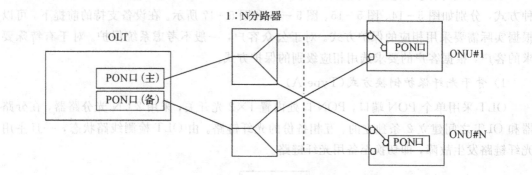

图 5 - 16　EPON 系统全光纤保护倒换方式一（Type C）

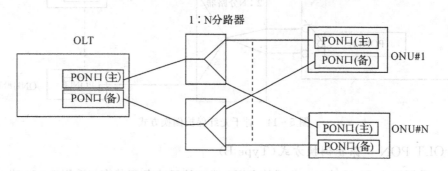

图 5 - 17　EPON 系统全光纤保护倒换方式二（Type D）

5.3.4　EPON 的典型应用

EPON 接入系统具有如下特点：

（1）局端（OLT）与用户（ONU）之间仅有光纤、光分路器等光无源器件，无需租用机房、无需配备电源、无需有源设备维护人员，因此，可有效节省建设和运营维护成本。

（2）EPON 采用以太网的传输格式同时也是用户局域网/驻地网的主流技术，二者具有天然的融合性，消除了传输协议转换带来的成本因素。

（3）采用单纤波分复用技术（下行为 1490 nm，上行为 1310 nm），仅需一根主干光纤和一个 OLT，传输距离可达 20 公里。在 ONU 侧通过光分路器分送给最多 32 个用户，因此可大大降低 OLT 和主干光纤的成本压力。

（4）上下行均为千兆速率，下行采用针对不同用户加密广播传输的方式共享带宽，上行利用时分复用（TDMA）共享带宽。为高速宽带，可充分满足接入网客户的带宽需求，并可方便灵活地根据用户需求的变化动态分配带宽。

（5）点对多点的结构，只需增加 ONU 数量和少量用户侧光纤即可方便地对系统进行扩容升级，充分保护运营商的投资。

（6）EPON 具有同时传输 TDM、IP 数据和视频广播的能力，其中 TDM 和 IP 数据采用 IEEE 802.3 以太网的格式进行传输，辅以网管系统来保证传输质量。

利用 EPON 技术是实现 FTTx 的有效网络解决方案，根据目前运营商的接入网发展状况来看，大致可分为住宅区、工业区和商业区几种接入方式，下面将逐一进行分析。

1. EPON 技术在住宅区接入网中的应用

在住宅区接入中，EPON 可以采取 FTTH 或 FTTB＋LAN 的应用模式。在 FTTH 的应用模式中，ONU（有时也称 ONT）可放置在用户端；在 FTTB＋LAN 的应用模式中，ONU 通常放置在楼道内。光分路器可设置在楼道或小区机房。

对于 FTTH 模式，由于用户数不确定，为了提高设备的利用率、降低成本及方便维护，光分路器的设置应相对集中，采用一级分光，可选择设置在小区机房或者小区内的光交接箱内。采用这种方式建设，无论用户数多或少，设备的利用率都是最大化的，但是用户数较多时对接入光缆的需求量相对较大，如图 5-18 所示。

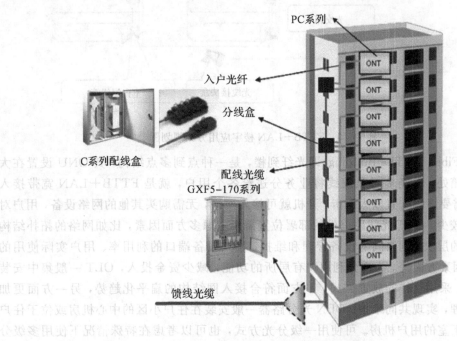

图 5-18 FTTH 楼宇应用方案规划图

FTTH 对于低层楼宇而言，可在大楼的中间楼层设置光分配点，兼作用户接入点，直接通过入户光缆到楼内各用户。例如 5 层楼，可在 3 层设置光分配点（用户接入点）；如低层楼宇的用户数不超过 4 户，采取别墅区的 ODN 配线结构，不在楼宇内单独设置光配线点。

FTTH 对于中层楼宇而言，考虑配线设施成本和入户光缆的布防，可在每 3 层楼的中间楼层设置用户接入点，覆盖此 3 层的用户，并将大楼垂直方向处于中间位置的用户接入点设置为大楼光分配点。以 15 层为例，可在 8 层设置大楼光分配点，并在 2 层、5 层、11 层、14 层设置用户接入点。

FTTH 对于高层楼宇而言，若集中设置光分配点，则楼内需要增加大量的配线光缆，可以按楼层进一步划分区域，在各分区域内按照低、中层楼宇 ODN 规划设置光分配点、用户接入点。

对于 FTTB 模式，ONU 设置在楼道，一般需要配合楼道交换机进行业务的接入，光分路器的设置建议与 FTTH 方式相同，如图 5－19 所示。

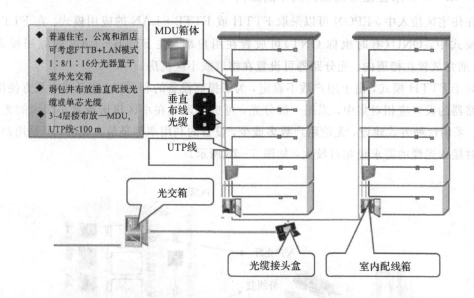

普通住宅，公寓和酒店可考虑FTTB＋LAN模式

◆ 1：8/1：16分光器置于室外光交箱

◆ 弱包井布放垂直配线光缆或单芯光缆

◆ 3~4层楼布放一MDU，UTP线<100 m

MDU箱体

垂直布线光缆

UTP线

光交箱

光缆接头盒　　　室内配线箱

图 5－19　FTTB＋LAN 楼宇应用方案规划图

FTTB(Fiber To The Building)即光纤到楼，是一种点到多点结构。其 ONU 设置在大楼内的配线箱处，再经多对双绞线将业务分送给各个用户，就是 FTTB＋LAN 宽带接入网。用户只需要终端配置以太网卡，开机就可接入网络，无需购买其他的网络设备，用户对硬件的投资较少。OLT 光线路终端的部署位置需要考虑多方面因素，比如网络的拓扑结构与网络设计的层次、网络间的设备管理和维护、接入设备端口的利用率、用户实际使用的概率、经济因素方面等。为充分利用现有居所的功能，减少资金投入，OLT 一般集中安装在端局机房。采用这样的放置方式，一方面符合接入网结构的扁平化趋势，另一方面更加方便集中管理，实现共同维护。ODN 光分路器一般安装在住户小区的中心机房或位于住户小区楼内地下室的用户机房。可使用一级分光方式，也可以考虑在特殊情况下使用多级分光方式。

2. EPON 技术在工业区接入网中的应用

工业区一般均为企业用户，建议将 ONU 设置在企业的接入机房，结合其内部交换机完成各类业务的接入。这种模式类似于小区接入中的 FTTB 模式，建议在工业区所属区域设置合适的接入汇聚节点，将 OLT 放置在接入汇聚节点。在工业区范围内，可采用树型结构，沿着主干道选择合适的点(机房或光交接箱)放置一级光分路器，再根据企业的分布情况布设二级分路器和 ONU，以最大限度地节省光缆。网络结构如图 5－20 所示。

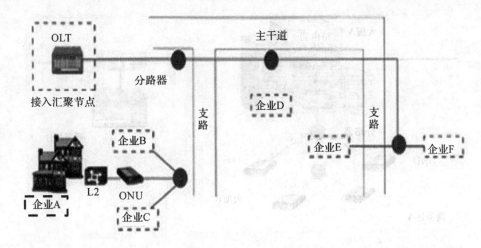

图 5-20　工业区 EPON 接入模式

3. EPON 在商务街区接入中的应用

商务街区的特点是沿街分布众多的商务楼，楼内分布着多家公司，因此一般将 ONU 设置到公司，即 FTTO(光纤到办公室)，ONU 通过交换机或路由器与公司内部网相连。其网络结构如图 5-21 所示。

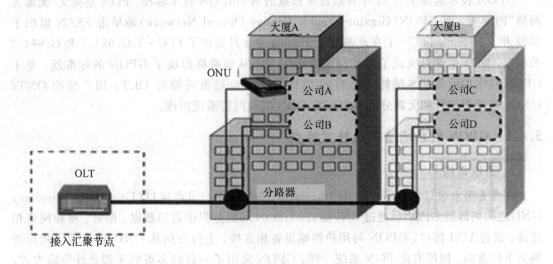

图 5-21　商务街 EPON 接入模式 1

FTTO 模式类似于小区接入中的 FTTH 模式，建议将光分路器设置在每栋大楼内，ODN 采用树型或链型组网。建设初期，建议将 OLT 放置在附近的接入汇聚机房内，光缆可沿大楼的分布情况建设，在每栋大楼的地下室或者在大楼相对集中的地带设置光交接箱，用来放置光分路器。考虑到这种模式在用户数较多时对 ODN 骨干光纤的需求量较大且采用环型组网方式，建议 EPON 的 ODN 骨干光纤使用较大芯数光缆。如果条件允许，建议在大楼相对集中、业务需求较大的区域内寻找合适的点作为未来的接入汇聚节点，将 OLT 的位置往用户侧靠近，并结合光交接箱的设置，采用星型模式接入附近的业务点以减少光纤的使用量，为将来大规模接入打好基础。其网络结构如图 5-22 所示。

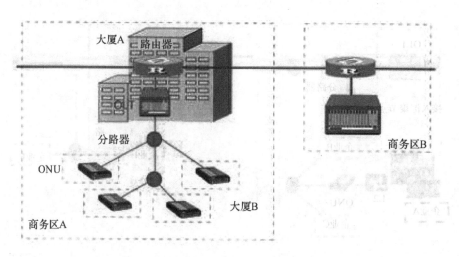

图 5-22　商务街 EPON 接入模式 2

5.4　GPON 无源光网络接入技术

GPON 技术起源于 1995 年开始逐渐形成的 ATMPON 技术标准，PON 是英文"无源光网络"的缩写。而 GPON(Gigabit-Capable Passive Optical Network)最早由 FSAN 组织于 2002 年 9 月提出，ITU-T 在此基础上于 2003 年 3 月完成了 ITU-T G.984.1 和 G.984.2 的制定，2004 年 6 月完成了 G.984.3 的标准化。从而最终形成了 GPON 的标准族。基于 GPON 技术的设备基本结构与已有的 PON 类似，也是由局端的 OLT，用户端的 ONT/ONU，由单模光纤和无源分光器组成的 ODN 以及网管系统组成。

5.4.1　GPON 的系统结构及技术特点

1. 系统结构

在业务节点接口(Service Node Interface, SNI)和用户节点接口(User Node Interface, UNI)之间的即是 GPON。通过 SNI 接口，GPON 和服务提供商的数据、语音、视频网络相连接；通过 UNI 接口，GPON 与用户终端设备相连接。上行方向从 ONU 到 OLT，相反的则为下行方向。同所有的 PON 系统一样，GPON 采用了一点到多点的无源光纤传输方式，即与 APON、EPON 有着相同的体系结构。

跟其他的 PON 系统一样，GPON 系统结构包括 OLT、ODN、ONU 等。其中 OLT 是位于局端的通信设备，在整个 ONU 系统中有着核心的作用。其主要功能是向上行广域网或骨干城域网提供接口，并且将广域网或骨干城域网传来的数据信息经 ODN 传给 ONU。OLT 作为 PON 系统的核心功能器件，为接入网提供网络侧与核心网之间的接口。GPON 一般放在中心机房或城域核心机房，具有带宽分配、控制各 ONU、实时监控、运行维护管理 PON 系统的功能。根据 G.984.1 标准的建议，GPON 的参考模型如图 5-23 所示。

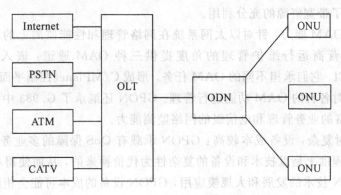

图 5 - 23 GPON 的系统结构

2. GPON 的技术特点

GPON 的技术特点是在二层借鉴了 ITU - T 定义的 GFP(Generic Framing Procedure, 通用成帧规程)技术，扩展支持 GEM(General Encapsulation Methods)封装格式，将任何类型和任何速率的业务经过重组后由 PON 传输，而且 GFM 帧头包含帧长度指示字节，可用于可变长度数据包的传递，提高了传输效率，因此能更简单、通用、高效地支持全业务。具体如下：

(1) 前所未有的高带宽：GPON 速率高达 2.5 Gb/s，能提供足够大的带宽以满足未来网络日益增长的对高带宽的需求，同时非对称特性更能适应宽带数据业务市场。

(2) QoS 保证的全业务接入：GPON 能够同时承载 ATM 信元和 GEM 帧，有很好的提供服务等级、支持 QoS 保证和全业务接入的能力。目前，ATM 承载话音、PDH、Ethernet 等多业务的技术已经非常成熟；使用 GEM 承载各种用户业务的技术也得到大家的一致认可，已经开始广泛应用和发展。GPON 可以将任何类型和任何速率的业务进行原有格式封装后经由 PON 传输。那么 GPON 的数据封装具体是如何实现的呢？

ONU 从 UNI(User Network Interface，用户网络接口)口接收到上行的 Ethernet、TDM 或者 SDH 数据，ONU 把上行数据封装为 GEM 帧，发送给 OLT。OLT 把 GEM 帧解封装为 Ethernet、TDM 或者 SDH 数据，通过上联口发送出去。在下行方向需进行类似处理。

(3) 很好地支持 TDM 业务：将 TDM 业务映射到 GEM 帧中，由于 GPONTC 帧帧长为 125 μs，所以能够直接支持 TDM 业务。TDM 业务也可映射到 ATM 信元中，也能提供有 QoS 保证的实时传输。

(4) 简单、高效的适配封装：采用 GEM 对多业务流实现简单、高效的适配封装。在 APON 中，所有的多业务流(话音、数据业务流)都必须进行协议转化，映射到 ATM 信元中传输。众所周知，5 字节的 ATM 头相对于 48 字节的数据来说，会带来超过 10% 的带宽损失，特别对于长分组的数据包来说，其打包过程复杂，效率非常低。而在 EPON 中，虽然直接承载以太网帧，实现过程简单，但仅考虑 8B/10B 的线路编码就已经有 20% 的带宽浪费，加上对以太网帧的封装和开销，EPON 带宽利用率比 GPON 低 30% 左右。同时，在传输 TDM 业务时，需要将其通过协议转化映射到以太网帧中，目前对此技术还没有规定统一的标准。GPON 的 GEM 提供了一种灵活的帧结构封装，支持定长和不定长帧的封装，对多种业务实现通用映射，不需要进行协议转换，实现过程简单，开销小，协议封装效率最高可达94%，实现了带宽资源的充分利用。

（5）强大的 OAM 能力：针对以太网系统在网络管理和性能监测上的不足，GPON 从消费者需求和运营商运行维护管理的角度提供三种 OAM 通道：嵌入的 OAM 通道、PLOAM 和 OMCI。它们承担不同的 OAM 任务，形成 C/MPlane（控制平面/管理平面），平面中的不同信息对各自的 OAM 功能进行管理。GPON 还继承了 G.983 中规定的 OAM 相关要求，具有丰富的业务管理和电信级的网络监测能力。

（6）技术相对复杂，设备成本较高：GPON 承载有 QoS 保障的多业务和强大的 OAM 能力等优势很大程度上是以技术和设备的复杂性为代价换来的，从而使得相关设备成本较高。但随着 GPON 技术的发展和大规模应用，GPON 设备的成本可能会相应地下降。

5.4.2 GPON 的传输原理

1. GPON 的上、下行传输

GPON 下行的复用关系如图 5-24 所示，可以看出一个 OLT 的 PON 口由若干个逻辑 Port 组成，我们称之为 Gemport。ONU 同样具有若干个 Gemport，OLT 的 Gemport 与 ONU 的 Gemort 通过某种方式一一对应。

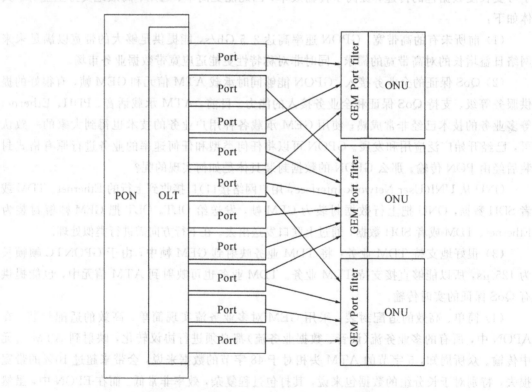

图 5-24 基于 GEM 的 GPON 下行的复用结构图

在 GPON 系统中下行数据采用的依然是广播方式。GPON 的下行帧长为固定的125 μs，下行为广播方式，所有的 ONU 都能收到相同的数据。ONU 通过 GEMPORT ID 来区分不同的业务数据，通过过滤来接收属于自己的数据。OLT 将业务封装入 GEM 帧中，然后若干个 GEM 帧组成 GTC 帧，下行传送。ONU 根据 GEM 帧中封装的 Gemport ID 进行过滤。

OLT 下行传输具有两种类型的通道：单播 Gemport 通道和组播 Gemport 通道。

（1）单播 Gemport 通道：表示 OLT 发送的数据只是传送给某个特定的 ONU，只有一个配置了这个单播 Gemport 的 ONU 会接收这个数据，如图 5 - 25 所示。

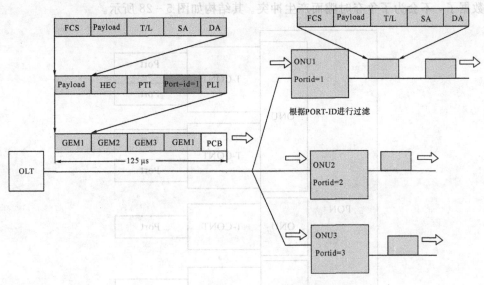

图 5 - 25　GPON 单播 Gemport 通道示意图

（2）组播 Gemport 通道：表示 OLT 发送的数据是传送给一组 ONU，存在若干个 ONU 配置了这个组播 Gemport，这些 ONU 都会接收这个数据，由于 ONU 往往具有若干个 UNI 接口。一般对于组播 Gemport 通道，我们会结合组播 Gemport ID 与组播 MAC 地址一起进行过滤操作，如图 5 - 26 所示。

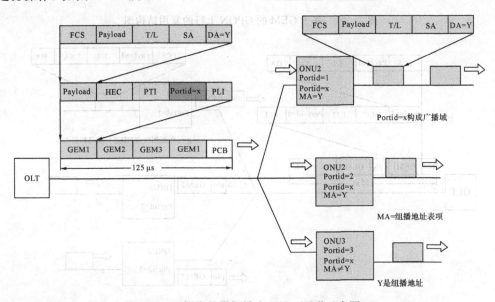

图 5 - 26　GPON 组播 Gemport 通道示意图

OLT 上行业务采用 TDMA 方式，ONU 将业务封装入 GEM 帧中，然后若干个 GEM 帧组成一个 T - CONT，在分配的时间片内传送。OLT 上行只有一种类型，如图 5 - 27 所示。在 GPON 系统中上行数据采用时分多址复用技术。GPON 的上行是通过 TDMA（时分复用）的方式传输数据的，上行链路被分成不同的时隙，根据下行帧的 upstream bandwidth map 字段来给每个 ONU 分配上行时隙，这样所有的 ONU 就可以按照一定的秩序发送自己的数据了，不会为了争夺时隙而产生冲突。其结构如图 5-28 所示。

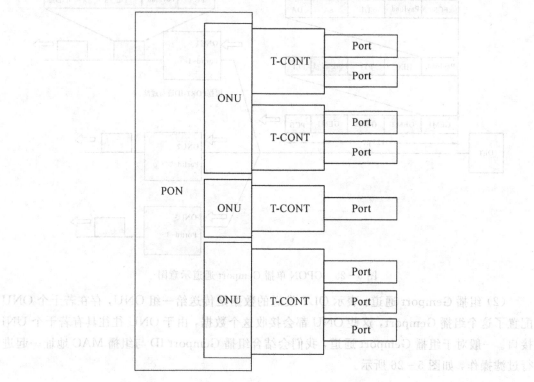

图 5-27　基于 GEM 的 GPON 上行的复用结构图

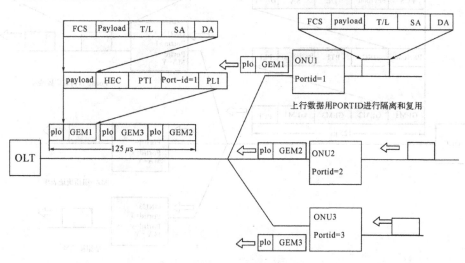

图 5-28　上行通道示意图

T-CONT 的全称是 Transmission Container，即传输容器。对于上行数据来说它就是一个"容器"，上行数据就放在这个"容器"中。但是一定要注意的是，T-CONT 并没有物理上对应的概念，也就是说并没有什么物理的容器，它仅仅是个逻辑的概念。

一个 T-CONT 对应一种带宽业务流，这种业务流有自己的 QoS 特征。QoS 特征主要体现在带宽保证上，分为固定带宽、保证带宽、保证/不保证带宽、尽力转发、混合方式五种。T-CONT 主要是从带宽的保证角度而不是从业务的种类（如 CBR、UBR 等，这里包含了带宽、延时、抖动等的考虑）来划分的。

每个 T-CONT 用 Alloc-ID 来标识。每个 T-CONT 的流量由多个 VP 或 Port 组成。而每个 T-CONT 中的 VP 或 Port 可以是来自任意 ONU 的。T-CONT 是业务流量的集合体，通过 Alloc-ID 标识，一种 T-CONT 只能承载一种数据类型。

2. 帧结构

1）下行帧结构

下行帧结构如图 5-29 所示。

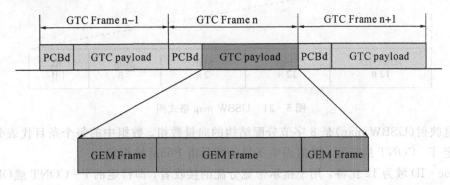

图 5-29　GPON 下行帧结构

下行帧是连续的结构。PCBd 表示下行物理控制块，包含有下行的管理参数。载荷字段由很多的 GEM 帧组成，如图 5-30 所示。

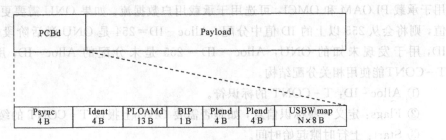

图 5-30　下行物理控制块格式图

（1）Psync：物理层同步信息，为固定 32 字节，编码 0 * B6AB31E0，检测到了便认为这是帧头部位。

（2）Ident：超帧指示。值为 0 时指示一个超帧的开始。

（3）PLOAMd：物理层操作，携带下行 PLOAM 消息，用于完成 ONU 激活、OMCC建立、加密配置、密钥管理和告警通知等 PON TC 层管理功能。

（4）BIP：BIP 域长 8 比特，携带的比特间插奇偶校验信息覆盖了所有传输字节，但不包括 FEC 校验位（如果有）。在完成 FEC 纠错后（如果支持），接收端应计算前一个 BIP 域之后所有接收到字节的比特间插奇偶校验值，但不应覆盖 FEC 校验位（如果有），并与接收到的 BIP 值进行比较，从而测量链路上的差错数量。

（5）Plend：用于说明 USBW map 域的长度及载荷中 GEM 的数量，为防止出错，出现两次。

（6）USBW map：上行带宽映射，用来表示上行什么时候发送，什么时候结束。如图 5－31 所示。

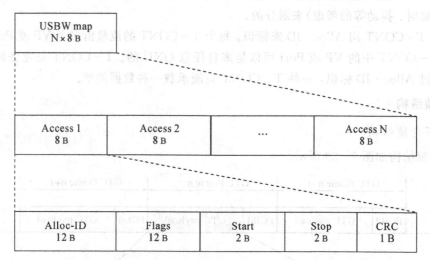

图 5－31　USBW map 格式图

带宽映射（USBW map）是 8 字节分配结构的向量数组。数组中的每个条目代表分配给某个特定 T－CONT 的带宽。映射表中条目的数量由 Plend 域指定。

Alloc－ID 域为 12 比特，用于指示带宽分配的接收者，即特定的 T－CONT 或 ONU 的上行 OMCC 通道。这 12 个比特无固定结构，但必须遵循一定规则。首先，Alloc－ID 值 0～253 用于直接标识 ONU。在测距过程中，ONU 的第一个 Alloc－ID 应在该范围内分配。ONU 的第一个 Alloc－ID 是默认值，等于 ONU－ID（ONU－ID 在 PLOAM 消息中使用），用于承载 PLOAM 和 OMCI，可选用于承载用户数据流。如果 ONU 需要更多的 Alloc_ID 值，则将会从 255 以上的 ID 值中分配。Alloc－ID＝254 是 ONU 激活阶段使用的 Alloc－ID，用于发现未知的 ONU，Alloc－ID＝255 是未分配的 Alloc－ID，用于指示没有 T－CONT 能使用相关分配结构。

① Alloc－ID：T－CONT 的标识符。

② Flags：定义一些标识信息，如是否需要 ONU 上报该 T－CONT 的缓存信息。

③ Start：上行时隙起始时间。

④ Stop：上行时隙结束时间。

⑤ CRC：校验字节。

2）上行帧结构

上行帧结构如图 5－32 所示。

图 5－32　GPON 上行帧结构

上行帧由很多 ONU 突发组成，每个突发表示一个 ONU 的上行数据。每个 ONU 突发包含有一个或多个分配间隔（Allocation interval），每个 Allocation interval 表示该 ONU 的一个 T - CONT 的上行数据。

5.4.3　GPON 的关键技术

1. ONU 的自动发现和注册

1) ONU 的状态

为完成整个 ONU 注册流程，G. 984. 3 定义了 ONU 的七种状态：

· 初始状态 Inital - state O1（O 指 Operation 之意）

该状态的 ONU 刚刚上电，仍处于 LOS/LOF。一旦接收到下行数据，ONU 就转移到待机状态（O2）。

· 待机状态 Standby - state(O2)

该状态的 ONU 已经接收到下行数据，若 ONU 接收到 Upstream_Overhead 消息则转移到序列号状态（O3）。

· 序列号状态 Serial - Number - state(O3)

OLT 给所有处于该状态的 ONU 发送 Serial - Number Request 消息以发现新的 ONU 以及它们的序列号。当 OLT 发现了新的 ONU 后，ONU 就等待 OLT 给它指配 ONU - ID。OLT 通过 Assign_ONU - ID 消息来指配 ONU - ID。ONU 获得 ONU - ID 后就转移到测距状态（O4）。

· 测距状态 Ranging - state(O4)

由于不同的 ONU 发送信号到达 OLT 时应保持同步，为此每个 ONU 需要一个均衡时延，该参数是在测距状态中测得的。ONU 接收到 Ranging_Time 消息后转移到运行状态（O5）。

· 运行状态 Operation - state(O5)

处于该状态的 ONU 可以在 OLT 的控制下发送上行数据以及 PLOAM 消息，该状态中的 ONU 也可根据需求建立其他连接。

· POPUP 状态 POPUP - state(O6)

当处于运行状态（O5）的 ONU 检测到 LOS 或 LOF 时就进入到该状态。在该状态中 ONU 立即停止发送信号，这样 OLT 将检测到该 ONU 的 LOS 告警。当 ODN 光纤中断时，许多 ONU 都会进入到该状态。从网络可靠性考虑，此时应采用以下方式之一：

如果启用了保护倒换，所有的 ONU 将倒换到备用光纤上。这时所有 ONU 将重新进行测距，为此 OLT 发送 Broadcast POPUP 消息通知所有 ONU 进入到测距状态（O4）。

如果没有保护倒换但 ONU 具有内部保护能力，OLT 发送 Directed POPUP 消息通知 ONU 进入运行状态（O5）。当 ONU 进入到 O5 状态时，OLT 需要先对该 ONU 进行检测，之后再恢复该 ONU 的业务。如果 ONU 没有从 LOS 或 LOF 中恢复过来，ONU 就不会收到 Broadcast POPUP 消息或 Directed POPUP 消息，经过 TO2 时间后 ONU 进入初始状态（O1）。

· 紧急停止状态 Emergency - Stop - state(O7)

当 ONU 接收到的 Disable_Serial_Number 消息带有"Disable"选项时，ONU 就进入到紧急停止状态（O7）并关闭激光器。在 O7 状态下，ONU 被禁止发送信号。如果 ONU 没有成功进入到 O7 状态，并且 OLT 仍能继续接收到 ONU 发送的信号，OLT 将产生 Dfi 告警。当 ONU 的故障排除后，OLT 发送带有"Enable"选项的 Disable_Serial_Number 消息，从而激活该 ONU。ONU 接收到消息后进入待机状态（O2），所有的参数（包括序列号和 ONU‑ID)将被重新检查。如图 5‑33 所示。

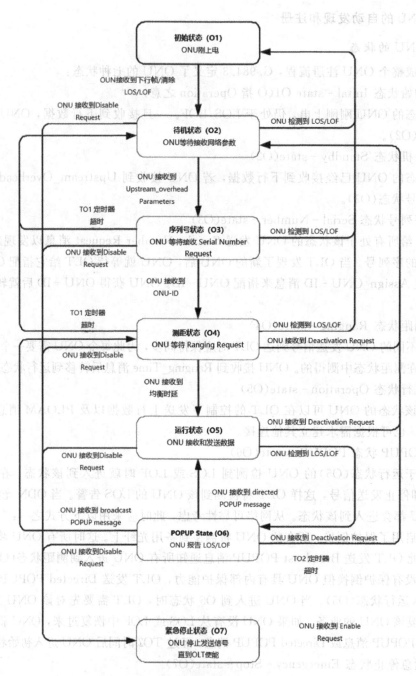

图 5‑33　紧急停止状态图

2) 发现 ONU 的活动

根据上述 ONU 的 7 个状态可以看出 ONU 的注册过程主要包括：OLT 主动发起发现 ONU 的活动、OLT 和 ONU 之间进行协商工作参数、测量 OLT 与 ONU 之间的逻辑距离、建立上下行 Gemport 通道等步骤。整个注册过程通过 OLT 与 ONU 之间的物理层 OAM (PLOAM)消息交互实现。其中最关键的步骤就是发现 ONU 的活动和 ONU 的测距活动。

如图 5 - 34 所示，首先 OLT 暂停对上行带宽授权，从而产生一个安静期。等待一段测距时延之后，OLT 发送 Serial_Number Request。处于 Serial_Number 状态(O3)的 ONU 接收到 Serial_Number Request 后等待一段 SN_Response_Time 时间再发送响应消息。OLT 收到响应消息后发送 Assign ONU_IDmessage，ONU 进入测距状态(O4)。

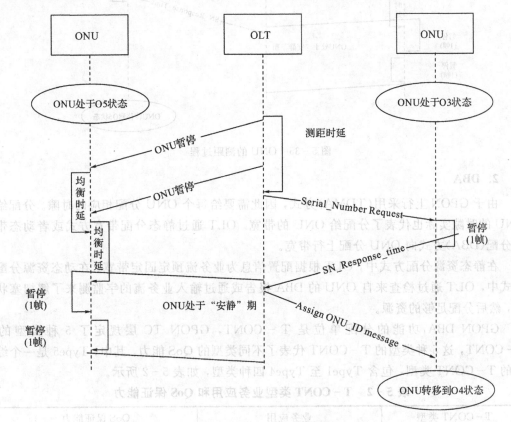

图 5 - 34　发现 ONU 活动

安静期：在正常运行时，OLT 可能使 ONU 暂停发送信号以获得其他 ONU 的序列号或对其他 ONU 进行测距。OLT 持续一段时间停止对所有上行带宽的授权，ONU 由于没有接受到授权就不会发送上行信号，从而产生一个安静时段。

3) ONU 的测距活动

如图 5 - 35 所示，首先 OLT 产生一个安静期，之后 OLT 给所有 ONU 发送 Ranging Request 消息。ONU 接受到 Ranging Request 消息后等待 Ranging_Response_Time，再发送 Serial_Number 消息。OLT 接收到 Serial_Number 消息后发送 Assign Ranging Time 消息，ONU 接收到 Ranging Time 消息后进入序列号状态(O5)。

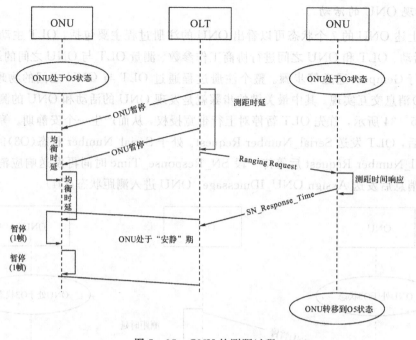

图 5-35 ONU 的测距过程

2. DBA

由于 GPON 上行采用(TDMA)方式,因此需要给每个 ONU 分配相应的时隙。分配给 ONU 的时隙实际也代表了分配给 ONU 的带宽。OLT 通过静态分配带宽方式或者动态带宽分配(DBA)方式向 ONU 分配上行带宽。

在静态资源分配方式中,OLT 根据配置信息为业务流预定固定带宽。在动态资源分配方式中,OLT 通过检查来自 ONU 的 DBA 报告或通过输入业务流的字监测来了解拥塞状况,然后分配足够的资源。

GPON DBA 功能的分配单位是 T-CONT,GPON TC 层规定了 5 种类型的 T-CONT,这 5 种类型的 T-CONT 代表了不同类型的 QoS 能力。其中,Type5 是一个综合的 T-CONT 类型,包含 Type1 至 Type4 四种类型,如表 5-2 所示。

表 5-2 T-CONT 类型业务应用和 QoS 保证能力

T-CONT 类型	业务应用	QoS 保证能力
1	DS-1、E1	固定带宽、固定时延
2	非实时业务	固定带宽、有边界的时延和抖动
3	可变速率业务	提供保证带宽＋突发带宽
4	尽力而为业务	共享剩余的带宽
5	所有业务	

T-CONT 类型 1:仅包含固定带宽,有确定的带宽和时隙,适合于对时延和抖动都很敏感、流量速率固定或波动很小的业务,如话音业务。

T-CONT 类型 2:仅包含保证带宽,有确定的带宽,但是时隙不确定,适合于对时延和抖动要求不高、流量速率受限的业务，如视频点播业务。

T-CONT 类型 3：包括保证带宽和非保证带宽，有最小带宽保证又能够动态共享剩余带宽，并有最大带宽的约束，适合于有服务保证要求而又突发流量较大的业务。

T-CONT 类型 4：仅包含尽力而为带宽，在固定带宽、保证带宽、非保证带宽分配后，竞争使用剩余带宽，适合于时延和抖动要求不高的业务，如 Web 浏览业务。

T-CONT 类型 5：是其他类型的组合，兼具其他类型的特点，适合于大部分的业务流。

5.4.4　GPON 的典型应用

GPON 技术是基于 ITU-TG.984.x 标准的最新一代宽带无源光综合接入标准，具有高带宽、高效率、大覆盖范围、用户接口丰富等众多优点，被大多数运营商视为实现接入网业务宽带化、综合化改造的理想技术。本小节结合 GPON 技术产品的应用实践，提出了GPON 技术在中国市场的基本应用模式。

GPON 承载的 QoS 保障的多业务和强大的 OAM 能力等优势很大程度上是以技术和设备的复杂性为代价换来的，从而使得相关设备成本较高。目前 GPON 技术的最佳应用场合是 FTTx。利用其综合接入性能，为运营商提供高质量的数据、语音乃至视频服务。

1. GPON 在 FTTH 中的应用模式

光纤到家庭用户(Fiber To The Home, FTTH)是利用光纤传输媒质连接通信局端和家庭住宅的接入方式，引入光纤由单个家庭住宅独享。在物理网络构成上，FTTH 在 OLT 与 ONU 之间采用全程光纤的接入方式，将 ONU 光节点部署到居民用户家中，此时 ONU 称为 ONT(Optical Network Terminal)，直接提供 UNI 接口连接居民家庭网络。在 FTTH 网络中，无论是别墅区还是小区，ONU 都是置于用户家中，在 OLT 和 ONU 之间采用无源的光分配网络。在 GPON 系统中，主要由光分路器和光纤构成，OLT 可以置于端局机房，也可以置于小区机房，具体可以依据实际条件而定。FTTH 网络结构在 ONU 点需要解决供电问题，可以采用家庭 220 V 供电或 UPS 进行直流备份。GPON 在 FTTH 中的应用模式如图 5-36 所示。

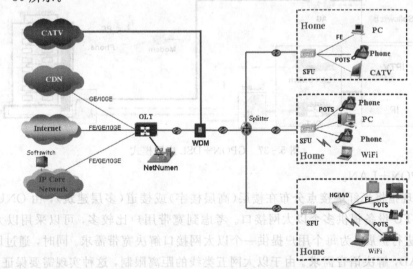

图 5-36　GPON 在 FTTH 中的应用模式

OLT 和 ONU 侧都提供了高速接入的数据接口。由 ONU 的以太网接口提供用户的宽带上网接入，根据现阶段的宽带应用实际，用户认证和管理仍然可以由 BRAS 来完成，以保持与现有用户管理方式的一致性。对数据业务的接入，主要是需要采用合适的 QoS 策略，根据不同的业务提供不同的 QoS 保证，从而为不同的业务提供不同的带宽保证和业务质量。

2. GPON 在 FTTB 中的应用模式

光纤到楼宇(Fiber To The Building，FTTB)是宽带光接入网的典型应用类型之一，其特征是以光纤替换用户引入点之前的铜线电缆，ONU 部署在传统的分线盒(用户引入点)即 DP(Distribution Point，分配点)，ONU 下采用其他介质接入用户，如现有的金属线，ONU 典型采用 MDU 或 MTU。

对于商务楼，一栋大楼包含多个独立的企业或公司，具有宽带用户较多、带宽要求高的业务特点。此时，OLT 通常布放在地下室或大楼设备间，也可以放置在端局，分光器通常放置在弱电井内。

对于住宅楼，多个用户共享一套 ONU，主要应用于宽带提速场合，灵活满足老城区改造需求，节省纤芯和上行数据端口资源。OLT 通常布放在端局或小区机房，分光器通常放置在楼道或弱电井内，光分路器设置于分纤盒中，分纤盒直接覆盖若干楼层的用户。若带二级分纤盒，也只作为熔接配线汇聚点，不作为分光点。

具体的应用模式有如下两种：

(1) GPON+xDSL。

具体实现指将光纤端接点分布在楼层(高层楼宇)或楼道(多层建筑)，由 MDU 设备提供 xDSL 接口通过双绞线入户。这种方式利用现有的双绞线资源，采用成熟的 ADSL2+、VDSL2 相关技术，可以充分利用现有的线路投资。GPON+xDSL 组网模式如图 5-37 所示。

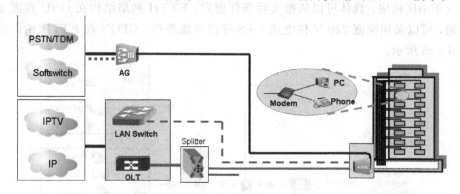

图 5-37　GPON+DSL 应用模式

(2) GPON+LAN。

具体实现指将光纤端接点分布在楼层(高层楼宇)或楼道(多层建筑)，由 ONU 终结光信号，由 MTU 设备提供多个以太网接口。考虑到宽带用户比较多，可以采用以太网交换机或 HUB 进行扩展，为每个用户提供一个以太网接口解决宽带需求。同时，通过以太网交换机下带 IAD，解决语音需求。由于以太网五类线的距离限制，这种实现需要保证 ONU 到最终用户的走线距离不超过 100 米。GPON+LAN 应用模式如图 5-38 所示。

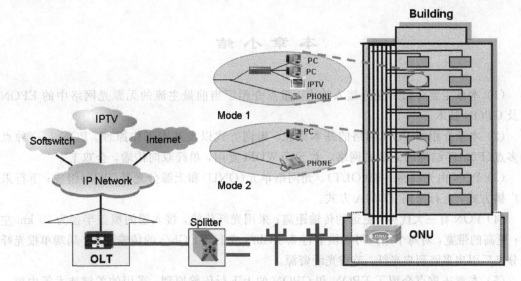

图 5－38　GPON＋LAN 应用模式

3. GPON 在 FTTC 中的应用

光纤到交接箱(FTTC, Fiben To The Curb)是接入网向光接入演进技术中一种典型的应用模式,其特征是将接入设备设置在局方机房内的交接箱附近,上行通过单/多 GE 接口联入城域网络,下行到各个用户仍然采用传统的双绞线或五类线接入方式,OLT 到 ONU 的最大距离为 20 km。根据用户对上下行带宽的需求以及与接入节点的距离,具体选择采用 ADSL2＋、VDSL2、SHDSL 或 LAN 接入方式,对于有更高带宽需求的商业用户或信息化社区,亦可考虑光纤直连方式。FTTC 应用模式如图 5－39 所示。

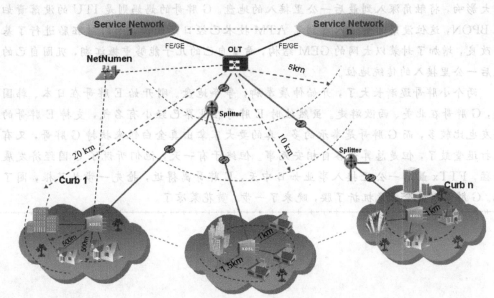

图 5－39　GPON 在 FTTC 中的应用模式

本 章 小 结

（1）本章主要介绍了光纤接入技术，重点介绍了当前最主流的无源光网络中的 EPON 以及 GPON 技术。

（2）本章介绍了 PON 网络的基本概念、组网方式以及基本工作原理。PON 是一种点到多点（P2MP）结构的无源光网络，上下行 WDM 复用，单纤双向传输，全双工。

（3）PON 由光线路终端（OLT）、光网络单元（ONU）和无源分光器（POS）组成；下行采用广播方式，上行采用 TDMA 方式。

（4）PON 有三大优势：更远的传输距离；采用光纤传输，接入层的覆盖半径为 20 km 左右；更高的带宽，对每个用户可提供下行 2.5 Gb/s 或上行 1 Gb/s 的传输速率，局端单根光纤经分光后引出多路到户光纤，节省光纤资源。

（5）本章还重点介绍了 EPON 和 GPON 的上下行传输原理、采用的关键技术等内容。

通 信 故 事

俩小胖哥的故事

E 胖哥和 G 胖哥是分别来自 IEEE 和 ITU 的俩小胖哥，来到人间已经有好些年了。E 胖哥的妈妈是 IEEE 的热门新闻人物以太网，她希望通过自己的儿子能够继续扩大影响，将触角深入到最后一公里接入的地盘。G 胖哥的妈妈则是 ITU 的没落贵妇人 BPON，这位没落的贵妇人看到了 ATM 技术已经日落西山，专门对胚胎进行了基因改良，增加了封装以太网的 GEM 结构，希望自己的儿子能够重振江湖，巩固自己的最后一公里接入的传统地位。

两个小胖哥逐渐长大了，开始伸展拳脚，争夺地盘。刚开始 E 胖哥在日本、韩国转，G 胖哥在北美、西欧游走。虽然彼时 E 胖哥在业界已经小有名气，支持 E 胖哥的朋友也比较多，而 G 胖哥是奉承的多。真的要大家拿出真金白银来扶持 G 胖哥，又有人打退堂鼓了，但是总算是各自相安无事。但终于有一天，他们听说了 C 国经济发展迅猛，FTTx 最后一公里接入事业如日中天，E 胖哥离得近，抢先一步扎了根，圈了地。G 胖哥则被金融危机折了腰，晚来了一步，黄花菜凉了。

习 题

5-1 光纤接入网的优点有哪些？

5-2 光纤接入网包括哪几种基本功能块？

5-3 光纤接入网的应用类型有哪几种？

5－4　光纤接入网的多址接入技术有哪几种？各自的概念如何？

5－5　APON 的概念是什么？其特点有哪些？

5－6　EPON 的设备有哪些？其功能分别是什么？

5－7　简述 EPON 的工作原理。

5－8　多点控制协议（MPCP）的作用是什么？

5－9　EPON 系统具有哪些优、缺点？

5－10　GPON 的技术特点有哪些？

5－11　画出 GEM 帧结构示意图，并说明各字段的作用。

5－12　简要比较 EPON 和 GPON 技术。

第六章 接入网网管网络

网络管理技术简称网管技术。网络管理系统是网络的一部分。接入网作为电信网的重要组成部分，所以接入网的网管也是由电信管理网（Telecommunication Management Network，TMN）管辖的。电信管理网络是 ITU-T 在 20 世纪 80 年代提出来的用于电信网络管理的一组标准协议规定的网络结构。本章主要讲述网络管理的概念和网络管理的功能。

6.1 网络管理的基本概念

网络管理（Network Management，NM）是用来检测、控制和记录电信网络资源的性能和使用状况，以确保通信网络保持良好的运行状态，从而为用户提供高质量的电信业务的管理系统。网络管理通过采取一定的技术手段对网络进行协调管理，使网络能够正常高效地运行。网络管理的目标就是使得网络中的资源得到更加有效的利用，充分发挥网络资源的最大作用。网络管理能够维护网络的正常运行，当网络出现故障时能及时报告和处理，并协调、保持网络系统的高效运行等。

6.1.1 电信管理网的基本概念

电信管理网络是 ITU-T 在 20 世纪 80 年代提出来的用于电信网络管理的一组标准协议规定的网络结构，逻辑上与电信网分离，通过标准的接口对电信网进行控制和操作，其制定的一系列技术标准和规范，主要反映在 TMN 的功能模型、信息和接口模型上。

1. 电信管理网的定义

国际电信联盟（ITU）在 M.3010 建议中指出，电信管理网的基本概念是提供一个有组织的网络结构，以取得各种类型的操作系统（OS）之间、操作系统与电信设备之间的互连。它是采用商定的具有标准协议和信息接口的进行管理信息交换的体系结构。

电信网（Telecommunication Network，TN）是构成多个用户相互通信的多个电信系统互连的通信体系，电信网的框架结构由基础网、支撑网和业务网构成，如图 6-1 所示。电信支撑网是对电信网的正常运营起到支持作用的一类网络，包括以下三种：

（1）电信管理网：通过计算机系统对全网进行统一的管理；

（2）同步网：提供全网同步的时钟信号；

（3）信令网：通过公共的网络传送信令信号。

根据图 6-1 所示，电信管理网是与信令网、同步网等并列地实现管理的一种支撑网，它遵循 ITU-T 等国际组织制定的 TMN 相关标准，能够针对各种电信设备，包括接入、传输、核心设备等进行远程管理与维护。

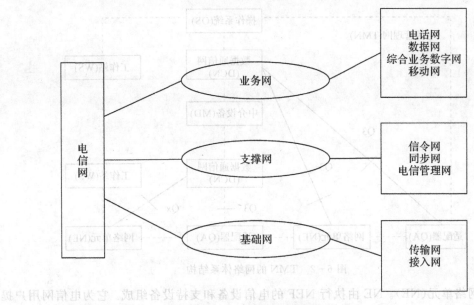

图 6-1 电信网的框架结构

TMN 的应用领域非常广泛，涉及电信网及电信业务管理的许多方面，从业务预测到网络规划；从电信工程、系统安装到运行维护、网络组织；从业务控制和质量保证到电信企业的事务管理，都是它的应用范围。下面给出 TMN 管理比较典型的电信设备的例子：

(1) 公用网和专用网(包括 ISDN、移动网、专用话音网、虚拟专用网、智能网)。

(2) 电信网络管理。

(3) 传输终端(复用器、交叉连接、通道变频设备、ADM 等)。

(4) 数字和模拟传输系统(电缆、光纤、无线、卫星等)。

(5) 恢复系统。

(6) 数字和模拟交换机。

(7) 计算机主机、前端处理器、集群控制器、文件服务器。

(8) 电路交换及分组交换。

(9) 信令终端和系统(SP、STP、实时数据库)。

(10) 承载业务及电信业务。

(11) PBXS、PBX 接入及用户终端。

(12) ISDN 用户终端。

(13) 相关的支持系统(如数字同步网)。

2. 电信管理网的体系结构

TMN 网络管理系统采用开放的网络体系架构，提供一系列标准协议和信息接口，支持网管系统的互操作性，并支持各类型运行系统之间、运行系统与电信设备之间的互联互通。TMN 体系结构由物理结构、功能结构、信息结构以及逻辑分层结构四部分构成。

1) TMN 的物理结构

如图 6-2 所示，TMN 网管系统由一系列物理实体组成，包括网元(NE)、运行系统(OS)、Q 适配器(QA)、工作站(WS)、数据通信网(DCN)、协调设备(MD)和管理接口。

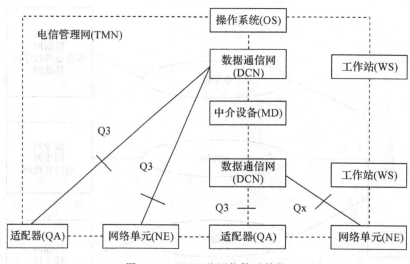

图 6-2 TMN 的网络体系结构

(1) 网络单元(NE)。NE 由执行 NEF 的电信设备和支持设备组成。它为电信网用户提供相应的网络服务功能，如多路复用、交叉连接、交换等。

(2) 操作系统(OS)。OS 是用来处理监控电信网的管理信息系统，它是执行 OSF 的系统，用于性能监测、故障检测、配置管理的管理功能模块都置于此。

(3) 中介设备(MD)。MD 是执行 MF(中介功能)的设备，主要用于完成 OS 与 NE 间的中介协调功能，用于在不同类型的接口之间进行管理信息的转换。

(4) 工作站(WS)。WS 主要完成 f 参考点与 q 参考点的设置。它为网管中心操作人员进行各种业务操作提供进入 TMN 的入口。

(5) 数据通信网(DCN)。DCN 用于为其他 TMN 部件提供通信手段。DCN 是 TMN 内支持 DCF 的通信网，可以提供选路、转接和互通功能，主要实现 OSI 参考模型的低三层功能。

(6) 适配器(QA)。这是完成 QAF(适配功能)的设备，使非 TMN 网元也能与 TMN 的操作系统相连。

(7) Q3 接口。Q3 接口对应 q 参考点，将 MD、QA、NE 和 OS 经 DCN 与 OS 相连。Q3 接口具备 OSI 全部七层功能。

(8) Qx 接口(简化的 Q3 接口)。Qx 接口对应 q 参考点。Qx 接口的作用是实现 MD 和 MD 的互连、NE 和 MD 的互连、QA 和 MD 的互连以及 NE 和 NE 的互连。Qx 接口是不完善的 Q3 接口。

2) TMN 的功能结构

TMN 的功能结构从逻辑上描述 TMN 的内部功能分布，包括一组 TMN 功能块和相关参考点。

(1) TMN 功能块可实现的功能如下：

a. 运行系统功能(Operating System Function，OSF)。

运行系统功能主要是指对电信管理信息进行处理以便支持和控制电信管理功能的实现。

b. 网元功能(Network Element Function，NEF)。

网元功能与 TMN 进行通信以便受其监视和控制，为网管系统和被管理通信设备提供通信和支持功能，这部分功能属于 TMN 域内。

c. Q 适配器功能(Q Adapter Function，QAF)。

QAF 用来将那些不具备标准 TMN 接口的 NEF 和 OSF 连至 TMN，其功能是进行 TMN 接口与非 TMN 接口(即专用接口)之间的转换。

d. 协调功能(Mediation Function，MF)。

协调功能在 OSF 与 NEF 之间传递消息，起协调作用。

e. 工作站功能(Work Station Function，WSF)。

工作站功能为网络管理人员提供一种与 TMN 交互的手段，管理人员通过 WSF 使用 TMN 的网络管理功能。

f. 数据通信功能(Data Communication Function，DCF)。

TMN 利用数据通信功能 DCF 作为交换信息的手段，其主要作用是提供信息传送机制，DCF 可以提供选路、转接和互通功能。

(2) 参考点。参考点是表示两个功能块之间进行信息交换的概念上的一个点，可以映射为物理结构中的接口。TMN 有三类不同的参考点，即 q 参考点、f 参考点和 x 参考点。要注意，参考点是不同功能块之间概念上的信息交换点，只有当互连的功能块分别嵌入不同的设备时，这些参考点才成为具体接口。

3) TMN 的信息结构

TMN 的信息结构是建立在面向对象的方法上的，主要用来描述功能块之间交换的不同类型的管理信息，主要内容包括信息模型、组织模型、共享管理知识、TMN 命名和寻址。

(1) 信息模型。对于孤立的单个系统并不需要信息模型，只需将其传送的信息按那个特定系统所规定的方式表示即可。但是，当同样的信息必须嵌入两个以上不同的系统时，需要进行"信息模型化"。信息模型是对网络资源及其所支持的管理活动的抽象表示。信息模型通常采用面向对象的方法和实体关系的方法来处理管理对象及其关系。

(2) 组织模型。组织模型主要用来描述管理进程担任控制角色(管理者)和被控角色(代理)的能力以及管理者和代理之间的相互关系，如图 6-3 所示。

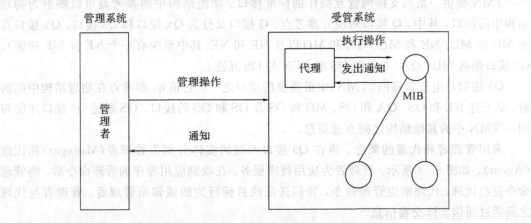

图 6-3　管理者、代理与管理对象之间的关系

管理者的任务是发送管理命令和接收代理回送的通知。代理的任务是直接管理有关的管理目标、响应管理者发来的命令，并回送反映目标行为的通知给管理者。管理者和代理之间的关系不是一一对应的。一个管理者可以与多个代理进行信息交换，一个代理也可以与多个管理者进行信息交换。图 6-3 具体描述了管理者、代理和管理对象之间的基本关系。

中管理信息库（Management Information Base，MIB)是开放系统里被管对象的集合，是开放系统内的信息。通信网络的各种资源可以是物理的也可以是逻辑的，它们都被抽象为管理对象。因此，网络管理系统并不直接对资源进行管理，而是对管理对象进行管理。TMN 中所有管理对象的规定都存储在一个分离的管理信息库中。

4）TMN 逻辑分层结构

ITU-T 提出了 TMN 的五层模型，将管理功能分为不同的逻辑层，每一逻辑层反映管理的某一特定方面。

（1）网元层（Network Element layer）。该属性是通信网络设备的一个抽象属性，仅提供通信设备的有关信息，接收上一层网管系统的管理命令，不具备任何网管系统的管理功能。

（2）网元管理层（Network Element Management layer）。该层直接行使对个别网元的管理职能，主要功能是控制和协调单个网络单元；为上面的网络管理层与下面的网元之间进行数据通信提供网关功能；维护涉及网元的统计数据、记录和其他有关数据。

（3）网络管理层（Network Management layer）。该层负责对管辖区域内的所有网元行使管理职能，即对组成网络的各个网元之间的关系进行管理。

（4）业务管理层（Service Management layer）。该层对由 NE 集合成的通信业务网所提供的业务进行管理，将业务级的管理操作分解成网络级的管理操作。

（5）事务管理层（Business Management layer）。事物管理层是最高的逻辑功能层，负责总的服务和网络方面的事物，主要涉及经济方面。不同网络运营者之间的协议也在这一层达成，该层负责设定目标任务，往往需要最高层管理人员的介入。

3. TMN 接口

TMN 提供一系列支持网管互操作的标准接口。功能结构中的参考点可以映射为物理结构中的接口，其中，Q 接口对应 q 参考点。Q 接口又分为 Qx 接口和 Q3 接口。Qx 接口互连 MD 和 MD、NE 和 MD、QA 和 MD 以及 NE 和 NE（其中至少有一个 NE 含 MF 功能）。Q3 接口则将 MD、QA、NE 和 OS 经 DCN 与 OS 互连。

Q3 接口是电信管理网（TMN）中最重要的接口之一，它是 q3 参考点在物理结构中的映射，是互连 NE 和 OS、QA 和 OS、MD 和 OS 及 OS 和 OS 的接口。OS 通过 Q3 接口才能与同一 TMN 中的其他结构之间互通信息。

采用管理者和代理的概念，则在 Q3 接口两端的实体分别为管理者（Manager）和代理（Agent），如图 6-4 所示。管理者为应用程序服务，在收到应用程序的管理命令后，将管理命令发给代理，代理响应管理命令，并回送反映目标行为的通知给管理者。管理者与代理之间通过通信实体交换信息。

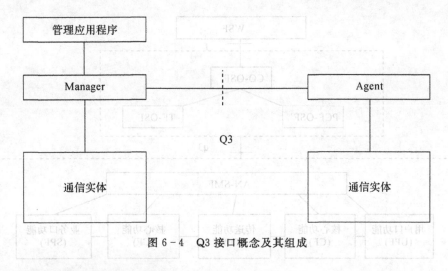

图 6-4 Q3 接口概念及其组成

6.1.2 接入网网管的基本概念

接入网是整个电信网的一部分，是一个多层次、多范围的网络，综合了有线、无线等各种传送技术。从网络管理角度考虑，接入网是最复杂的网络系统之一。

1. 接入网网管的管理范围

接入网网管的管理范围主要集中在如下三个方面：

（1）一般的网络管理。一般的网络管理包括接入网的配置管理和性能管理，如各种类型接口的管理和传送部分的管理。

（2）设备的集中管理。设备的集中管理是对接入网中使用的各种设备进行故障管理，保证设备的使用寿命，特别是对远端小容量设备的管理（包括电源和环境等）。

（3）对保证业务质量的支持。通过和其他业务管理系统的互连，对保证业务质量提供支持。和接入网网管需要互连的业务网管理系统有 112 集中受理系统、号线管理系统、营业处理前台系统（和可重配置的专线业务有关）、采用接入网作为桥接方式的业务网的网管系统等。

2. 物理结构和功能结构

接入网网管系统的功能体系结构基于 TMN 的功能体系结构，包括 OSF、NEF 和 WSF 三种功能实体。其中，NEF 和 WSF 采用标准配置。对于 OSF，由于接入网中设备的特点与接入特性和传输技术密切相关，所以，运行系统功能实体（OSF）可以分成端口及核心功能—运行系统功能实体（PCF-OSF）、传送功能—运行系统功能实体（TF-OSF）和调度管理功能实体（CO-OSF）三个部分来实现。它们的相互关系以及与接入网中各功能实体的相互联系如图 6-5 所示。

PCF-OSF 是对 AN 中的 UPF、SPF 和 CF 进行管理的运行系统功能实体，其功能是对 SNI、UNI 及其支持的业务进行管理，主要包括 SNI 的配置、UNI 的配置以及 UPF/SPF/CF 的故障和性能管理。

TF-OSF 对 AN 中的 TF 进行管理，其功能是对功能实体 TF 进行配置、性能和故障方面的管理，其功能和 TF 使用的具体技术（如 PON、SDH 及 DLC 等）有关。

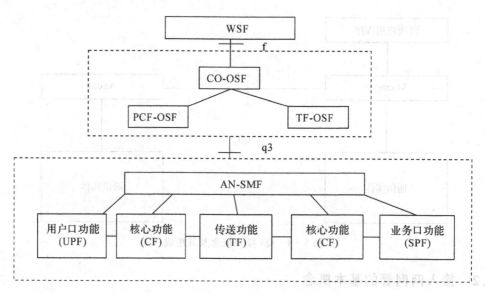

图 6-5　接入网网管的功能体系结构

由于 PCF-OSF 和 TF-OSF 是两个独立的管理功能，且与接入技术密切相关，故它们的协调是通过 CO-OSF 来完成的。

AN-SMF 是 TMN 的代理，也是 AN 功能（如 UPF、CF 等）的管理者。TF 是为 AN 中不同地点之间公用承载通路的传送提供通道。如果 TF 采用光纤传输技术来实现，相应的 TF-OSF 只管理接入网中光纤传输系统，则该功能结构就是光纤用户网网管功能结构。

3. 网管系统的互连

接入网是整个电信网的一部分，它的正常运行需要其网管系统与其他相关的网管系统保持一致性，接入网网管与其他网管系统之间的互连关系如图 6-6 所示。业务节点接口 (SNI) 为 V5，业务网为电话网，接入网网管和本地综合网网管的接口采用 Q3 接口。112 受理系统和号线管理系统均是业务质量管理和用户管理的支撑系统，接口为 Q_{ca} 和 Q_{ra}。本地电话网网管与接入网管理系统之间的接口为 Q_{ta}。本地电话网网管与本地电话网的接口为 Q_{le}

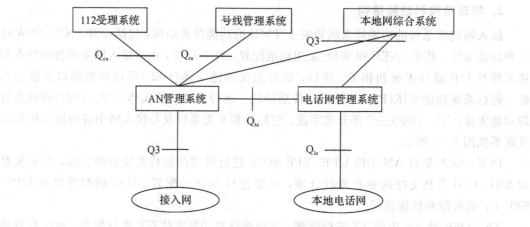

图 6-6　网管系统间的互连关系

6.2 接入网网管的管理功能

6.2.1 PCF-OSF 支持的管理功能

接入网网管系统提供的基本网络管理功能有：配置管理、故障管理、性能管理、安全管理和计费管理。

端口及核心功能—运行系统功能（PCF-OSF）支持的管理功能是对 SNI、UNI 及其支持的业务进行管理，主要包括 SNI 的配置、UNI 的配置、UPF/SPF/CF 的故障和性能管理及安全管理。

1. 配置管理

配置管理功能分为 SNI 接口（V5 接口）配置、用户端口配置、设备配置和环境监控配置。

1）V5 接口配置

（1）插入一个 V5 接口需定义的配置参数；

（2）插入一个 2048 kb/s 链路到 V5.2 接口需定义的配置参数；

（3）从 V5.2 接口删除一个 2048 kb/s 链路；

（4）删除 V5 接口；

（5）修改 V5 接口；

（6）读取 V5 接口；

（7）从 V5.1 接口升级到 V5.2 接口。

2）用户端口配置

（1）插入一个用户端口需定义的参数；

（2）删除一个用户端口；

（3）修改一个用户端口；

（4）建立用户端口与 V5 接口的连接；

（5）解除用户端口与 V5 接口的连接；

（6）读取用户端口监控配置。

3）设备配置

（1）增加一个设备需要定义的参数；

（2）删除一个设备；

（3）修改设备属性；

（4）查询设备属性。

4）环境监控配置

对远端接入网设备所处环境的监控参数进行配置，设置环境监控各个方面的监控范围或阈值，包括温度、湿度、电压、电流、电池及气压等。另外，还可以设置响应动作，即当有关环境方面的告警报上来后，指定应当采取的措施。

2. 故障管理功能

故障管理功能提供故障监测和上报、保护切换以及故障定位与恢复等操作。

1）故障监测和上报

当接入网（AN）发生故障（设备故障、环境故障或通信故障）时，及时监测并把故障告警信息上报管理系统，管理系统应当能够接收到故障告警通知，并进行分析和统计，进一步激发故障定位和恢复测试，启动保护切换。

告警报告内容主要包括事件类型、可能原因、告警级别、所监测的属性、附加信息等。

2）保护切换

保护切换仅对 V5.2 而言。

AN 的保护切换请求要送到 LE，由 LE 发出切换命令，切换的结果向两侧的网管系统报告。

AN 侧的管理系统启动保护切换时，只可进行一种切换（人工切换），即将一条活动 C 通路切换到一条备用 C 通路。

切换失败的通知（包括自主切换和人工切换的通知）中应当指出失败原因，包括没有可用的备用 C 通路、目标物理 C 通路处于非工作状态、没有指配目标物理 C 通路、不能进行保护切换、所请求的分配已存在以及目标物理 C 通路已经有逻辑 C 通路等。

3）故障定位与恢复

管理系统从网元（NE）收到故障信息后，初始化故障定位过程，并从这些过程中获取相关信息。将出错的接口设备或用户端口设备用正常设备替换，重新启动 V5 接口。在重装发生故障的部件前，将需要重装的部件先进行测试及测量，最后，将阻塞的 V5 接口或用户端口恢复正常。

3. 性能管理功能

性能管理的主要功能有监测、分析、诊断、优化及控制。通过采集 SNI 接口的各种通路的流量数据，为网络性能和业务质量分析提供原始数据，并根据算法分析 SNI 接口的性能和质量。

V5 接口性能管理功能包括通信通路承载通路的性能监测、线路测试和日志管理。配置管理功能分为 SNI 接口（V5 接口）配置、用户端口配置、设备配置和环境监控配置。

1）通信通路承载通路的性能监测

（1）数据采集功能；

（2）数据存储功能；

（3）门限值管理功能；

（4）数据报告功能，包括请求性能管理数据、报告性能管理数据和允许/禁止性能管理数据报告。

对于用户接入网的管理，采集网管系统起始/终止有关通信通路以及承载通路话务量的测量数据，以监测通信通路和承载通路当前的负载。对承载通路的话务量数据进行采集只针对 V5.2 接口。

2）线路测试

在接入网侧提供的线路测试功能包括用户电路测试、用户线路测试和用户终端测试。用户电路测试包括拨号音测试、馈电电压测试及回路电流测试等。用户线路测试指线路的电气指标测试，包括：

(1) 测试用户线路交/直流电压值（AB 间、A 与地间、B 与地间）；

(2) 测试用户环路直流电流值（AB 间）；

(3) 测试用户环路电阻值（AB 间）；

(4) 测试用户线路绝缘电阻值（AB 间、A 与地间、B 与地间）；

(5) 测试用户线路电容值（AB 间、A 与地间、B 与地间）；

(6) 测试用户线路阻抗（AB 间、A 与地间、B 与地间）；

(7) 测试用户环路噪声（可选）。

用户终端测试包括对被测用户振铃、测试用户话机的拨号功能、向用户送蜂鸣音等。

对 ISDN 的测试还包括 NT1 环回测试和对 LT 的测试等。

3）日志管理

与性能管理相关的大量的原始数据需要进行过滤，以得到性能管理所需的信息，这一过滤功能可通过鉴别器来控制。经过过滤后的数据存放在日志中，对日志的管理由日志管理功能来完成。管理者可以控制日志的操作包括：

(1) 创建日志实例；

(2) 删除日志实例；

(3) 修改日志的参数；

(4) 挂起/恢复日志；

(5) 删除并查询日志记录。

4. 安全管理功能

安全管理功能是通过访问控制策略和规则等来保证管理应用程序和管理信息不被无权限地访问和破坏，具体包括：

(1) 定义访问请求者的访问权限；

(2) 保护管理信息不被无权限地使用；

(3) 保护管理信息不被传送到无权限的接受者。

6.2.2　TF-OSF 支持的管理功能

传送功能—运行系统功能实体（TF-OSF）对 AN 中的 TF 进行管理，基本功能是对功能实体 TF 进行配置、性能和故障方面的管理。根据 TF 采用的设备不同（如 PON、SDH 或 DLC 等），TF-OSF 的功能有所不同。

1. 对 SDH 的管理功能

在接入网中引入 SDH 技术有许多优越性：SDH 可以为大型企事业用户提供理想的网络性能和高质量高可靠业务；SDH 可以增加传输带宽，改进网管能力，简化维护工作；SDH 的固有灵活性可以更快更有效地满足用户的业务需求。

SDH 管理包括配置管理、故障管理、性能管理及安全管理，具体又分为网元管理层和网络管理层。

2. 对 PON 的管理功能

PON 是一种采用光无源器件作分路器的纯无源光网络,主要用于居民住宅用户和小型企事业用户。对 PON 传输功能的管理包括传输系统的管理和设备子系统的管理。

PON 的传输系统由 OLT(光纤线路终端)和 ONU(光纤网络单元)的收发设备电路和光/电电路及各种形式的光纤、光分路器、光滤波器和光时域反射仪或线夹式光功率计组成,包括配置管理、故障管理、性能管理及安全管理。

PON 的设备子系统包括 OLT 和 ONU 的机架、机框,光分路器的机壳以及机架、机框的供电设备等。

6.2.3 调度管理功能(CO - OSF)

由于 PCF - OSF 和 TF - OSF 是两个独立的管理功能,且与接入技术密切相关,它们之间的协调应当由处于它们上层的一个调度管理功能来完成。调度管理功能(CO - OSF)是独立于具体的接入技术的。它是从被管理的全接入网的角度,对接入网不同网元间的组网结构或故障告警进行调度和协调的,例如:

(1) 当接入网设备发出故障告警信息(如误码性能水平降低),且不能确定是哪一部分出现故障时,就需要调度管理功能来进行分析和进行进一步调度处理,分析是光传输系统的故障还是 CP、UPF 等部分的故障或是用户终端的故障等,以最终定位故障。

(2) 根据 PCF - OSF 和 TF - OSF 收集来的不同的性能数据进行统计、分析,得出接入网宏观的网络性能指标。

(3) 向上层网络管理系统(如本地网网络管理系统)提供统一的 Q3 接口。

6.3 中兴无线接入网

NetNumenTM U31 系统建立在中兴通讯统一网管平台上,实现对各种制式(GSM/WCDMA/TD - SCDMA/CDMA/Wimax/IMS/LTE)无线设备的集中管理。

U31 提供故障管理、拓扑管理、性能管理、配置管理、安全管理、日志管理、追踪管理、资产管理、系统管理等功能。U31 位于 TMN 模块的 EMS 层,支持 CORBA、SNMP、FILE、MML 等北向接口(Northbound Interface)。

6.3.1 中兴接入网特性

1. 全网络管理——真正实现集中维护

中兴通讯 NetNumenTM U31 系统集中管理中兴通讯全部无线网产品,包括(GSM/WCDMA/TD - SCDMA/CDMA/Wimax/LTE)网元设备,支持对无线设备的统一管理。U31 采用先进的分布式网络管理架构,根据用户网络规模定制处理模型,可管理 32000 个等效网元,支持 200 个客户端,降低了运营商扩容时的 CAPEX。

2. 智能运维——实现运维自动化

(1) 中兴无线接入网管具备告警管理、拓扑管理、性能管理、配置管理、维护管理、安全管理、日志管理、报表等功能，满足运营的各种功能需求。

（2）层次化的视图功能管理界面，如业务视图、资源视图、光功率视图、DCN视图、时间时钟管理视图等，帮助运维人员迅速学习，快速发现网络异常，减少运维成本，提高运营效率。

（3）U31无线网管基于实现智能"安装、调测、巡检、升级"的目标，能够自动完成"一键预装"、"智能调测"、"自动巡检"、"一键升级"等四大客服工具的实际应用，提升了工程开通效率，推进了运维自动化，降低了网络运营成本。

3. 智能的故障定位、分析及诊断能力

（1）中兴无线网管基于用户的端到端协议跟踪工具，能够根据基站、小区、IMSI、用户号码等跟踪空口或者BSC、RNC、NIODEB、ENODEB和UE信令，快速准确定位故障。

（2）实现故障上报、分析和定位，提供影响业务分析的重要信息，以便能够快速解决问题，减少排障时间。

（3）专家诊断系统，对故障处理提供经验和建议。

（4）实现网络流量监控，实时监控网络运行状态，提前预防网络风险。

4. 开放的系统结构和接口

遵循ITU-T制定的TMN系列建议、RFC以及3GPP网管标准，采用J2EE平台框架，可以运行不同的硬件和操作系统平台；支持Wintel平台和UNIX平台；支撑Windows、Solaris、MS-SQL Server、Oracle等。提供CORBA、FTP、SNMP、SOAP等多种北向接口，可以方便地接入运营商的各类OSS系统。

5. 高可靠性——多重安全保障机制

系统提供本地双机＋磁阵容灾和远程异地容灾解决方案，提供完善的系统安全解决方案，包括物理安全、网络安全、系统安全、数据安全和应用安全等；提供分权分域功能：与运营商的运维体制紧密融合，可以根据实际被管网络规模、维护模式、运营商建议等对系统进行灵活的分级构建；提供完善的访问权限控制功能，支持用户分权分域管理，提供完备的日志记录。

提供安全的组网方案，防止恶意的网络攻击，支持SSH、SFTP、SSL等安全协议。

采用容灾备份方案：支持本地Cluster，提供数据热备份策略；支持远程异地容灾，确保网络中的数据安全。

6. 多种维护接入方式——保证随时随地管理网络

根据功能特点和实际应用场景，提供GUI、Web和CLI三种接入方式，客户可以根据应用场景、使用习惯、组网要求、带宽限制等多方面因素选择使用。支持GCT（Graphics Communications Terminal）方式的GUI远程接入，远程用户在配置以及低网络带宽条件下，享受GUI方式的直观、友好特点。提供单点登录解决方案，通过集中和自动化密码管理工作，满足单点登录需求。

7. 专业化个性工具——帮您提升服务质量

业务自动割接工具打破传统电路割接模式，提高基站的割接效率，节约人力投入成本，为运营商提供一个专家级别的运维工具。

智能的网络扩容工具，提供向导式的功能界面，大大提高无线网络扩容效率，减少人为因素造成的风险。

U31 网管集成了专业化的网元服务工具，集成了一键式业务创建、异常业务清理、端口迁移、基础数据导入、故障自动诊断、资源智能分析等系列化专业服务功能，提供针对性的运维服务，运维高效便捷，降低了无线网络运维难度，提高了运维效率。

6.3.2 中兴接入网管架构

中兴无线接入网管的架构如图 6-7 所示。

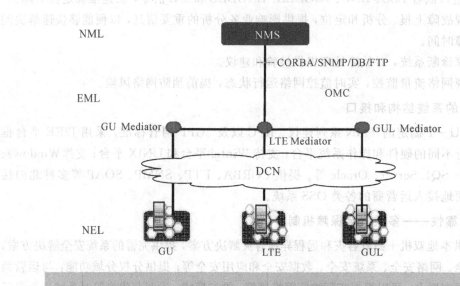

图 6-7 中兴无线接入网管的架构

整个网管架构可以分为三层：

(1) NMS(Network Management System，网络管理系统)层。NMS 管理不同地域和不同设备供应商的网络。网络管理员通过 NMS 对网络进行全面监控。在中国移动运营商网管系统中，NMS 指的是省级移动通信网网络管理系统(或未来的区域网络管理系统)。

(2) EMS(Element Management System，网元管理系统)层。EMS 侧重于地域、网络、子网络内部的网元管理，并通过 NBI(Northbound Interface，北向接口)与高层网管系统连接。

(3) NE(Network Element，网络单元)层。NE 层亦称网元层，包括移动通信网网元设备与其 OMC(Operation & Maintenance Center，操作维护中心)两部分。

OMC 由设备供应商提供，与设备配套使用，并支持本地管理模式，如本地维护终端和 OMM(Operation & Maintenance Module，操作维护模块)、UMM(Unified Maintenance Module，集中维护模块)。

6.3.3 NMS 功能

NMS 是运营商的集中网络管理层，其侧重于全网的监测和智能分析功能。

NMS 系统是一个操作维护中心，负责无线接入系统的设备故障诊断和操作维修、网络操作与网络管理，为网络管理与规划提供数据及统计。NMS 和 EMS（或者 OMC）之间有基于 CORBA、SNMP、DB 或者 FTP 的接口，能够提供网络管理的五种基本功能 FCAPS（Fault，Configuration，Accounting，Performance and Security，错误、配置、计账、性能和安全）。此外，一个功能完善的 NMS 还应具备以下三大功能：

（1）显示网络拓扑图。NMS 具有联网设备自动发现功能，能通过分级视图建立起网络的布局映像图。

（2）端口状态监视与分析。NMS 对网络设备的端口状态进行监控以及分析，网络管理人员通过 NMS 可以方便地得到端口状态的扩展数据、带宽利用、流量统计表、协议信息和其他的网络性能统计表。

（3）网络性能与状态的图表分析。NMS 具备灵活的曲线与图表分析能力，使网络管理人员能够很快掌握网络运行状态，并快速记录有关数据，同时可以把分析的结果以文件的形式输出或用于电子表格等其他的数据分析工具。

6.3.4　EMS 功能

EML 层是网元管理层，其向 NMS 层提供运营商所需要的标准管理接口，从下层接收网元管理信息，提供 EMS 维护终端对网元进行管理。

网元管理系统 Nnetwork Element Management System，EMS)是管理特定类型的一个或多个电信网络单元(NE)的系统。一般来说，EMS 管理着每个 NE 的功能和容量，但并不理会网络中不同 NE 之间的交流。

为了支持 NE 间的交流，EMS 需要与更高一级的网络管理系统（NMS）进行通信，NMS 也是电信管理网络(TMN)层次模型中的一员。EMS 是基于 TMN 层次模型的运作支持系统(OSS)构架的基础，这个构架使得服务提供商(SP)能够满足客户对高速发展的服务的需求，同时也能满足严格的服务质量(QoS)要求。

EMS 在专业网领域内提供统一的操作维护功能，侧重于地域、网络、子网络内部的网元管理，能够端到端管理维护设备和网络。例如，可采用一个 EMS 集中管理一个运营商的 UMTS、LTE 网络和设备，包括无线设备、业务设备、第三方 IT(Information Technology，信息技术)设备等。

EMS 须提供网络管理的五种基本功能 FCAPS(Fault，Configuration，Accounting，Performance and Security，错误、配置、计账、性能和安全)。此外，EMS 通常还具备以下功能：

（1）拓扑管理：实现对各业务系统的网络资源的分布位置、网络结构、链路连接、业务分布等进行查看、编辑和操作；还支持业务子网间的拓扑关系的展现和网元接入管理功能。

（2）系统备份与恢复：提供对告警、日志、性能等数据库存储的数据以及网管版本进行周期性的备份和清理，以防止系统数据的意外丢失，保证数据的高可用性。

（3）系统监控：提供对 EMS 的统一维护和管理，如对应用服务器和数据库服务器进行性能监控和查看。

（4）日志管理：提供对日志的查询和对日志详细信息的查看功能。日志按内容分为三种：

① 操作日志：记录用户的操作信息。

② 安全日志：记录用户登录、注销的日志信息。

③ 系统日志：记录定时任务的完成情况。

(5) 北向接口：EMS 提供多种北向接口，如 CORBA(Common Object Request Broker Architecture，公共对象请求代理体系)、MML(Man Machine Language，人机语言)、FTP (File Transfer Protocol，文件传输协议)、SFTP(Secure File Transfer Protocol，安全文件传输协议)、SNMP(Simple Network Management Protocol，简单网络管理协议)接口，实现 EMS 与 NMS 的互连。

(6) 命令终端：是网管系统提供的命令行工具，通过在此工具中输入单命令或批处理命令，实现对网管对象的管理功能。

6.3.5 OMC 功能

OMC－R(无线接入网网元管理系统)是无线接入网网元统一管理平台，LTE OMC 网络主要由 EMS&OMM 服务器、EMS 客户端、中间组网设备等组成，与之有交互的有南向 eNodeB、北向 NMS。其中：

EMS&OMM 服务器是完成所有 OMC 系统管理功能的核心部分。OMM 负责与基站通信，并中转给 EMS 服务，EMS 服务与上级网管中心及 EMS 客户端进行通信。

EMS 客户端提供给用户的前端装置分为命令行和人机界面两种形式，用户通过客户端对 LTE 网络进行各种操作，系统中可以存在多台客户端。

组网设备包括用于 LTE OMC 系统与服务器、客户端、网元或上级网管中心之间的网络连接，包括集线器、路由器、交换机、防火墙等传输设备。

OMC 的主要功能包括：

1. 配置管理(含状态管理)

配置管理的具体过程是指系统接收客户端(后台网管)发起的配置请求，对其中包含的配置数据进行有效性检查，将正确的配置数据保存在前台的数据库中，同时将执行的结果返回给客户端(后台网管)。

配置的主要场景包括：

(1) 开局阶段的初始配置：配置数据为空，需要进行全局性的数据配置。在开局时，要进行初始数据配置，从而激活系统业务。

(2) 维护阶段的调整配置：由于网络参数改变(如新增加节点、链路等)，需要增加或修改局部数据。

根据操作员在执行配置数据时的操作类型，数据配置方式包括：

(1) MML 命令配置：在 MML 命令界面上依次对每一条命令进行配置。这是一种最通用的配置方式。

(2) 脚本文件配置：将配置数据做成脚本文件，只需执行这些脚本文件就可以完成数据配置。

(3) GUI 界面配置：利用 GUI 界面，根据设备逻辑层次一步一步进行数据配置。

(4) EXCEL 格式配置：根据系统的 EXCEL 配置格式规范，填写数据配置的各种数据，并将 EXCEL 文件在专用接口中导入系统，完成数据配置。这是最为快捷的配置方法。

根据配置数据是否能即时生效，数据配置方式包括：

(1) 在线配置：此种方式的配置过程是后台网管（客户端）和前台设备实时交互的过程，配置数据即时生效。

(2) 离线配置：配置数据的过程不依赖前台设备是否正常运行。通过此种方式配置的数据，需要同步到前台设备后才能生效。

配置数据完成后，操作员将后台网管存储的相关配置数据传送到前台，数据传送功能保证操作员在后台网管修改的配置数据能够在前台同步生效。

为了提高系统数据的可靠性和安全性，通常需要在系统完成首次配置后或进行重要配置变更前，对配置数据进行备份。若系统数据库发生意外而损坏，则采用备份数据进行恢复，若未对配置数据采取备份和恢复，则可能导致数据丢失，对运营商的业务造成影响。

2. 故障管理

故障管理的目标是尽快恢复正常的服务运营，将组件失败对业务所造成的负面影响降到最低，从而确保满足事先与业务客户之间所约定的服务级别的目标和服务级别质量。

故障管理的内容包括故障发现和归一化处理、故障呈现、故障隔离、故障修复和故障的存储与查询。

(1) 故障发现和归一化处理：通过故障检测发现故障，并对故障信息进行归一化处理，并保存至故障数据库中。网管系统定义统一的故障级别和故障显示模式。

根据告警的严重程度可以将告警等级分为以下级别：

① 严重故障：急待解决的故障，否则子网或设备将无法运行。

② 重要故障：设备不能完成其主要功能，影响到部分业务的提供。

③ 次要故障：设备不能完成其主要功能，但未对其他子网或设备造成影响。

④ 警告：设备发生局部故障，使其性能降低，但未影响主要业务功能。

(2) 故障呈现：应有图形、故障列表、声音等多种呈现方式。对于不同的故障级别能以不同的颜色显示。一般情况下，绿色表示正常，淡蓝色表示已清除，深蓝色表示不确定，黄色表示警告，橙色表示次要故障，粉红色表示重要故障，红色表示严重故障，灰色表示脱离管理，应支持管理人员对故障颜色的定制。

(3) 故障隔离：应提供故障诊断和综合分析功能，根据采集到的告警信息，进行故障的诊断和综合，确定最终故障点或故障的原因。最后通过远程参数设置进行故障隔离。

(4) 故障修复：对于可修复的故障进行人工修复；对于不可修复的故障可重新分配该故障区域的参数设置。

(5) 故障的存储与查询：能够将故障设备、故障发生时间、故障修复时间、故障现象和故障可能原因保存到数据库中。此外，可以按照设备类型和故障时间进行故障的查询统计，并可以将其打印输出或导出到文件中。

3. 性能管理

性能管理是用来评估系统性能的，包括对系统资源的运行状况和通信效率等进行评估，对被管网络和其所提供服务的性能机制进行监视与分析。性能分析的结果是为了维护网络性能，可能触发某个诊断测试过程或进行重新配置。性能管理还需进行数据信息的收集，分析被管网络当前状况，同时维护和分析性能日志。

1) 性能监测功能

性能监测功能包括对有关网络单元的性能数据的连续收集。尽管严重问题有告警方法进行监测，但轻微的或间断性的问题一般要靠连续的全面监测才能发现。性能监测功能根据所测得的引起性能下降的参数对性能质量进行全面评价，因此它可以在性能下降到一个可接受的水平之前指定性能监测模式。

2）业务管理和网络控制功能

TMN 支持业务管理数据的收集、处理，并根据业务数据及时发出命令，重新组织电信网或改变运行方式以应付异常的业务情况。TMN 可以请求 NE 发送业务数据报告，也可以由 NE 通过门限触发定期上传报告。任何时候 TMN 都可以修改网络中的现行门限或周期设置。从 NE 传来的报告可以由原始数据组成，也可以在 NE 发出报告之前由其进行数据分析后再上传。

3）服务质量监视功能

TMN 可以从各个 NE 中收集服务质量数据，在服务质量下降时采取措施予以改进。TMN 可以让各个 NE 定期报告服务质量（QoS）数据或超过门限时主动报告，也可以随时要求网络单元（NE）报告。

与服务质量有关的参数包括：连接建立（如呼叫建立延迟、成功的和失败的呼叫次数等）、连接保持、连接质量、账务数据的完整性、系统状态日志的保存和查阅、配合故障（或维护）管理证实一个资源的可能故障以及配合配置管理改变路由和链路符合控制参数或限制、发起监视 QoS 参数的测试呼叫等。

4. 拓扑管理

网络拓扑（Topology）结构是指用传输介质互连各种设备的物理布局，构成网络成员间特定的物理的（真实的）或者逻辑的（虚拟的）排列方式。

常见的网络拓扑结构主要有以下四大类：

（1）星型结构；

（2）环型结构；

（3）总线型结构；

（4）星型和总线型结合的复合型结构。

网络拓扑图的更新能在网络拓扑图上新增设备的情况下，获取新增设备的管理信息并处理；计算新增设备与网络拓扑图中已知设备和区域的拓扑连接关系；更新并保存新增设备后的网络拓扑图连接关系。

5. 软件管理

软件管理主要是对各个网元的软件版本进行管理，主要包括：

（1）网元版本入库：把各类网元的版本软件上传到服务器，并进行数据正确性校验，以防止在上传过程中发生错误。

（2）网元版本下载：将对应的网元版本用 FTP 服务器下载到网元中，并作为备用版本保存在网元的存储器中。

（3）网元版本预激活：网元版本下载到网元后，将当前软件预切换为下载的新的版本，以观察软件是否运行正常，如果不正常，可以及时回退。

（4）软件版本激活：网元版本预激活成功后，如果运行无误，可以将版本正式激活，原版本切换为备用版本。

6. 命令行操作方式管理

命令行界面(CLI)没有图形用户界面(GUI)那么方便用户操作。因为命令行界面的软件通常需要用户记忆操作的命令，但是由于其本身的特点，命令行界面要较图形用户界面节约计算机系统的资源，而且在一些批处理的操作中，命令行更容易发挥其易编辑易组织的特点，因此在熟记命令的前提下，使用命令行界面往往较使用图形用户界面的操作速度要快、效率更高。所以，图形界面的网管系统都保留着可选的命令行界面，一般可以通过命令终端来打开。

7. 北向网管接口

北向接口(Northbound Interface)是为厂家或运营商进行接入和管理网络的接口，即向上提供的接口。网络中使用接口编程开发各种应用系统管理的被管理对象，管理的方法是采集和分析被管理对象在运行中产生的各种数据。

北向接口经常简写为 Intf. N，通常分成三种：CORBA、SNMP 和 Syslog，这三种接口在网络接入和管理中完成的功能不同，Syslog 主要负责将 SNMP Agent(一种使用 SNMP协议的网络管理进程)产生的告警封装成 Syslog 接口定义的格式反馈给数据处理层。而CORBA 和 SNMP 接口支持的功能较多，如故障、拓扑和资源等的数据和状态查询，以及控制和配置数据的下发等。

OMC 的其他功能还有安全管理(含日志管理)、测试跟踪管理和系统管理等等。

6.3.6 EMS/OMC 客户端

根据与其所连服务器的部署方式的不同，EMS/OMC 客户端可以分为两类：

(1) 本地客户端，它和所连服务器处于同一局域网内。

(2) 远程客户端，它和服务器不在同一局域网，通过远程访问，中间可能会经过路由器、防火墙等传输安全设备。

6.3.7 接入无线设备 NE 层

NE 是网元层，其嵌入到相应的设备网元中，与具体设备和模块进行交互，同时提供LMT 近端管理服务。对于无线接入网管来说，NE 层主要包括 GSM、UMTS、LTE 无线基站，比如中兴 SDR8700、SDR8800，等等。

本 章 小 结

(1) 本章主要讲述了网络管理的基本概念。网络管理（Network Management，NM)用来检测、控制和记录电信网络资源的性能和使用状况，来确保通信网络保持良好的运行状态，从而为用户提供高质量的电信业务。网络管理通过采取一定的技术手段对网络进行协调管理，使网络能够正常高效地运行。

(2) 在网络管理中着重讲述了电信网管理技术。国际电信联盟(ITU)在 M.3010 建议中指出，电信管理网的基本概念是提供一个有组织的网络结构，以取得各种类型的操作系统(OSs)之间、操作系统与电信设备之间的互连。它是采用商定的具有标准协议和信息的接口进行管理信息交换的体系结构。

(3) TMN 网络管理系统采用开放的网络体系架构，提供一系列标准协议和信息接口，支持网管系统的互操作性，并支持各类型运行系统之间、运行系统与电信设备之间的互联互通。TMN 体系结构可以由物理结构、功能结构、信息结构以及逻辑分层结构 4 部分构成。

(4) 接入网网管系统提供的基本网络管理功能有：配置管理、故障管理、性能管理、安全管理和计费管理。

通信故事

网络管理的发展史

网络管理是计算机网络的关键技术之一，对于大型网络来说尤为重要。其目的是确保网络的持续正常运行，并在网络运行出现异常时能及时响应和排除。

第一代网管软件最常使用的就是命令行方式，结合一些简单的监测工具，它不仅要求使用者精通各种网络的通信原理及概念，还要求使用者了解不同厂商的不同网络设备的配置方法，不但费时费力且效率低下。

20 世纪 80 年代，国际标准化组织(ISO)在 ISO/IEC7498 - 4 中定义并描述了开放系统互连(OSI)管理的术语和概念，提出了一个 OSI 管理的结构并描述了 OSI 管理应有的行为，其中涉及五大功能领域，包括故障管理、配置管理、性能管理、安全管理、账务管理，即通常所说的 FCAPS 网络管理功能模型。

近 20 多年来，业界沿袭 OSI 定义的标准开发各自的产品，基于各种标准化管理协议先后推出了形式多样的网络管理工具，如 SNMP 网元管理系统、VPN 管理系统、IP 语音管理系统、网络流量分析系统、WLAN 管理系统等。同时，由于各种管理系统纷繁林立分而治之，难以快速定位排查问题，部署运维成本高昂，不足以应对快速增长的业务和复杂的 IT 环境，第三代网络管理系统呼之欲出。

近年来，数据中心、云计算等技术迅猛发展，促使 IT 各个领域不断变革。未来的 IT 管理系统必将更融合、更智能、更开放。

习 题

6-1 简述网络管理的基本概念。

6-2 简述电信管理网的含义。

6-3 TMN 的体系结构由哪几部分构成？

6-4 TMN 网管系统由哪些物理实体构成？各部分主要完成什么功能？

6-5 TMN 功能结构包含哪些基本功能块？

6-6 根据 TMN 功能结构分析其内部主要有哪些参考点。

第七章　接入网规划与设计

我国接入网当前的发展战略已经从满足人们基本的高速通信需求转向适应未来宽带多媒体需求的宽带接入领域。在实现未来宽带多媒体接入的各种技术手段中，光纤接入网是最合适的能够适应未来发展的一种解决方案。光纤接入是指用户与局端之间完全以光纤作为传输媒体。

根据光接入网中光配线网是由有源器件还是无源器件构成的，可将光接入网分为有源光接入网和无源光接入网（PON）。根据光接入网所使用的技术体系，又可将光接入网分为PDH（准同步数字体系）光接入网、SDH（同步数字体系）光接入网、ATM（异步传输模式）光接入网以及以太网光接入网。光纤传输所采用的复用技术的发展也是相当迅速的，目前应用最多的复用技术有：波分复用（WDM）、频分复用（FDM）、码分复用（CDM）、时分复用（TDM）。根据光纤深入用户群的程度，光接入网可分为FTTH（光纤到户）、FTTB（光纤到楼）、FTTO（光纤到办公室）、FTTZ（光纤到小区）、FTTC（光纤到路边），它们统称为FTTx。

根据《中国宽带普及状况报告》的统计，截至2017年第一季度，我国固定宽带家庭用户数累计达到2.95亿户，普及率达到65.3%，移动宽带用户累计达到10.4亿户，已经超越10亿用户大关，移动宽带用户普及率达到75.4%。我国固定宽带家庭普及率和移动宽带用户普及率快速提升，这样就使得广大公众充分享受到了网络信息时代带来的"技术红利"，从而推动了我国社会经济的不断发展。我国宽带接入市场目前已进入百兆时代，"光进铜退"已大面积推广，宽带提速进入关键期，未来FTTH将会是光纤接入的终极目标。

接入网的规划设计是至关重要且具有实际意义的。本章重点针对PON技术，以范例的形式对其规划与设计进行介绍。

7.1　xPON几种典型应用模式

光纤接入网根据不同的分类方法可以分成很多种类，例如可分为有源光网络（AON）和无源光网络（PON），有源光网络以SDH、PTN、WDM为基础平台，无源光网络可分为宽带无源光网络和窄带无源光网络。在无源光网络系统中，按照光网络单元所处的位置的不同，以及光纤深入用户群的程度不同，我们又将光纤接入网继续划分为FTTH（光纤到户）、FTTO（光纤到办公室）、FTTB（光纤到楼）、FTTC（光纤到路边）、FTTN（光纤到节点），这些光网络形式统称为FTTx。光纤接入网的典型应用模式如图7-1所示。

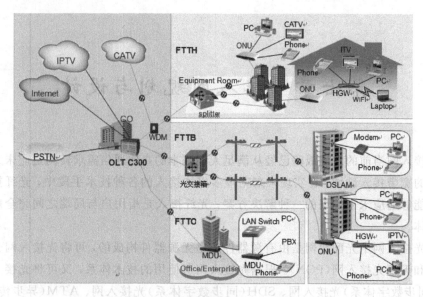

图 7-1 光接入网的典型应用模式

1. FTTH(光纤到户)和 FTTO(光纤到办公室)

FTTH(Fiber To The Home)：顾名思义就是一根光纤直接到家庭，是在光纤上承载的业务，是无源网络，从局端到用户，中间基本可以做到无源。FTTH 去掉了整个铜线(馈线、配线和引入线)设施，无需铜线的维护工作，大大延长了网络寿命。对于所有的宽带应用，这种结构是最稳定和长久的未来解决方案。FTTH 的显著技术特点是不但提供更大的带宽，而且增强了网络对数据格式、速率、波长和协议的透明性，放宽了对环境条件和供电等要求，简化了维护和安装，适于引入各种新业务，是最理想的业务透明网络，是接入网发展的最终方式。

FTTH 是光接入的典型应用，真正满足了光纤到户的高带宽业务的需求，真正意义上实现了"三网合一"的目标。FTTH 加快了"数字家庭"的产业化进程和信息化进程，是现在进行工程设计时的主流方式。光纤到户结构如图 7-2 所示。

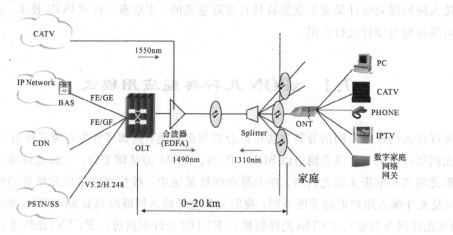

图 7-2 光纤到户(FTTH)应用示意图

FTTO(Fiber To The Office)即光纤到办公室,是利用光纤传输媒质连接通信局端和公司或办公室用户的接入方式。引入光纤由单个公司或者办公室用户独享,ONU 一般放置在企业、单位的中心机房内,以获得最优越的保障措施条件,同时也方便与用户设备对接。ONU/OND 之后的设备或网络由用户管理,而且在满足集团用户的话音、有线或无线宽带上网、局域网互联、视频会议、IPTV 等业务外,还可以提供企业 PBX 接入和 TDM 专线接入等业务,提供完善的 QoS 保证机制。FTTO 方式接入网络拓扑结构如图 7-3 所示。

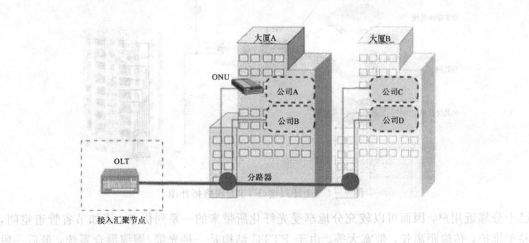

图 7-3　光纤到办公室(FTTO)网络拓扑图

2. FTTB(光纤到楼)

FTTB(Fiber To The Building)即光纤到楼,是一种基于优化高速光纤局域网技术的宽带接入方式,采用光纤到楼、网线到户的方式实现用户的宽带接入,我们也称之为 FTTB+LAN 的宽带接入网,这是一种最合理、最实用、最经济有效的宽带接入方法。使用 FTTB 不需要拨号,用户只要开机即可接入 Internet,可以认为采用的是专线接入。FTTB 对硬件要求和普通局域网的要求是一样的,只需要配置以太网卡,所以对用户来说硬件投资非常少。FTTB 作为一种高速的上网方式其优点是显而易见的,但是其缺点也是存在的,运营商必须投入大量资金铺设五类线到每个用户家中,因此极大地限制了 FTTB 在老小区的推广和应用。FTTB 方式接入网络的拓扑结构如图 7-4 所示。

3. FTTC(光纤到路边)

FTTC(Fiber To The Curb)即光纤到路边,在这种结构中,光网络单元设置在入孔或电线杆上的分线盒处,即 DP 点,有时也可能设置在交接箱处,即 FP 点。此时,从光网络单元到各个用户之间的部分仍为双绞线铜缆。若要传送宽带图像业务,则除了距离很短的情况外,这一部分可能需要同轴电缆。

在 FTTC 结构中引入线部分是用户专用的,现有铜缆设施仍能利用,因而可以推迟耗资巨大的引入线部分(有时甚至是配线部分,取决于 ONU 的位置)的光纤投资,具有较好的经济性。一般是先敷设一条很靠近用户的潜在宽带传输链路,一旦有宽带业务需要,可以很快地将光纤引至用户处,实现光纤到家的战略目标。

同样,出于经济性考虑,也可以用同轴电缆将宽带业务提供给用户。由于其光纤化程度

FTTO(Fiber To The Office)即光纤到办公室，主要用于需有宽带通信需求的公司和企业集团内部的接入，即以光纤直达公司或集团内部中心办公室的用户（ONU）一级或用户，集中的电子商务部分需高速接入商务信息，同时兼具多方的用户网络的接口（ONU/OND）会将信息进行用户整合，用户终端也可根据用户需要方便灵活配置，因而可以实现多种业务。例如，IPTV等多种业务，还可以便捷接入的PDX等接入入网业务。根据其接入距离的不同范围，FTTO方式其具有节约光缆等优点。

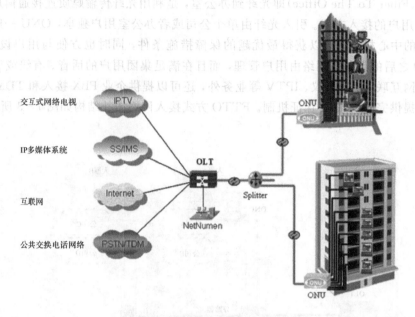

图7-4　光纤到楼(FTTB)网络拓扑图

已十分靠近用户，因而可以较充分地享受光纤化所带来的一系列优点，诸如节省管道空间，易于维护，传输距离长，带宽大等。由于 FTTC 结构是一种光缆/铜缆混合系统，最后一段仍然为铜缆，还有室外有源设备需要维护，从维护运行的观点来看仍不理想。但是如果综合考虑初始投资和年维护运行费用的话，FTTC 结构在提供 2 Mb/s 以下窄带业务时，仍然是 OAN 中最现实经济的。然而如果将来需要同时提供窄带和宽带业务，这种结构就不够理想，对以后的宽带业务就不够了，可能不得不减少节点数和用户数，或者采用1500 nm 波长区来传输宽带业务。还有一种方案是干脆将宽带业务放在独立的光纤中传输，例如采用 HFC 结构。此时在 HFC 上传输模拟或数字图像业务，而 FTTC 主要用来传输窄带交互型业务，该方案具有一定的灵活性和独立性，但需要有两套基本独立的基础设施。

4. FTTN(光纤到节点)

FTTN(Fiber To The Node)即光纤到节点，意思是指光纤连接到节点，即光纤延伸到电缆交接箱所在处，然后采用 xDSL 技术覆盖到最终用户的宽带接入技术，它与 FTTC 比较类似，主要的区别在光纤终节点的位置，以及覆盖的最终用户数。对于 FTTN，光纤在电缆交接箱处终结，因此一般覆盖 200～300 个用户。它的主要特点是不需要重建接入环路和分配网络，因此比较适合用户较分散、较稀疏的农村。

总的来说 FTTH 是接入网的长期发展目标，各个国家都有明确的发展目标。FTTH 比其他几种方式建设成本较高，网络覆盖较为复杂，但是其用户带宽方面有很好的保障，因此在高端用户小区建设方面具有一定的优势。但由于成本、用户需求和市场等方面的原因，FTTH 仍然是一个长期的任务。目前在中国主要是实现 FTTB 和 FTTC，从 ONU 到用户之间仍利用已有的双绞线或铜线，采用 LAN 或者 xDSL 方式传送所需信号。根据业务的发展，以及业务对带宽要求的提升，光纤将逐渐向家庭延伸，最终将实现 FTTH。而 FTTN 接入技术可以有效地降低光纤接入的成本，运营维护比较便捷，业务功能全面，是当前针对农村市场的理想技术方案。

对于选择 FTTB/FTTH 的运营商来说，普遍思路是在新建区域建设 FTTH，因为原材料铜的价格在上涨而光缆价格在下跌，并且光缆和铜缆的敷设费用相当，尤其是新建住宅也不存在已入住用户不愿意重新敷设线缆的风险；而对于已敷设铜缆的用户，则采用 FTTB 的模式，以规避入户重新铺设光纤的问题。显然，FTTH 投资是最大的。FTTN 则是带宽与投资的折中策略。FTTN 在满足用户带宽需要的前提下，采用最新的 xDSL 技术，尽量使用长的双绞线，以提高 DSLAM 节点的用户容量，从而减少节点数量，减少投资和维护成本。

7.2　无源光网络 PON 的工程应用与规划设计

7.2.1　用户分类与业务预测

由于地区间发展的不均衡性，不同城市在宽带城域网建设中所提供的服务平台也有所不同，这主要取决于城市特点、发展程度、服务重点等方面，同时业务内容主要取决于需求对象及工程重点项目内容。根据业务需求对象即用户类型的不同，将宽带用户类型大致分为以下七类：

（1）政府机关用户。

政府机关是一个重要的市场领域，由于其地位特殊，对社会的影响力较大，他们对宽带接入的需求主要来源于"政府上网工程"和办公的信息化。随着各行各业信息化进程的加快，城市范围内计算机网络互联业务需求变得更加迫切。

（2）金融证券用户。

金融证券用户是电信运营商的一大客户，主要开展数据通信、计算机联网等各类交互式多媒体业务，为金融、银行及证券公司等提供专网服务，实现银行、信用社的通存通兑等业务。

（3）智能大厦用户。

智能大厦、高层写字楼是商业客户等集团用户最密集的地方，这些集团用户一般都是电信运营商的大客户。集团用户对资费的敏感度低于家庭用户，用户的需求是要能提供综合、可靠、安全的网络业务，宽带高速互联接入、局域网互联及其他基于宽带接入网的业务，如高速数据传输、数据中心、视频会议等都有广阔的市场前景，这些用户同样会有 IP 电话的需求。

（4）住宅小区用户。

随着人们对社会信息化进程的加快，在智能小区、生活小区建设宽带信息化小区已成为各电信运营商竞争的一大焦点。对于各电信运营商而言，这既是增值业务的发展点，也是一个介入电信业务新领域的切入点。在这些商住小区建设宽带信息化，向用户提供高速上网业务，小区的信息社区服务包括社区管理、电子商务、VOD、事务处理等等。

（5）宾馆酒店用户。

随着酒店管理系统的不断完善，酒店上网业务必将成为今后的热门话题。酒店上网业务提高了宾馆酒店的知名度以及服务档次，在为顾客提供优质服务的同时，也增加了其自身的效益。客人可以在酒店登录 Internet 开展工作和商务活动，也可以通过 Internet 查询酒店情况，进行酒店的预定、结账等活动，极大地方便了顾客。

（6）学校医院用户。

学校医院对宽带接入的需求来源于电子化教学、远程教育、远程医疗和信息化社区等。

（7）企业科研用户。

企业上网主要是通过上网了解国内外经济形式，在网上捕捉商机，发掘新的市场空间，同时还可以在网上宣传企业。科研单位通过上网实现远程数据处理、监测控制及异地科研合作等业务。

7.2.2　组网原则

1. 组网指导思想

现代的网络结构应满足当前迅速增长的多种业务需求和承载各种应用系统，提供网络能力，优化网络结构，加强网管功能，完善支撑系统和业务平台，满足用户对网络层面的业务需求，同时为应用层面的业务拓展提供基础保证，保证网络的可靠性和可管理性。

2. 组网基本原则

宽带光纤接入网规划应结合现有光缆网络结构，以近期规划和中期规划相结合为原则。现在宽带城域网的建设正处于初级阶段，因各地区和城市内各区域发展不平衡，对业务需求不一，并且用户比较分散，呈现不确定性。考虑到占领市场和投资的经济性，组建的原则应是统一规划、分步实施。

3. 汇接节点设置选址原则

由于宽带光纤接入网工程建设目前尚未形成既定的技术标准和规范，汇接节点设置选址主要遵循以下原则：

（1）一个汇接节点覆盖范围为以 500 m 为半径组成的小区或 5～15 幢多层建筑群。

（2）一个汇接节点的收容用户数量一般为 300～1000 个信息点，最多不超过 1000 个信息点。

（3）汇接节点尽量与其他电信设施合用，以解决节点设备机房问题。

（4）汇接节点的位置应便于光缆和电缆的出入。

（5）汇接节点的位置应避免在有腐蚀性气体的地方、易遭雷击的地方、高压输电线下、强干扰区、潮湿地区、低洼地、防洪堤坝附近等，易遭破坏的地方也应避免，设备必须放在室内。

4. 节点带宽分配原则

从目前宽带用户的实际流量考虑，在规划过程中，核心节点之间分配一个 1000 Mb/s 带宽，汇接节点按需要增加相应的接口板或交换机，以提供足够的用户接入端口。当用户流量达到一定规模以后，采用中继流量的负荷分担。近期规划（1 年）内，10 Mb/s 的端口总数量应该和收容用户数量相当，楼道交换机上行接口速率至少应按接入速率总和的 1/5 收敛配置，即每个宽带用户至少分配 2 Mb/s 带宽。对于住宅小区，按 20% 宽带接入率分配带宽。对于党政机关、金融证券、智能大厦、宾馆酒店、学校医院和企业科研用户，考虑其内部已有局域网，上行可分配 100～1000 Mb/s 带宽。

7.2.3 接入网网络结构

根据 RBB 模型，宽带城域网可分为核心层、汇接层和接入层三层。核心层主要完成数据的传输功能，负责全网业务的转接和业务疏通，实现城域内数据交换及与 IP 网络互联。汇接层主要负责区域内业务的汇聚和疏导，要求提供业务调度和路由能力、多协议处理能力和多业务接入能力。接入层负责将业务就近接入汇接节点，要求设备具有多业务接入能力、多种接入手段和良好的组网能力，可以迅速灵活地接入用户。

1. 网络结构的选择

在规划中，光缆敷设应采用一步到位的方式。宽带接入网网络结构的选择应结合宽带接入点分布的特点、路由情况及业务要求，综合考虑、适当选择。既要充分考虑到网络的经济性和技术性，又要顾及发展的需要，同时还要考虑宽带接入的窄带需求以及网络的运行和调配灵活性，如扩容、调度、应急等因素，以及宽带接入网光缆网络结构，主要考虑以下两种方案。

1）星型方式

母局汇接节点到汇接节点按星型点到点连接，构成有源星型或双星型网络。该结构的优点是：结构简单，容易规划，光缆的投资相对较小；缺点是：占用管孔多，每个用户是单路由，安全可靠性差。对一些用户密度疏、近期变化大且离局较远的地区不失为一种行之有效的方式。

2）环型与总线型结合方式

母局汇接节点采用从本节点出来的光缆双向进纤方式，汇接环由大芯数主干光缆构成，环上光缆采用不递减方式，每个汇接环上一般接 4～6 个汇接节点。汇接节点至楼道交换机采用星型点到点连接。该结构的主要优点是汇接环光缆占用管孔少，纤芯使用率高，易于调度，安全性高。

对于一些在母局汇接节点间总线上的其他重要汇接节点，为解决单一物理路由的不安全性，每个光节点可采用通向两个母局汇接节点方向的进纤方式，形成对该汇接节点的双向接入方式。当其中一个母局汇接节点出现故障时，可通过另一母局汇接节点疏通，增加了接入业务的可靠性。同时，当用户光缆有富余时可作为局间中继用。但该方式增加了汇接节点的设备负载，同时使网络构造复杂，不宜大量使用。

对于距母局距离较远、用户较分散、有待进一步规划、开发的区域，汇接节点可采用星型方式来组网。对于现有管孔数量不足、用户数量集中在本局范围、而城市规划基本成形的区域，应优先考虑采用环型与总线型结合方式组网。

在光纤接入网组网中，一般采用光纤本局环网综合型。它的特点为重要业务节点（如小区、大商场、机场、政府机关、大医院、大楼、大学、大宾馆、银行、无线基站等）均在环路上，次要节点接入较为灵活。

对于环网综合型接入方式，对网结构、光缆铺设等都有一系列细则要求，其中对自愈环网中主要节点的节点数的要求为 4～8 个为宜。

2. 纤芯配置原则

汇接节点：对于星型组网方式，每个汇接节点下接 6 芯光缆，从主干到分支光缆逐级递减。对于环型与总线型结合组网方式，汇接节点从汇接环上接双向 24 芯，同时汇接环上至少预留 12～24 芯。汇接环采用单模光纤光缆，通常从几十到几百芯不等，建议采用带状光缆。

汇接节点至楼道交换机：根据业务需求配置纤芯数，每一个 100 Mb/s/1000 Mb/s 以太网端口占用 2 芯，并作适当纤芯预留，建议采用多模光纤光缆。

7.2.4 接入网组网建设思路及组网模型

1. 接入网建设原则

接入网建设时，应遵循的原则有：

(1) 有线宽带接入网络应停止端局 DSLAM 的建设，严格控制 DSLAM 下移方式；

(2) 适当减少 FTTC 方式的 PON+DSL 的建设比例；

(3) 新建和改造网络应以 PON+LAN 方式的 FTTB 和 FTTH 为主；

(4) 在有条件的情况下，应积极采用 FTTH 接入方式。

2. 典型的接入网组网模型

典型的接入网组网模型如表 7-1 所示。

表 7-1 典型接入网组网模型

	典型组网模型	带宽能力	设备要求	向更高带宽 演进能力	建设成本
1	FTTH(PON)	好	ONU 内置 IAD 功能	好	高
2	FTTB(PON)+LAN	较好	楼道 ONU 内置 IAD 功能	较好	低
3	FTTB(PON)+DSL	较好	楼道 ONU 内置 IAD 功能	较好	较高
4	FTTB(P2P)+LAN	差	楼道交换机内置 IAD 功能	差	低
5	FTTC(P2P)+DSL	一般	DSLAM 内置 AG 功能	差	中等
6	FTTN(P2P)+DSL	一般	DSLAM 内置 AG 功能	差	中等
7	FTTN(PON)+DSL	较好	楼道 ONU 内置 IAD 功能	一般	较高

1) FTTH 组网方式

采用光纤到户的组网方式，OLT 通过业务端口连接到 PSTN/TDM 网络、IMS 软交换网、IPTV 等网络上。下行 PON 口通过光纤连接到光纤配线架，光纤配线架光缆再连接到光缆交接箱，经过一级分光、二级分光，最终光纤分路引入到家庭用户端。经过用户 ONU 终端进行光电信息的转换，为家庭用户提供语音、宽带、IPTV 等综合业务。FTTH 具有带宽提供能力强、传输距离长、维护成本低等优点，是一个发展方向，但目前成本也最高。在新建区域，FTTH 建设投资和维护成本与 FTTN/FTTC 相当，带宽提供能力和带宽提升潜力优于 FTTN/FTTC。

2) FTTB+LAN

LAN 接入有传统楼道交换机和 ONU 内置 LAN 两种方式。传统 LAN 接入的维护管理能力和差异化服务能力均弱于 DSL 接入。ONU 内置 LAN 接入解决了传统 LAN 接入的维护管理问题,与 DSL 接入相比,具有更强的上行带宽能力和带宽提升潜力。

FTTB(PON)+ LAN (ONU 内置 LAN)模式具有综合的成本优势,但这是一种崭新的建网模式,其效果有待于实践检验。

现有宽带接入网络提速改造的组网模式方案举例如下:

(1) 五类线入户 FTTB(P2P)+LAN 小区的改造方式:可采用 FTTH、FTTB(PON)+ LAN、FTTB(P2P)+LAN 方式。

(2) 铜缆双绞线入户小区改造方式:可采用 FTTH、FTTB(PON)+DSL、FTTC(P2P)+DSL、FTTN(P2P)+DSL、FTTN(PON)+DSL 方式。

7.2.5 无源光网络 PON 的技术选择

根据业务需求和综合造价,在接入网的建设中应灵活选择 EPON 或 GPON 技术。EPON 与 GPON 的选择需考虑以下因素:

(1) EPON 和 GPON 作为目前的主流接入技术均已大规模应用,国内市场电信、联通主要采取 EPON,移动采用 GPON。日韩采用 EPON,欧美则主要采用 GPON。

(2) EPON 以更低的价格及技术标准、产业链的更高成熟度获得了国内电信、联通的规模部署(目前主要是 FTTB 建设模式)。而运营商主导标准的 GPON,在大型系统、芯片及光模块厂家支持下,相关产业链大有赶超 EPON 的势头,相关产品价格也迅速下降。2010 年,电信及联通集团都对 GPON 进行了集采招标,部分厂家的 GPON 报价甚至低于 EPON 报价。

(3) 前期 FTTx 建设主要采用 FTTB 建设模式,虽然采用了 EPON,但部署量不是非常大,后期 FTTH 采用 GPON 是可以接受的,并且 EPON/GPON 可以共享网管平台。

(4) GPON 具备更高宽带、更远接入距离、更高分光比及更强的 OAM 网管功能,更适合 FTTH 规模部署。

(5) 考虑到未来的网络升级换代,以及 EPON/GPON 向 10G PON 的演进问题,虽然 10 Gb/s EPON 标准成熟度要优于 10 Gb/s GPON,部分厂家也推出了试商用产品,但 10 Gb/s EPON 的规模商用仍需假以时日,远水解不了近渴。另外,网络升级换代时 ODN 网络是可以利用的,升级用户的 ONU 终端都需要替换,局端 OLT 设备可能需要替换硬件,但厂家基本上是采用赠送策略,因此无论采用 EPON 还是 GPON,将来的网络升级换代改造成本是基本一致的。

7.3 FTTH 典型接入场景的规划与设计

近年来用户宽带的需求迅速增长,IPTV 视频类等高宽带业务已成发展趋势,传统的铜缆接入模式受投资高昂、速率受限于线缆传输距离等诸多因素的影响,难以满足业务发展需要。随着 PON(无源光网络)技术的成熟、光缆及 ONU 终端成本的迅速下降,基于 PON 技术的 FTTH(光纤到户)建设模式已成为各运营商拓展接入综合业务的最佳选择。

另一方面,随着以政府部门为主导的"三网融合"进程的推进,光纤到户(FTTH)成为"三网融合"接入技术不二之选。下面结合几个设计案例对常见的场景建设进行方案探讨。

7.3.1 高层住宅小区 FTTH 规划设计接入方案

高层住宅小区有以下特点：

(1) 10 层以上，每楼层用户数较多，用户数量大；

(2) 楼内拥有完善的竖井和管道设施。

针对高层住宅小区的特点，进行 FTTH 的规划方案设计，如表 7 - 2 所示。

表 7 - 2　高层住宅小区 FTTH 方案设计

序号	规划设计方案内容
1	将每单元楼或多栋楼作为一个配线区，每个配线区的住户数控制在 300 户左右(可根据小区具体情况设置)
2	在每个配线区集中设置光缆交接箱，容量按照大于"住户数+交接箱接入光缆芯数"的原则选用。交接箱内放置光分路器，采用一级集中分光
3	单元楼内每楼层设置 1 个光 DP，光 DP 容量以覆盖 24～48 户左右进行设计
4	自配线区光缆交接箱至每个光 DP 各布放 1 条入楼光缆，原则上光缆交接箱至光 DP 之间不进行掏接，即光缆在不断开的情况下，掏出其中若干芯与其他光缆进行熔接
5	自楼内光 DP 至所有用户端采用至少 1 芯室内皮线光缆
6	在小区中心位置设集中配线点。自集中配线点至每个配线区布放小区光缆(芯数为远期光分路器数量的 2 倍以上)
7	外线光缆应从最近的光节点(或机房)引接，引入光缆的芯数除满足已建小区业务容量外，还需考虑小区将来是否有扩建的需求或室分等需求。引入光缆芯数应大于小区远期光分路器总数的 2 倍
8	在用户数较多的小区，可在小区内设置 OLT 机房。原则上用户数大于 1000 户且附近 1 公里左右无接入间的，PON 口数大于 16 个，可考虑设置小区 OLT

高层住宅小区 FTTH 方案示意图如图 7 - 5 所示。

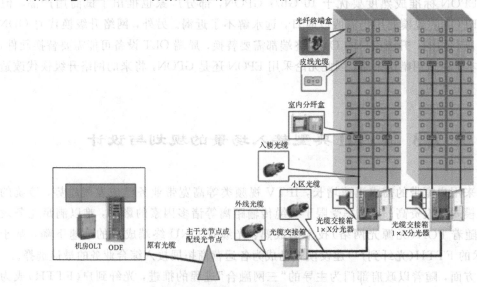

图 7 - 5　高层住宅小区 FTTH 规划接入方案

7.3.2　多层住宅小区 FTTH 规划设计接入方案

多层住宅小区有以下特点：

(1) 10 层以下，用户数量相对较少，常为 1 梯 2～4 户/层；

(2) 一般每单元总住户数在 40 户以下，每栋有几个单元，多栋形成一个住宅小区。

针对多层住宅小区的特点，进行 FTTH 的规划方案设计，如表 7-3 所示。

表 7-3　多层住宅小区 FTTH 方案设计

序号	规划设计方案内容
1	将多个单元楼作为一个配线区，每个配线区的覆盖住户数控制在光缆交接箱容量以内。大型园林小区可设多个配线区，小型小区可只设 1 个配线区
2	每个配线区中心位置设置光缆交接箱，箱体容量按照大于"住户数+交接箱接入光缆芯数"的原则选用，并在交接箱内放置光分路器，采用一级集中分光（独家小区分光口按满足住户数的 100% 配置，非独家分光口按满足用户数的 30% 配置）
3	自配线区光缆交接箱至每单元楼布放 1 条入楼光缆，在楼内中间楼层设置光 DP。建议每单元楼内设置 1 个光 DP，尽量减少入楼光缆条数或光缆接头。（独家小区入楼光缆芯数按住户数的 100% 配置，非独家进住，入楼光缆芯数需按住户数的 50% 配置）
4	自楼层光 DP 至用户端至少配置 1 芯皮线光缆，综合布线按 100% 覆盖设计
5	划分多个配线区时，在小区中心位置设集中的配线点。自集中配线点至每个配线区布放小区光缆（芯数为远期光分路器数量的 2 倍以上）。集中配线点根据园林小区规模，选择设置光缆分歧接头盒或者光交接箱
6	外线光缆应从最近的光节点（或机房）引接，引入光缆的芯数除满足已建小区业务容量，还需考虑小区将来是否有扩建的需求或室分等需求。引入光缆芯数应大于小区远期光分路器总数的 2 倍

多层住宅小区 FTTH 方案示意图如图 7-6 所示。

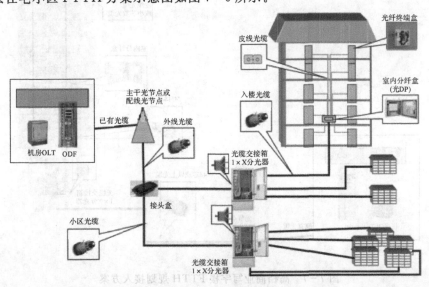

图 7-6　多层住宅小区 FTTH 规划接入方案

7.3.3 高档商业写字楼 FTTH 规划设计接入方案

高档商业写字楼有以下特点：

(1) 商务写字楼每层用户数量多，用户总数大；

(2) 楼内拥有完善的竖井和管道设施，一般都具备假天花（吊顶），方便进行综合布线。纤芯除 PON 系统需求之外，部分用户兼有裸光纤需求。

针对高档商业写字楼的特点，进行 FTTH 的规划方案设计，如表 7-4 所示。

表 7-4 高档写字楼 FTTH 方案设计

序号	规划设计方案内容
1	一般可将整个商业楼宇作为一个配线区，设置光缆交接箱，集中设置光分路器
2	楼内每数层设置 1 个光 DP，每个光 DP 覆盖 2～8 层、48 户左右
3	自光缆交接箱至每个光 DP 各布放 1 条楼内光缆，原则上光缆交接箱至光 DP 之间不进行掏缆、接头
4	自楼内光分配点至客户办公室采用 4 芯室内皮线光缆。若客户具备机柜，ONU 安装在客户机柜内，入户光缆直接采用快速接头端接
5	新建商业楼宇预先进行综合布线，存量商业楼宇不预先进行综合布线，在用户开通阶段进行入户光缆布放
6	外线光缆应从最近的光节点引接，引入光缆采用 48 芯或以上芯数的光缆

高档商业写字楼 FTTH 方案示意图如图 7-7 所示。

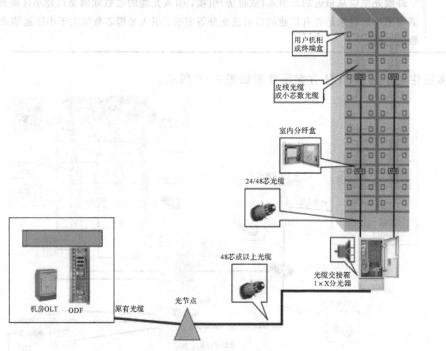

图 7-7 高档商业写字楼 FTTH 规划接入方案

7.3.4 大型工业园区 FTTH 规划设计接入方案

大型工业园区有以下特点：

(1) 聚集各种生产要素、集约强度高、专供工业设施使用的区域；

(2) 区域范围比写字楼、住宅区大，用户密度相对较低。

针对大型工业园区的特点，进行 FTTH 的规划方案设计，如表 7-5 所示。

表 7-5 大型工业园区 FTTH 方案设计

序号	规划设计方案内容
1	将整个园区划分为 1 个或多个配线区，每个配线区设置 1 个室外光交接箱，可集中设置分光器
2	工业园区内每栋办公楼设置 1 个或多个光分配点(DP)，每个光分配点(DP)覆盖 48 户左右
3	自光缆交接箱至每个光 DP 各布放 1 条区内光缆
4	办公楼内光 DP 至客户办公室采用 4 芯室内皮线光缆
5	对于存量工业园区，光缆做到光缆交接箱，业务开通阶段再进行入楼电缆、皮线光缆布放

大型工业园区 FTTH 方案示意图如图 7-8 所示。

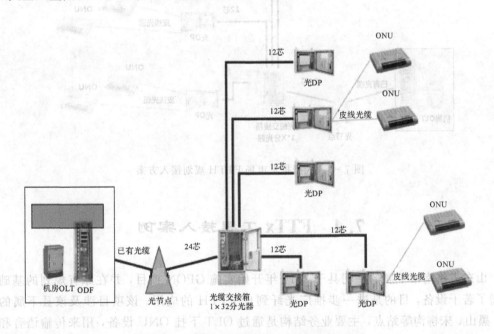

图 7-8 大型工业园区 FTTH 规划接入方案

7.3.5 大型批发市场 FTTH 规划设计接入方案

大型批发市场有以下特点：

(1) 二次及其以下的大规模集中交易批发商和零售商的场所，商铺密集；

（2）综合布线条件相比以上场景布线条件较差。

针对大型批发市场的特点，进行 FTTH 的规划方案设计，如表 7-6 所示。

表 7-6 大型批发市场 FTTH 方案设计

序号	规划设计方案内容
1	将整个专业市场划分为 1 个配线区，在中心设置 1 个光交接箱
2	一定区域范围内的商户设置一个光 DP，每个光 DP 覆盖 48 户左右
3	自光缆交接箱至每个光 DP 各布放 1 条光缆
4	光分配点至客户采用 1 芯室内皮线光缆

大型批发市场 FTTH 方案示意图如图 7-9 所示。

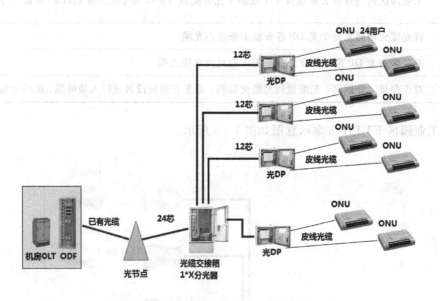

图 7-9 大型批发市场 FTTH 规划接入方案

7.4 FTTx 工程接入案例

山东省济南市下属的平阴县于 2014 年开始实施 GPON 项目，并在原有规划的基础上新增了若干设备，目的是进一步推广光纤到户 FTTH 的应用。该项目涉及该县下属的太和、黑山、宋柳沟等站点，主要业务结构是通过 OLT 下挂 ONU 设备，用来传输语音和宽带业务。

该项目在太和、黑山、宋柳沟、西豆山、司桥等五个站点增加了不同型号的 OLT 设备，由于是新增的设备，所以全部采用新版本 GPON 的八口线卡盘 GC8B 和 16 口线卡盘 GCOB，统计资料如表 7-7 所示。

表 7-7　西豆山设备板卡资源统计

逻辑地址	系统名称	IP 地址	系统类型	板卡名称	槽位号	板卡版本
GPON 工程，平阴 OLT001 - FH - AN5516	西豆山 OLT001 - FH - AN5516	172.31.255.66	AN5516 - 06 系统	GC8B	11	RP0700
		172.31.255.66	AN5516 - 06 系统	GC8B	12	RP0700
		172.31.255.66	AN5516 - 06 系统	GC8B	13	RP0700
		172.31.255.66	AN5516 - 06 系统	GC8B	14	RP0700
		172.31.255.66	AN5516 - 06 系统	GCOB	15	RP0700
		172.31.255.66	AN5516 - 06 系统	PUBA	16	RP0700

除 OLT 之外，又新增加了 1 个 LAN 口和 4 个 LAN 口的 ONU 设备，共计 3000 余个，其中大多数配置的都是单口 ONU，部分 ONU 设备类型统计档案如表 7-8 所示。

表 7-8　部分 ONU 设备类型统计档案

逻辑地址	系统名称	IP 地址	系统类型	ONU 类型	总数
平阴 黑山机房	黑山 5516OLT	58.57.162.9	AN5516 - 01 系统	AN5506 - 01 - A	62
		58.57.162.9	AN5516 - 01 系统	AN5506 - 01 - B	4
		58.57.162.9	AN5516 - 01 系统	AN5506 - 04	3
		58.57.162.9	AN5516 - 01 系统	AN5506 - 07A	3
		58.57.162.9	AN5516 - 01 系统	AN5506 - 07B	3
		58.57.162.9	AN5516 - 01 系统	AN5506 - 09	11
		58.57.162.9	AN5516 - 01 系统	AN5506 - 10	1

本 章 小 结

（1）xPON 接入网的几种典型应用类型：FTTH（光纤到户）、FTTO（光纤到办公室）、FTTB（光纤到楼）、FTTC（光纤到路边）、FTTN（光纤到节点）。

FTTH（光纤到户）：顾名思义就是一根光纤直接到家庭，它是在光纤上承载的业务，它是无源网络，从局端到用户，中间基本可以做到无源；FTTH 去掉了整个铜线（馈线、配线和引入线）设施。

FTTO（光纤到办公室）：即光纤到办公室，是利用光纤传输媒质连接通信局端和公司或办公室用户的接入方式。引入光纤由单个公司或者办公室用户独享，ONU 一般放置在企业、单位的中心机房内，以获得最优越的保障措施，同时也方便与用户设备对接。

FTTB（光纤到楼）：是一种基于优化高速光纤局域网技术的宽带接入方式，采用光纤到楼、网线到户的方式实现用户的宽带接入，我们称为 FTTB＋LAN 的宽带接入网，这是一种最合理、最实用、最经济有效的宽带接入方法。

FTTC(光纤到路边)：光纤到路边，在这种结构中，光网络单元设置在人孔或电线杆上的分线盒处，即 DP 点，有时也可能设置在交接箱处，即 FP 点。

FTTN(光纤到节点)：光纤连接到节点，是光纤延伸到电缆交接箱所在处，然后采用 xDSL 技术覆盖到最终用户的宽带接入技术，它与 FTTC 比较类似，主要的区别在光纤终节点的位置，以及覆盖的最终用户数。

(2) 根据业务场景及业务预测的不同，论述了接入网组网的基本原则及其网络结构，并对各种应用模型进行了建设思路及模式的分析。

(3) 据业务需求和综合造价，在接入网的建设中灵活选择 EPON 或 GPON 技术。

(4) 分别针对高层住宅小区、多层住宅小区、高档商业写字楼、大型工业园区、大型批发市场等典型 FTTH 接入场景的特点进行了接入方案的规划分析。

习　题

7-1　简述宽带光纤接入的概念，宽带光纤接入网络由哪些部分组成。

7-2　简述宽带光纤接入网有哪几种应用类型，其特点是什么。

7-3　光纤接入网的组网原则有哪些？

7-4　简要论述高层住宅小区 FTTH 接入方案的规划思路。

第八章　光接入设备与调测

　　PON 系统主要由光线路终端（OLT）、光合/分路器（Splitter）和光网络单元（ONU）三种主要设备构成，采用的是树型拓扑结构。OLT 放在中心局端，汇聚数据业务，并具有远程集中网络管理功能。ONU 是 PON 系统的用户侧设备，用于终结从 OLT 传来的业务。

　　本章将重点介绍 PON 接入网系统的组成结构、PON 接入网系统中 OLT、ONU 的主要功能和形态。本章还介绍了中兴、华为、贝尔、烽火等主流厂商常用的接入网设备类型及形态，并介绍了中兴和华为公司设备的配置。

8.1　OLT 设备的选型及配置

　　OLT 设备是重要的局端设备，它上联上层网络，完成 PON（Passive Optical Network，无源光网络）的上行接入，与前端（汇聚层）交换机用光纤相连；用光纤与用户端的分光器互联，实现对用户端设备 ONU 的控制、管理、测距。OLT 设备和 ONU 设备一样，是光电一体的设备。

8.1.1　中兴平台 OLT 设备

1. 设备介绍

　　ZXA10 C300（V1.0）EPON/GPON 光接入局端汇聚设备（简称 ZXA10 C300）是中兴通讯股份有限公司全业务光接入平台，支持的业务包括视频、数据、语音和 TDM 业务，还支持第三波长承载 CATV 业务，可以通过各种组网技术，连接中等以上容量的 ONU。

　　ZXA10 C300 设备由主控板、GPON 用户板、CES 上联板、以太网上联板组成，能够提供大容量的可控组播能力以及较高的 QOS 控制能力。

　　1）OLT 设备产品外观

　　IEC 19 英寸机框的外形尺寸为 443.7 mm×482.6 mm×260 mm（高×宽×深），如图 8-1所示。所采用的标准机柜为 19 英寸机柜 19D03H22（2200 mm×600 mm×300 mm，高×宽×深），如图 8-2 所示。单机框提供 19 个槽位，其中 1 号槽位为电源板槽位，10、11号槽位为主控板槽位，18 号槽位为公共接口板槽位，19 号槽位为上联板槽位，其余 14 个槽位为业务板槽位，可支持 GPON/EPON/PTP/TDM 线卡等。

　　机柜 19D03H22 内可放置 3 台 19 英寸机框 C300，满配时可提供 224 个 GPON接口。

图 8-1 IEC19 英寸机框外观图　　　图 8-2 19D03H22 机柜

ETSI 21 英寸机框的外形尺寸为 449.2 mm×527.6 mm×260 mm（高×宽×深），如图 8-3 所示。所采用的机柜为 21 英寸机柜 21D03H22（2200 mm×600 mm×300 mm，高×宽×深），符合 ETSI 标准。单机框提供 21 个槽位。其中 1 号槽位为电源板槽位，10、11 号槽位为主控板槽位，20 号槽位为公共接口板槽位，21 号槽位为上联板槽位，其余 16 个槽位为业务板槽位，可支持 GPON/EPON/PTP/TDM 线卡等。

机柜 21D03H22 内可放置 3 台 21 英寸 C300 机框，满配时可提供 256 个 GPON 接口，如图 8-4 所示。

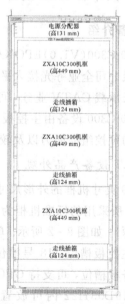

图 8-3 ETSI 21 英寸机框外观图　　　图 8-4 21D03H22 机柜

2) IEC 19 英寸机框配置

ZXA10 C300 可以采用 19 英寸 10U 高的机框配置，放置于 19 英寸 19D03H22 机柜内，机框配置如图 8-5 所示。

风扇																		
0 电源板	2	3	4	5	6	7	8	9	10	11	12	13	14	15	16	17	18	19 上联板
1 电源板	用户板	用户板	用户板	用户板	用户板	用户板	用户板	用户板	主控板	主控板	用户板	用户板	用户板	用户板	用户板	用户板	公共接口板	20 上联板

图 8-5　IEC 19 英寸机框配置图

ZXA10 C300 IEC 19 英寸机框分为两部分：9U 业务单板区和 1U 风扇区。

业务单板区用于安插业务线卡和交换控制卡。0/1/10/11/19/20 号槽位的板位宽度为 25 mm，其余槽位的板位宽度为 22.5 mm。整个系统有 19 个槽位。0/1 号与 19/20 号板位分别插 2 块 4.5U 高度的单板，0/1 号槽位为电源板槽位，19/20 号槽位为专用以太网接口上联板槽位，18 号槽位为公共接口板槽位，其余槽位为线卡槽位，可安插任何类型的 PON 卡、TDM 线卡和 PTP 线卡等。

风扇功能区为高 1U、宽 19 英寸的插板。风扇功能区采用抽风方式为系统提供强制风冷。风扇根据系统温度可以调整其转速，从而降低设备噪声并延长设备使用寿命。

C300 IEC 19 英寸机框各槽位支持的板卡类型如表 8-1 所示。

表 8-1　IEC 19 英寸机框单板配置说明

槽位	支持单板	说　明
0、1	PRWG 前出线电源板	4.5U 电源接口板槽位
2～9	除电源板、以太网上联板、公共接口板以外的其他线卡	支持 PON 线卡、TDM 线卡、PTP 线卡
10、11	SCXL 主控交换卡	主控交换板槽位
12～17	除电源板、以太网上联板、公共接口板以外的其他线卡	支持 PON 线卡、TDM 线卡、PTP 线卡
18	CICG 通用公共接口板	公共接口板槽位，提供时钟输入/输出接口、管理接口、监控（环境、电源等参数监控）和 N:1 保护控制等接口
19、20	XUTQ、GUFQ、GUSQ 以太网上联板	提供 FE、GE、10GE 以太网上联接口

为提高系统的可靠性，系统可配置两块交换控制板，以 1:1 模式工作。

3) ETSI 21 英寸机框配置

ZXA10 C300 可以采用 21 英寸 10U 机框配置，放置于 21 英寸机柜 21D03H22 内，机框配置如图 8-6 所示。

	风 扇																				
0 电源板	2 用户板	3 用户板	4 用户板	5 用户板	6 用户板	7 用户板	8 用户板	9 用户板	10 主控板	11 主控板	12 用户板	13 用户板	14 用户板	15 用户板	16 用户板	17 用户板	18 用户板	19 用户板	20 公共接口板	21 上联板	
1 电源板																				22 上联板	

图 8-6　IEC 21 英寸机框配置图

ZXA10 C300 ETSI 21 英寸机框分为两部分：9U 业务单板区和 1U 风扇区。

业务单板区用于安插业务线卡和交换控制卡。0/1/10/11/21/22 号槽位的板位宽度为 25 mm，其余槽位的板位宽度为 22.5 mm。整个系统有 21 个槽位。0/1 号与 21/22 号板位分别插 2 块 4.5U 高度的单板，0/1 号槽位为电源板槽位，21/22 号槽位为专用以太网接口上联板槽位，20 号槽位为公共接口板槽位，其余槽位为线卡槽位，可安插任何类型的 PON 卡、TDM 线卡和 PTP 线卡等。

风扇功能区为高 1U、宽 21 英寸的插板。风扇功能区采用抽风方式为系统提供强制风冷。风扇根据系统温度可以调整其转速，从而降低设备噪声并延长设备使用寿命。

C300 ETSI 21 英寸机框各槽位支持的板卡类型如表 8-2 所示。

表 8-2　ETSI 21 英寸机框单板配置说明

槽位	支持单板	说　明
0、1	PRWG 前出线电源板	4.5U 电源接口板槽位
2~9	除电源板、以太网上联板、公共接口板以外的其他线卡	支持 PON 线卡、TDM 线卡、PTP 线卡
10、11	SCXL 主控交换卡	主控交换板槽位
12~19	除电源板、以太网上联板、公共接口板以外的其他线卡	支持 PON 线卡、TDM 线卡、PTP 线卡
20	CICG 通用公共接口板	公共接口板槽位，提供时钟输入/输出接口、管理接口、监控（环境、电源等参数监控）和 N:1 保护控制等接口
21、22	XUTQ、GUFQ、GUSQ 以太网上联板	提供 FE、GE、10GE 以太网上联接口

为提高系统的可靠性，系统可配置两块交换控制板，以 1:1 模式工作。

2. 单板介绍

ZXA10 C300 系统单板主要包括主控交换板、以太网上联板、PON 接口板、以太网接口板、P2P 接口板、TDM 接口板、公共接口板、电源板、背板、风扇单元。

1）主控交换板

主控交换板是 ZXA10 C300 的业务交换中心与管理控制中心，完成整个系统的控制与管理功能，实现对系统中各类单板数据的无阻塞交换。主控交换板的业务管理功能有：

· 业务管理线卡上、下线的处理；

· 配置数据的保存；

· 版本的保存和管理；

· 主备同步和自动切换。

主控交换板的数据交换功能主要是 L2/L3 层的数据交换。

主控交换板工作于主备方式，位于机框的 10 号和 11 号槽位。ZXA10 C300 支持以下交换控制板：

· SCXL：A 型大容量交换控制板，提供 400 Gb/s 的双向交换能力和 32k MAC 地址表。

· SCXM：A 型中容量交换控制板，提供 200 Gb/s 的双向交换能力和 32k MAC 地址表。

2）上联板

上联板的功能是进行数据格式的变换，提供各种类型的上联接口，包括以太网上联接口板和 TDM 上联接口板两种。

XUTQ 单板是 GE 光接口以太网上联板，提供 4 路 10 GE 以太网光接口。

GUFQ 单板是以太网上联板，它提供 4 路光口上联，4 路光口可以为 GE 光口（需配置 1 块 GFSQ 子卡）或 FE 光口（需配置 1 块 FFSQ 子卡）。

GUTQ 板是电接口以太网上联接口板，提供系统对外接口，实现 4×GE 电口上联。4 个电口为 10 Mb/s、100 Mb/s、1000 Mb/s 自适应的电口。

GUSQ 单板是以太网上联板，它提供 2 个光口及 2 个电口上联。两个光口可以为 GE 光口（需配置 1 块 GFSD 子卡）或 FE 光口（需配置 1 块 FFSD 子卡），2 个电口为 10 Mb/s、100 Mb/s、1000 Mb/s 自适应的电口（需要配置 1 块 GTSD 子卡）。

HUTQ 板提供 2 个 10GE 光口（XG1～XG2）和 2 个 GE 光口（GE1～GE2）。

HUGQ 板提供 2 个 GE 光口（GE1～GE2）和 2 个 FE 光口（FE1～FE2）。

CTLA 单板是电路仿真 STM-N 接口板，其主要功能有：对外提供 2 路 STM-1 光接口或 1 路 STM-4 光接口，完成 E1/T1 或 E3/T3 业务到以太网（TDMoIP）的转换与恢复；完成 STM-1 光线路上时钟的提取与恢复，以及告警的上报；完成 STM-1 光线路上 SDH 的部分开销处理；完成业务口的主备用切换；完成网管通信。

CTBB 板是 E1 平衡接口的仿真板，提供 32 路 E1 接口连接 PSTN 网。它主要完成以下功能：对外提供 32 路平衡 E1 接口，完成 32 路 E1 业务到以太网（TDMoIP）的转换与恢复；完成 E1 线路时钟的提取与恢复，以及告警的上报（E1 口的时钟恢复需要满足 ITU G.823 标准规定）；完成业务口的主备用切换；实现网管通信。

CTTB 板是 T1 平衡接口电路仿真板，提供 32 路 T1 接口连接 TDM 网络。它实现以下功能：对外提供 32 路平衡 T1 接口，完成 32 路 T1 业务到以太网（TDMoIP）的转换与恢复；完成 T1 线路时钟的提取与恢复，以及告警的上报（T1 口的恢复时钟遵循 ITU G.823 标准）；完成业务口的主备用切换；支持网管通信。

8.1.2 华为平台 OLT 设备

1. 设备介绍

1）OLT 设备产品外观

MA5680T 系列是基于华为第三代统一平台开发，全球首款汇聚型 OLT。该设备融合汇聚交换功能，提供高密度 xPON、以太网 P2P、GE/10GE 接口、高时钟精度 TDM、以太网专线业务，能够实现流畅的上网、视频和语音等高可靠的业务接入服务；在增强网络的可靠性的同时，节省网络建设投资，节约运维成本。

MA5680T 系列产品包含大容量 MA5680T、中等容量 MA5683T 以及 MINI 型 MA5608T 三种规格的产品，硬件和软件完全能够兼容，节省网络备货成本。两种规格中，大容量规格的 MA5680T 能够提供 16 个业务槽位，中等容量规格的 MA5683T 能够提供 6 个业务槽位，MINI 型 MA5608T 提供 2 个业务槽位。MA5680T 19 英寸机框如图 8-7 所示。

图 8-7　MA5680T 19 英寸机框

2）MA5680T 19 英寸机框配置

MA5680T 19 英寸机框配置如图 8-8 所示。

	1	2	3	4	5	6	7	8	9	10	11	12	13	14	15	16	17
19 电源板	业务板	业务板	业务板	业务板	业务板	业务板	主控板	主控板	业务板	业务板	业务板	业务板	业务板	业务板	业务板	业务板	上行板
20 电源板																	
0 通用接口板																	18 上行板

图 8-8　MA5680T19 英寸机框单板分布图

最左边槽位从上到下分为 3 部分，上面两个槽位为电源接入板槽位，固定配置两块电源板，电源板为双路输入，互为备份，槽位编号为 19、20。下面为通用接口板，槽位编号为0；1～6 槽位为业务板槽位；7、8 槽位为主控板槽位。一个机框可以配两块主控板，实现业务控制、主备功能。9～16 槽位为业务板槽位。最右边槽位分为上、下两个部分，为 GIU（通用接口单元）槽位，槽位编号为 17、18，支持上行板，提供上行口，可以双配，实现业务保护。

2. 单板介绍

MA5680T 单板分为主控板、上行接口板、通用接口板、电源板、SPU 板、以太网业务接入板、TDM 业务处理板、GPON 业务板、10G GPON 业务板、P2P 接口板、ATM 接口板、Combo 板、语音板等。

1）主控板

主控板是系统控制管理单元，完成对整个产品的配置、管理和控制，同时实现简单路由协议等功能。主控板包括 SCU 板和 MCU 板两种。SCU 是超级控制单元板，MCU 是小规格超级控制单元板。

超级控制单元板 SCU 又可以分为 SCUB、SCUF、SCUK、SCUL、SCUN、SCUH、SCUV 等几种类型，用于不同的需求。所有超级控制单元板（SCU 主控板）都支持如下功能：支持系统控制单元、主备倒换，有维护串口 CON 和维护网口 ETH，支持本地和远程维护，有环境监控串口 ESC，支持环境监控设备接入等。

以 SCUV 为例，该单元板是系统控制和业务交换汇聚的核心，同时也可以作为统一网管的管理控制核心。SCUV 通过主从串口、带内的 10GE/20GE 通道和业务板传递关键管理控制信息，完成对整个产品的配置、管理和控制，同时实现简单路由协议等功能。SCUV 提供 4 个 GE/10GE 面板接口、16 个 10GE/20GE 到业务板的通道，每块上行板各包含 2 个 10GE 到上行板的通道、2 个 20GE 到备用板的通道，用于和备用 SCUV 实现负荷分担。

小规格超级控制单元板 MCU 可以分成 MCUD、MCUD1 和 MCUE。所有小规格超级控制单元板都支持如下功能：支持系统控制单元、主备倒换和负荷分担，有维护串口 CON和维护网口 ETH，支持本地和远程维护，支持环境监控设备接入、以太同步、温度读取和高温告警、风扇框监控与管理、7 路告警开关量输入、1 路告警开关量控制输出、光铜混合接入等。

以 MCUD1 为例，该板提供 2 个 SFP GE 和 2 个 SFP＋ GE/10GE 面板接口、2 个 GE/10GE 到业务板的通道、1 个 10GE 到备用主控板的通道，与备用 MCUD1 实现负荷分担。

2）上行接口板

上行接口板（GIU）用于提供系统上行或级联的接口。GIU 是 General Interface Unit 的简称。上行接口板 GIU 包括以下类型的单板：

GICD：4 路 GE 光接口板。

GICE：4 路 GE 电接口板。

GICF：2 路 GE 光接口板。

GICG：2 路 GE 电接口板。

GICK：2 路 GE 光接口板，支持 1588V2 时钟信号。

GSCA：1 路 GE 同步以太网接口板，支持提取线路的时钟和发送同步的时钟。

X1CA：1 路 10GE XFP 光接口单元板。

X2CA：2 路 10GE XFP 光接口单元板。

X2CS：2 路 10GE 上行接口板。

P2CA：2 端口 xPON 光接口上行板，提供 2 个 SFP PON 光接口。

3）通用接口板

通用接口板（GPIO）一般用于接入 BITS 时钟或 ESC 监控量。GPIO 是 General Purpose Input/Output 的简称。通用接口板包括以下类型的单板：

BIUA：BITS 接口单元板，提供 BITS 输入和输出功能。

CITA：合一接口转接板，支持 ESC 接口。

CITD：合一接口转接板，可为系统提供输入输出时钟源，并支持告警开关量输入与输出等功能。

4）电源板

电源板（MPW）用于引入直流电源，为 MA5608T 设备供电。常见电源板有下述三种：

（1）H801MPWC，双 DC 电源板，用于引入－48 V 直流电源，为设备供电。

（2）H801MPWD，交流电源板，由一块 AC 电源板和监控板组成，支持铅酸电池备电，并为设备供电。AC 电源板具有过流保护、输出过压保护、短路保护、过温保护等功能；同时监控板支持完善的电源系统管理、蓄电池管理以及部分环境监控功能。

（3）H801MPWE，DC 电源板，用于引入－48 V 直流电源，为设备供电。

5）SPU 板

SPU 板是业务处理板，包括以下几种单板：

SPUA：综合业务处理板，支持上行和级联。

SPUB：MPLS 业务处理板。

SPUC：综合业务处理板，实现 OLT 上行接口扩展功能，主要用于 OPEN ACCESS 场景，作为网络开放节点的上行接口板使用。

SPUF：多功能业务处理板，可以扩大 ARP/ND 表项和路由表项规格，增强三层转发能力。

6）以太网业务接入板

以太网业务接入板（ETH）用于接入或上行以太网业务，不支持用户接入和用户管理的功能，包括两种单板：ETHA 和 ETHB。这两种单板都提供 8 个 SFP GE 光/电接口，支持以太网级联。其区别是 ETHB 支持以太网上行、板内自交换（作为上行板时各上行口之间互通）、GE 远端从框聚合管理、板内聚合、跨板聚合等功能，而 ETHA 不支持这些功能。

7）TDM 业务处理板

TDM 业务处理板包括：

TOPA：包交换网传输时分复用业务板，通过扣板实现业务上行。

TOPB：包交换网传输时分复用业务板，提供两路 STM-1 接口实现 TDM 业务上行。

CSPA：CESoP 业务处理单板，提供 64 路 E1 的 SAToP(Structure-Agnostic TDM over Packet)处理。

8) GPON 业务板

GPON 业务板通过与 ONU 配合，提供 GPON 业务的接入，主要有以下几种：

GPBC：4 端口 GPON OLT 接口板，和终端 ONU 设备配合，实现 GPON 业务的接入。

GPBD：8 端口 GPON OLT 接口板，和终端 ONU 设备配合，实现 GPON 业务的接入。

GPBH：8 端口 GPON OLT 接口板，和终端 ONU 设备配合，实现 GPON 业务的接入。

GPFD：16 端口 GPON OLT 接口板，和终端 ONU 设备配合，实现 GPON 业务的接入。

GPMD：8 端口 GPON OLT 接口板，和终端 ONU 设备配合，实现 GPON 业务的接入。

9) 10G GPON 业务板

10G GPON 业务板通过与 ONU 配合，提供 10G GPON 业务的接入，包括以下两种。

XGBC：4 端口 10G GPON OLT 接口板，和终端 ONU 设备配合，实现 10G GPON 业务的接入。

XGBD：8 端口 10G GPON OLT 接口板，和终端 ONU 设备配合，实现 10G GPON 业务的接入。

10) P2P 接口板

P2P 接口板与以太光网络终端(如支持 GE 上行的 ONT、MxU、交换机等)配合，为用户提供点对点的光接入业务。主要包括以下几种单板：

OPFA：百兆 P2P 光接口板，完成 16 路 FE 光信号的接入。

OPGD：48 端口 GE/FE 光接口板，提供以太网光接入和级联功能。最大支持 48 路 GE/FE P2P 接入。

OPGE：48 端口 GE/FE 光接口板，最大支持 48 路 GE/FE P2P 光接入和级联。

11) ATM 接口板

ATM 接口单元板只有 AIUG 一种单板。AIUG 是 ATM 接口单元板，用于接入 ATM-DSLAM设备，同时也可以用于提供 ATM 专线业务。

12) Combo 板

Combo 板是宽窄带业务合一板，提供 Combo 模式、宽带模式和窄带模式三种应用模式。在 Combo 模式下支持同时接入宽带业务和语音业务。Combo 板包括以下几种单板：

BCAME：48 路 ADSL2＋和 POTS 合一业务板，内置分离器，提供 48 路 ADSL2＋和 POTS 接入业务。

CAME：48 路 ADSL2＋和 POTS 合一业务板，内置分离器，提供 48 路 ADSL2＋和 POTS 接入业务。

BCVME：48 路 VDSL2 和 POTS 合一业务板，内置分离器，提供 48 路 VDSL2 和

POTS 接入业务。

CCPE：64 路 VDSL2 和 POTS 合一业务板，内置分离器，提供 64 路 VDSL2 和 POTS 接入业务。

DCCPE：64 路 VDSL2 和 POTS 合一业务板，内置分离器，提供 64 路 VDSL2 和 POTS 接入业务，支持 Vectoring 功能（一种矢量运算，用以抵消多线对 VDSL2 线路间的串扰，以提升 VDSL2 线路带宽）。

13）语音板

语音板支持 VoIP POTS、ISDN BRA 和 ISDN PRA 业务。（使用语音板时，主控板必须配置支持 VoIP 逻辑转发功能的扣板）。语音板主要包括以下几种：

ASRB：32 路模拟用户板，提供 32 路 VoIP POTS 业务接入。

ASPB：64 路 VOIP 用户接口板，提供 64 路 VoIP POTS 业务接入。

BASPB：64 路 VOIP 用户接口板，提供 64 路 VoIP POTS 业务接入。

CASPB：64 路 VOIP 用户接口板，提供 64 路 VoIP POTS 业务接入。

DSRD：32 路 ISDN 用户板，提供 32 路 ISDN 业务接入。

DSRE：32 路 ISDN 用户板，提供 32 路 ISDN 业务接入。

EDTB：16 路 SHDSL 和 16 路 E1 业务板，提供 16 路 TDM SHDSL 接入、E1 接入和 V.35 接入，以及支持在 SHDSL 线路上承载 E1 业务，并能实现从 E1 端口到 SHDSL 端口业务透传汇聚功能。

AATRB：32 路 FXO 业务板，提供直接拨入业务。

8.1.3　烽火平台 OLT 设备

烽火 AN5516 系列是电信级万兆平台 PON 局端设备，采用高可靠性优化设计，使用标准 19 英寸结构支持 16 业务槽位；全前插板、前出线设计支持所有板卡；PON 光模块热插拔支持业务板、主控、上联主备冗余保护、端到端保护；支持上联口双归属/RSTP/LACP 保护、PON 口 TYPE B/C 保护。

AN5516 系列电信级万兆平台 PON 局端设备拥有超强接入能力，采用大容量、高密度电信级多万兆平台，单框支持 256 个 PON 口，交换容量为 4.384 GB，背板带宽 14.08 Tb/s。提供万兆高速上联板卡：1×10GE＋4×1GE、2×10GE＋2×1GE、6×1GE（光、电可选）；支持 STM-1/E1 专线上行接口，支持最大 16×16GE 专线下行接口；可用 1:32/64/128 光分路比，支持超长传输距离，支持 CLASS C＋光模块；同一 PON 口下不同 ONU 的最大差分距离不低于 40 公里。

AN5516 系列电信级万兆平台 PON 局端设备可以支持全业务接入，提供宽带、语音、IPTV、CATV、TDM 等多种综合业务接入；支持 IEEE 1588V2 协议，支持 1PPS＋TOD 时钟输入；支持 OSPF、VRRP、RIP 等三层功能协议；EPON/GPON/10G PON/P2P 共享平台，支持 FTTX 平滑演进。

AN5516 系列电信级万兆平台 PON 局端设备绿色节能，采用高性能低功耗芯片，整体功耗低于业界平均水平。该设备采用 8 挡温控智能风扇，支持空闲端口休眠，实现深度节能。机框如图 8-9 和图 8-10 所示。

图 8 - 9　AN5516 - 01 机框图

图 8 - 10　AN5516 - 06 机框图

8.1.4　贝尔平台 OLT 设备

1) 7342 ISAM FTTU 大容量 ANYPON 平台

7342 ISAM FTTU 是诺基亚贝尔研发的大容量 ANYPON 平台，拥有海量带宽交换架构，超高密度 EPON 端口，保证每用户无阻塞高速接入；完全无阻塞的产品架构设计，500 Gb/s 的核心交换能力，20 Gb/s 用户槽位容量；同时支持 GE 和 10GE 上联方式，并支持多链路捆绑；支持 2 块主控交换板卡和最大 14 块用户线路板卡；聚和 L2/L3 以太包线速交换；支持 802.1p QoS 和 IGMP 组播；提供 GE 接口(SFP)和 10GE 接口(XFP)；两块 NT卡可配置为负荷分担方式，可实现 500 Gb/s 交换矩阵；支持基于 802.3ad 的实现跨 GE 链路和在 NT 卡之间的链路聚合功能；提供背板总线接口，传递 10 Gb/s(20 Gb/s 负荷分担)流量到每个线卡；提供 BITS 接口用于网络同步，支持基于 IEEE 1588 的网络同步。

7342 ISAM FTTU 大容量 ANYPON 平台外观如图 8-11 所示。

图 8-11　7342 ISAM FTTU 机框图

2) 7342 ISAM FTTx 中容量 ANYPON 平台

7342 ISAM FTTx 完全继承 7342 ISAM FTTU 的海量无阻塞架构，同时部署更为方便灵活。完全无阻塞的产品架构设计，500 Gb/s 的核心交换能力，20 Gb/s 用户槽位容量。每用户板高达 8 个 EPON 端口，每机框支持 64 个 EPON 端口。

每用户板支持 4 个 GPON 端口，并计划近期提供 8 个 GPON 端口的用户板，每机框最大支持 32 或 64 个 GPON 端口。支持向 NG PON 平滑演进，保护现有 OLT 的投资。

7342 ISAM FTTx 中容量 ANYPON 平台外观如图 8-12 所示。

图 8-12　7342 ISAM FTTx 中容量 ANYPON 平台

8.1.5　OLT 设备配置介绍

在这里我们将以 ZXA10 C300 为例，讲述 OLT 设备的配置和管理。ZXA10 C300 的操作功能主要包括系统配置、物理配置、业务开通以及 VLAN 配置等。

1. 系统配置

ZXA10 C300 可以采用两种操作维护方式进行配置：一是命令行配置方式，此种方法又包括超级终端和 Telnet 两种具体配置；二是通过网管进行配置。

· 命令行配置方式一：超级终端配置。

（1）准备工作：

a. 设备安装、电缆连接完毕，对 ZXA10 C300 系统加电。

b. 用本地维护串口线连接维护台 PC 机串口至 C300 主控板的 CONSOLE 口，如图 8 - 13 所示。

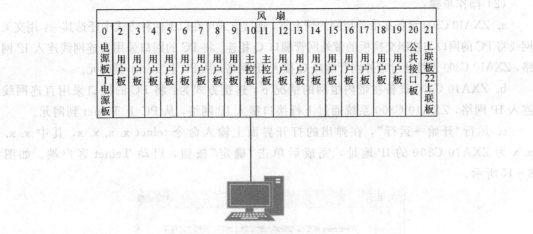

风 扇																				
0 电源板	2 用户板	3 用户板	4 用户板	5 用户板	6 用户板	7 用户板	8 用户板	9 用户板	10 主控板	11 主控板	12 用户板	13 用户板	14 用户板	15 用户板	16 用户板	17 用户板	18 用户板	19 用户板	20 公共接口板	21 上联板
1 电源板																				22 上联板

图 8 - 13　超级终端方式连接示意

（2）操作步骤：

a. 在 Windows 中单击路径"开始→程序→附件→通信→超级终端"，新建超级终端连接。

b. 根据串口线的连接情况选择 COM1 或 COM2 等端口，单击"确定"按钮后系统弹出 COM 口属性对话框，如图 8 - 14 所示。选择"每秒位数"为 9600，"数据位"为 8，"奇偶校验"为无，"停止位"为 1，"数据流控制"为无；或直接单击"还原为默认值"按钮进行设置。设置完成后单击"确定"按钮即可。

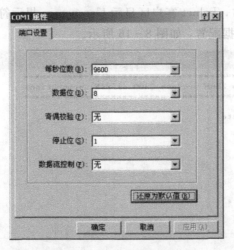

图 8 - 14　COM 口属性对话框

c. 如果系统运行正常，在超级终端会显示登录界面，系统进入命令行"ZXAN>"模式，输入 enable 命令后再输入密码：zxr10，即可进入特权模式"ZXAN♯"进行各种配置。

·命令行配置方式二：Telnet 配置。

Telnet 维护是通过计算机操作系统 Windows 中自带的运行程序实现与 ZXA10 C300 系统的连接的，Telnet 方式可以实现对设备的远程维护。

(1) 准备工作：

a. ZXA10 C300 带内或带外网管已配置。

b. 维护终端能 ping 通设备的带内或带外网管 IP。

(2) 操作步骤：

a. ZXA10 C300 设备在带外组网的情况下，连接方式可在以下两种方式中任选其一：用交叉网线将 PC 的网口与控制交换板的带外网管端口 Q 相连。将 PC 的网口采用直连网线连入 IP 网络，ZXA10 C300 系统通过带外网管端口 Q 接入 IP 网络，从 PC 上 Telnet 到网元。

b. ZXA10 C300 设备在带内组网的情况下，连接方式为：将 PC 的网口采用直连网线连入 IP 网络，ZXA10 C300 系统通过上行接口接入 IP 网络，从 PC 上 Telnet 到网元。

c. 运行"开始→运行"，在弹出的打开界面上输入命令 telnet x. x. x. x，其中 x. x. x. x 为 ZXA10 C300 的 IP 地址，完成后单击"确定"按钮，启动 Telnet 客户端。如图 8-15所示。

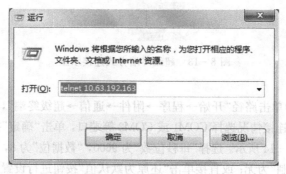

图 8-15 "运行"对话框

d. 如果网络连接正常，Telnet 客户区显示 Username：提示符，用户正确输入登录的用户名和密码后即可进行数据配置，如图 8-16 所示。

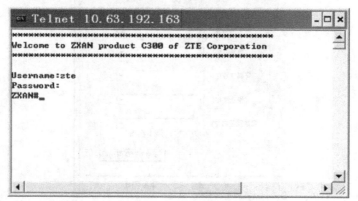

图 8-16 Telnet 登录界面

（3）通过网管配置：

网管登录方式如图 8-17 所示。

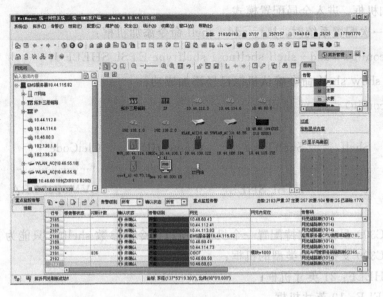

图 8-17　网管登录方式

ZXA10 C300 设备可以通过中兴宽带综合接入设备网管系统 NetNumen N31(V4.4.0) 进行图形化界面的管理和维护。

NetNumen N31(V4.4.0)网管系统是一个采用新的 Internet 技术，按照自下而上规则设计的高度用户化、电信级、跨平台的 Internet 基础结构的管理平台，为运营商提供一种可伸缩、高性能的网络管理系统，能够满足网络不断发展、支持多种操作系统和平台的需求。

NetNumen N31(V4.4.0)网管系统为网络管理员提供了一个功能强大的操作管理工具。通过该网管系统，能够直观地显示网络视图，同时监视和管理网络中多个接入设备，保证网络可靠、安全、高效地运行。

安装数据库以及 NetNumen N31 网管软件，依次启动 SQL Server 数据库，NetNumen N31 服务器，NetNumen N31 客户端，即可通过统一网管管理网元。

2. 物理配置

（1）ZXA10 C300 开局时需要添加机架、机框、单板。

添加机架：

① 执行 configure terminal 命令，进入全局配置模式：

ZXAN♯configure terminal
Enter configuration commands, one per line. End with CTRL/Z.

② 执行 add-rack 命令添加机架：

ZXAN(config)♯add-rack rackno 1 racktype ETSI19

说明：

ZXA10 C300 目前只支持配置一个机架，所以命令的参数 rackno 只能为 1。

ZXA10 C300 支持两种类型的机架：

ETSI 21：21 英寸室内型机架；

IEC 19：19 英寸室内型机架。

（2）添加机框。进入全局配置模式。

① 在第一次配置系统时，执行 add - shelf 命令添加机框：

ZXAN(config)#add - shelf shelfno 1 shelftype ETSI_SHELF

② 执行 show shelf 命令确认机框已经添加成功：

ZXAN(config)#show shelf

Rack	Shelf	ShelfType	ConnectID	CleiCode
1	1	ETSI_SHELF	0	BVM5Z00GRA

说明：

ZXA10 C300 目前只支持配置一个机框，所以命令的参数 shelfno 只能为 1。

ZXA10 C300 支持两种类型的机框：

ETSI_SHELF：21 英寸机框；

IEC_SHELF：19 英寸机框。

（3）添加单板。机框添加成功后，系统会自动添加两块控制交换板：

ZXAN(config)#show card

Rack	Shelf	Slot	CfgType	RealType	Port	HardVer	SoftVersion	Status
1	1	10	SCXL	SCXL	0	090600	V1.2.3	INSERVICE
1	1	11	SCXL		0			OFFLINE

查看所有单板信息：ZXAN#show card。

查看某个单板信息：ZXAN#show card slotno 10。

单板状态说明如表 8-3 所示。

表 8-3 单板状态说明

状 态	说 明
INSERVICE	单板正常工作
CONFIGING	单板处于业务配置中
CONFIGFAILED	单板业务配置失败
DISABLE	已经添加该单板，单板硬件上线，但是没有收到单板的信息
HWONLINE	单板插在机框中，但版本不对，没有正常运行
OFFLINE	已经添加该单板，但是该单板硬件离线
STANDBY	单板处于备用工作状态
TYPEMISMATCH	单板实际类型和配置类型不一致
NOPOWER	电源板未通电

（4）删除单板。

① 进入全局配置模式：

ZXAN♯configure terminal

Enter configuration commands, one per line. End with CTRL/Z.

② 执行 del－card 命令删除 ZXA10 C300 系统的用户单板。

删除 5 号槽位上的单板：

ZXAN(config)♯del－card slotno 5

Confirm to delete card? ［yes/no］: yes

3. 认证 ONU

首先用 show onu unauthentication 命令显示端口下未注册的 ONU 信息：

ZXAN(config)♯show onu unauthentication

① 进入 EPON 的 OLT 接口模式：

ZXAN(config)♯interface epon－olt_1/3/1

② 用 ONU 命令注册 ONU 的 MAC 地址信息：

ZXAN(config－if)♯onu 1 type ZTE－F822 mac 000c.0000.0001

显示端口下已经注册的 ONU 信息，查看注册是否成功：

ZXAN(config－if)♯show onu authentication epon－olt_1/3/1

4. 配置端口 VLAN

进入相应的 ONU 接口模式：

ZXAN(config)♯interface epon－onu_1/3/1:2

用 switchport 命令设置接口的 VLAN 模式和 VLAN 号：

ZXAN(config－if)♯switchport vlan 100, 500 tag

5. 配置 ONU

进入 pon-onu-mng 模式并配置：

ZXAN(config)♯pon-onu-mng epon-onu_1/3/1:2

ZXAN(gpon-onu-mng)♯mgmt-ip 192.168.172.11 255.255.255.0 vlan 100 priority 7

route0.0.0.0 0.0.0.0 192.168.172.1

ZXAN(gpon-onu-mng)♯vlan port eth_0/1 mode tag vlan 500 priority 0

8.2 ONU 选型及配置

ONU 是 PON 系统的用户侧设备，用于终结 OLT 传送来的业务。与 OLT 配合，ONU 可向相连的用户提供各种带宽服务，如 Internet 数据业务、VoIP 语音业务、高清 IPTV 业务、视频会议系统等业务。ONU 作为 FTTx 应用的用户侧设备，是"铜缆时代"过渡到"光纤时代"所必备的高带宽、高性价比的终端设备。ONU 作为用户有线接入的终极解决方案，在下一代光接入网建设中具有举足轻重的作用。

8.2.1　中兴 XPON 终端设备介绍

1. ZXA10 F820

ZXA10 F820 XPON 光网络终端设备是一个模块化的用户端接入网关。它主要用于 FTTB/FTTO(光纤到大楼/光纤办公室)应用，提供大客户、专线用户以及多用户的接入；给商务用户提供高带宽数据以及 TDM 的业务接入。ZXA10 F820 设备提供 1/2 个标准 PON 口(SC/PC)，支持 PON 上联口保护，支持 24 个 10/100 Base－T 接口，或者 8FE＋16 路 E1/T1 接口，或者 16FE＋8 路 E1/T1 接口，可以支持 8 或者 16 路 VoIP 用户接入。其主要特点如下：

(1) 提供 EPON 上联接口。

(2) 提供双 PON 口上联，支持 G.984.2 中 TYPE B/TYPE C 的保护。

(3) 模块化设计，灵活配置数据以太网接口、E1/T1 接口等；V1.0 支持 CES 模式。

(4) V1.0 提供 8 路到 24 路的百兆 100Base－T 接口，同时也能提供 1 或者 2 路的千兆 1000Base－T 接口。可选 8 路～24 路 POE，每路最大功率达到 15W。仅仅－48 V 输入提供该功能，如果使用应用场地为 220 AC，需要另外配置 220 VAC 转－48 V 的 DC 外置电源。

(5) 提供 4～16 路的 E1/T1 接口。

(6) 提供 8 或者 16 路 VoIP 用户接口。

设备外观如图 8－18 所示。

图 8－18　ZXA10 F820 外观图

2. ZXA10 F822

基于 EPON 技术的 FTTB＋LAN 已成为宽带接入网络建设的主要模式之一，ZXA10 F822 是中兴通讯顺应"光进铜退"应用场景中接入设备数量众多、楼宇内分散部署、容量小型化和远程化管理维护等趋势推出的一款 LAN MDU 多用户光接入产品，为公众和商务用户提供面向下一代的高带宽数据、语音和视频等业务接入。ZXA10 F822 产品定位于"光进铜退"FTTB＋LAN 应用场景，适合住宅楼宇、商务楼宇室内和楼道部署，提供 EPON/10G EPON 等上联接口类型和 24FE＋24POTS/24FE/16FE＋16POTS 等多种规格的固定式 MDU 产品。其主要特点如下：

（1）创新的无风扇设计，低功耗，零噪音，满足绿色环保和楼宇部署要求。

（2）创新的交流＋直流双电源供电结构，支持交流供电及直流蓄电池备电，率先支持铁锂蓄电池，内置蓄电池充放电管理和远程监控告警。

（3）适应－30℃～60℃严酷环境考验，单板和器件防腐处理，电源接口和 POTS 接口具备 6 kV 防雷击保护功能，在恶劣环境下具有高可靠性保障。

（4）提供铜缆 112 内外线测量、OLS 光链路测量及长发光检测、用户端口环回检测、协助网络维护等功能。

（5）基于 NetNumen N31 综合网管系统实现设备即插即用，实现现场零配置、业务自动开通和恢复、故障自动检测和告警、业务性能监控统计等功能。

（6）业界率先支持 Type C 全光纤保护。

（7）具备业界 MDU 中最完善的 VLAN/QoS/组播和安全功能及最优异的性能。

设备外观如图 8－19 所示。

图 8－19　ZXA10 F822 外观图

3. ZXA10 F420

ZXA10 F420（外观如图 8－20 所示）是专门为 FTTH 应用方式而设计的一款终端设备，能同时提供给用户 4 个 10/100 Mb/s 网口。其 FE 端口一个接入 IPTV 机顶盒，用于 IPTV 业务；一个接入计算机，用于上网、VOD 点播等业务；一个用于提供 VoIP 语音业务；同时还可以预留一个 FE 接口用作他用。直接提供 POTS 接口，方便语音业务的接入。ZXA10 F420 是系列化光网络终端设备中的一款设备，与无源光网络局端设备 OLT 配合主要完成 FTTH（光纤到户）的应用。其主要特点如下：

（1）光纤接入：通过 EPON 接入方式与互联网相连。

（2）以太网功能：提供以太网接口，以太网设备可以直接连接到 ZXA10 F420 的以太网口，从而实现上网业务。

（3）IPTV 功能：提供 ITV 接口，通过该接口可以连接机顶盒设备，提供 IPTV 服务。

（4）VoIP 供能：提供 VoIP 接口，通过该接口可以连接电话机，支持 SIP、H.248 控制协议。

（5）基于设备、用户、服务等多级认证鉴权的提供以及数据通道的加密，提高了安全性。

（6）针对不同服务要求的业务，可完成本地设备和网络匹配的 QoS 要求。

（7）提供基于多种管理方式的网络管理。

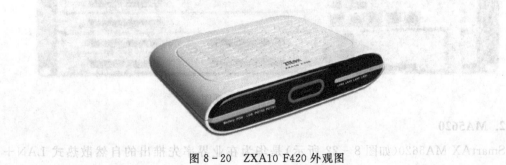

图 8－20　ZXA10 F420 外观图

8.2.2 华为 XPON 终端设备介绍

华为 SmartAX MA5616 产品是业界领先的 PON 远端 MDU 产品。

1. MA5616

MA5616 产品具有高接入密度、高处理性能、高可靠性、易维护、绿色节能、面向未来的架构设计等特点，用户侧可提供 ADSL2＋、VDSL2、SHDSL、POTS、FE、P2P、ISDN、Combo 等业务接口，网络侧可提供双路 GPON/EPON/GE 自适应上行，可用于 FTTC/FTTB 建设，也可用于 mini DSLAM/mini MASN 建设，适用于楼道安装/机柜安装、室内应用/室外应用等多种场景，可为多住户住宅、中小型企业提供超高带宽、灵活改变密度、多场景覆盖的良好业务体验。其主要特点如下：

(1) 接入密度高：最大支持 256 路 POTS 用户，或 128 路 ADSL2＋用户，或 192 路 VDSL2 用户，或 64 路 FE 用户，采用 Combo 板可同时提供 128 路 POTS＋用户和 128 路 ADSL2＋用户。

(2) 业务灵活配比：支持各种业务板任意混插，各种端口数量配比灵活，提高实装率，满足不同的客户需求。

(3) 支持 Combo 板(4GE＋4FE)，可有效提高接入密度，节省机房空间，并减少线缆走线复杂度。

(4) 支持 P2P 光接入板，可为高价值客户提供大带宽接入。

(5) 支持 48V 蓄电池备电，既支持铅酸蓄电池，又支持铁锂蓄电池。

(6) 可运营的 IPTV 业务：强大的业务交换容量、系统包转发率以及高集成度(数据交换和用户管理)，使其具有了电信级的组播运营能力。

(7) 完善的语音特性：支持语音业务、传真业务和 Modem 业务等基本业务，支持三方通话、呼叫等待、呼叫转移、主叫号码显示、主叫号码限制等补充业务。

(8) 即插即用的业务发放模式：支持远程配置下发，设备上电注册成功之后即可建立管理通道和业务通道，无需人工现场配置，即插即用。

(9) 高效的管理维护模式：支持免现场软调、远程验收、远程升级打补丁、远程故障定位等多种高效的管理维护方法。

(10) 可靠性高：可工作于最低－40℃或者最高 65 ℃工作温度，6 kV 的高防雷能力，降低雷击故障率；单板防腐蚀设计，延长设备使用寿命。

MA5616 外观如图 8－21 所示。

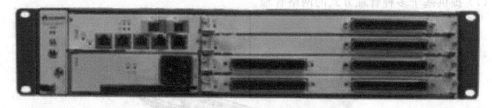

图 8－21　MA5616 外观图

2. MA5620

SmartAX MA5620(如图 8－22 所示)是华为在业界率先推出的自然散热式 LAN＋

POTS 接入 MDU 设备，支持 24 口、16 口、8 口 FE＋POTS 三种规格。产品应用于 FTTB＋LAN 建设场景，可为家庭用户或中小企业用户提供宽带上网和语音业务，适用于桌面、楼道、机柜等多种安装场景。其主要特点如下：

(1) 温域、低功耗、自然散热静音设计；在大幅降低系统能耗，提升系统可靠性的同时，可为用户提供舒适、静谧的应用环境。

(2) 支持远程下发配置，设备上电注册成功之后即可建立管理通道和业务通道，无需人工现场操作，可即插即用；支持良好的管理、维护和监控功能，便于日常运营管理和故障诊断。

(3) 支持 GPON/EPON/GE 三种模式自适应，满足不同 FTTx 网络的接入需求；同时支持 SIP 和 H.248 两种协议，与软交换对接方便。

(4) 支持 6 kV 的高防雷能力，支持 Type C 双 PON 口保护，确保了设备的可靠性。

(5) 支持语音业务、传真业务和 Modem 业务等基本业务，支持三方通话、呼叫等待、呼叫转移、主叫号码显示、主叫号码限制等补充业务。

图 8-22　MA5620 外观图

3. HG8247

EchoLife HG8247(如图 8-23 所示)是华为 FTTH 解决方案的高端网关型家庭侧设备，通过 G/EPON 技术实现家庭/SOHO 用户的超宽带接入；提供 2 个 POTS 语音接口、4 个 GE/FE 自适应以太端口、1 个 CATV 接口和 WiFi 接口，通过高性能的转发能力有效保障话音、数据和高清视频的业务体验。其主要特点如下：

(1) 接口类型：2POTS＋4GE＋1USB＋1CATV＋WiFi。

(2) 应用灵活：支持 G/EPON 双模自适应，满足不同 FTTH 网络的接入需求；支持 SIP 和 H.248 两种协议，与软交换对接方便。

(3) 即插即用：支持通过 OMCI/OAM 协议和 TR069 实现语音、宽带、组播等业务的远程自动发放，无需现场配置。

(4) 远程诊断：支持 POTS 口外线测试、呼叫仿真、PPPoE 拨号仿真，轻松实现远程故障定位。

(5) 高速转发：二层转发 GE 线速，三层 NAT 转发性能达 900 Mb/s。

（6）绿色节能：采用高集成 SOC 芯片，单芯片集成 PON、语音、网关及 LSW 等模块，节能 25%。

图 8-23　EchoLife HG8247 外观图

8.3　ODN 相关器件介绍

ODN 网络是一个无限生命周期的基础网络，合理的网络规划能实现最大化的投资收益比。在 FTTx 的网络建设中，产品类型选择最多的地方在 ODN，对产品进行专业合理的配置将直接影响 FTTx 的网络速度和质量。ODN 建设中有多种的施工工艺，如气吹以及入户阶段入户模式和端接工艺等。施工方法的选择不但影响 FTTx 网络投资也影响客户体验。

8.3.1　ODN 网络结构与组成

ODN 在整个 PON 网络系统中位于 OLT 设备与 ONU 之间，如图 8-24 所示。其作用是为 OLT 和 ONU 之间提供光传输通道。从功能上分，ODN 从局端到用户端可分为馈线光缆子系统、配线光缆子系统、入户线光缆子系统和光纤终端子系统四个部分，如图 8-25 所示。

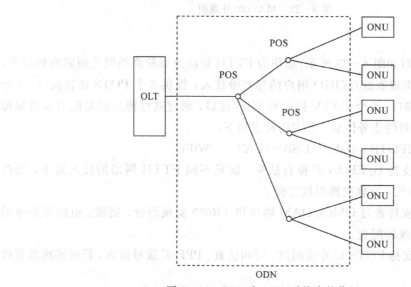

图 8-24　ODN 在 PON 系统中的位置

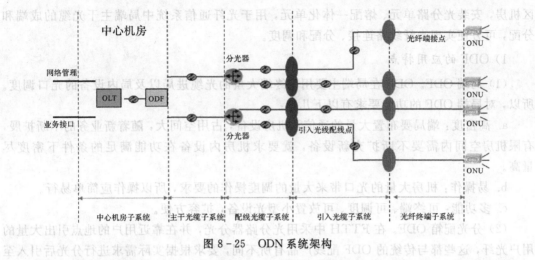

图 8-25 ODN 系统架构

1. 中心机房子系统

中心机房(即局端)ODF 主要用于实现大量的进局光缆的接续和调度,其主要特点为高密度、易操作、多功能。

2. 主干光缆子系统

主干传输光缆所用光缆芯数较少,每根光纤承载的业务量大,跳线调度不多,常用设备有光缆交接箱、光缆接头盒等。

3. 配线光缆子系统

配线光缆子系统是 EPON 的 ODN 应用中最关键的一个环节,也是配置最为灵活的一个环节,其连接从光缆交接箱过来的配线光缆,根据光纤分光器进行分配,完成对多用户的光纤线路的分配功能,其功能与传统的 ODF 产品有较大不同。该系统一般安装在住宅大楼的楼道或弱电井中。对此类产品的要求主要有:配置灵活、体积小、成本低、性能稳定可靠。

4. 引入光缆子系统

引入光缆子系统主要完成将光纤从分光器到用户的连接及管理,主要包括用于工程的光缆、终端盒、用户光纤终端插座以及配件等设备。

5. 光纤终端子系统

ODN 的光纤终端子系统完成了 FTTH 的最后一环,实现了光纤信号与用户 ONU 设备的连接。一般要求入户 ODN 设备外形美观,结构简洁,并且由于具体的应用环境不同,具有综合接入箱和光纤盒等不同的形式。

综合接入箱方案将整套应用设备全部安装在一个箱体内,在室内可嵌墙式安装,内部可提供 ONU、UPS 电源、配线等多种功用,是家庭应用的理想选择。

光纤盒接续是一种简单解决方案,ONU 等外置于桌面上,成本较低一些。

8.3.2 ODN 相关器件

1. ODF

光纤配线架(Optical Distribution Frame, ODF),一般置于中心机房或用户数较多的小区机房，安装光分路单元、熔配一体化单元，用于光纤通信系统中局端主干光缆的成端和分配，可方便实现光纤线路连接、分配和调度。

1）ODF 的应用特点

（1）局端 ODF。ODF 在局端主要用于终端大量的光缆进局以及局内设备的光口调度。所以，对局端 ODF 的功能要求有以下几点：

a. 高密度：端局要布置大量的通信及机房设备，占用空间大，随着新业务的不断扩展，有限机房空间内需要不断扩充新设备，就要求机房内设备在功能满足的条件下密度尽量高。

b. 易操作：机房大量的光口带来大量的调度操作的要求，所以操作应简单易行。

c. 多功能：可终端、可调度、可放置小型光设备，扩容方便。

（2）分光配箱 ODF。在 FTTH 中采用光分路器分光，并在靠近用户的地点引出大量的用户光纤，这些都与传统的 ODF 配线产品有所不同，要求根据实际需求进行分光后引入至用户较大数量的光纤，结构要复杂，体积要小，成本要低，性能要稳定可靠。

2）ODF 类型

（1）大容量 ODF。大适配器和带状、束状和非带状光容量 ODF 光纤配线柜是一种高密度、大容量、全正面化操作的光缆和光通信设备的配线连接设备，如图 8-26 所示。它特别适用于光纤接入网中局端和光分支点采用，可适用于 FC、SC、LC、ST 四种光缆。

（2）中容量 ODF。中容量 ODF 适用于中等容量、小型光分支或基站传输，具有先进的光缆熔接、保护、储纤、固定、交接和尾纤管理等功能，如图 8-27 所示。

图 8-26　大容量 ODF 外观图　　　　　　图 8-27　中容量 ODF 外观图

（3）小容量 ODF。小容量 ODF 适用于安装在小型办公室和小机房，附加备用的光纤分路器模块。该系列产品采用壁挂式安装，方便使用和维护，如图 8-28 所示。

（4）熔配一体化模块及终端箱。光纤配线子架以及光纤终端箱是小容量光纤熔配一体化单元箱，适用于标准机柜安装机架，安装与操作方便、灵活，如图 8-29 所示。

图 8-28 小容量 ODF 外观图　　　　　图 8-29 熔配一体化模块及终端箱外观图

2. 分光器

光分路器也叫分光器，是无源光网络的重要组成部分，它将单路输入的光信号分割成多路输出的光信号，是 ODN 无源光网络的最基本组成单元。在经过不同的封装后，分光器可分别安装在机架、ODF 配线架、交接箱、接头盒、配线箱内使用。

1) 按照工艺分类

分光器按照制造工艺的不同，主要分为两大类：FBT 型（熔融拉锥式分光器）和 PLC 型（平面光波导功率分光器）。

熔融拉锥技术是将两根或多根光纤捆在一起，然后在拉锥机上熔融拉伸，拉伸过程中监控各路光纤耦合分光比，分光比达到要求后结束熔融拉伸，其中一端保留一根光纤（其余剪掉）作为输入端，另一端则作为多路输出端，如图 8-30 所示。

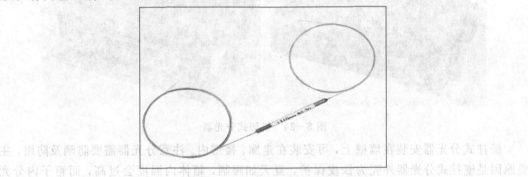

图 8-30 熔融拉锥式分光器

平面光波导技术基于光学集成技术，利用半导体工艺制作光波导分支器件，分路的功能在芯片上完成，如图 8-31 所示。

图 8-31 平面光波导功率分光器

2）按照应用范围分类

分光器按照应用范围划分，可分为盒式分光器、托盘式分光器、机架式分光器、壁挂式分光器等。

盒式分光器主要应用于机房 ODF 架内、光缆交接箱内等，如图 8-32 所示。

托盘式分光器只能安装在机房 ODF 架或者光缆交接箱内，占用 2 个 12 芯熔纤盘的大小（1：16 和 1：32 外壳大小一致）。各个厂家生产的产品有差异，有塑料外壳和金属外壳两种，如图 8-33 所示。

图 8-32　盒式分光器　　　　　　　　　　图 8-33　托盘式分光器

机架式分光器只能安装在标准机架内，宽度为 600 mm，如图 8-34 所示。

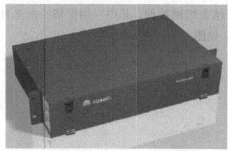 

图 8-34　机架式分光器

壁挂式分光器安装在墙壁上，可安装在走廊、楼道内。注意分光器需要防晒及防雨，主要原因是壁挂式分光器外壳为铁皮保护，夏天如曝晒，箱体内温度会过高，而箱子内分光器和尾纤为塑料制品，易老化甚至灼坏，故会影响分光器的使用年限。壁挂式分光器如图 8-35 所示。

图 8-35　壁挂式分光器

微型分光器如图 8-36 所示。

裸纤式分光器可应用于光缆接头盒内，不便于管理和维护。裸纤式分光器如图 8-37 所示。

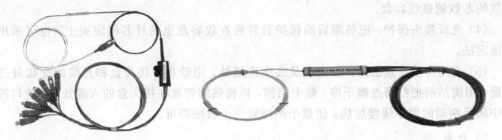

图 8-36　微型分光器　　　　　　　图 8-37　裸纤式分光器实物图

3. 光缆交接箱

光缆交接箱是一种为主干层光缆、配线层光缆提供光缆成端、跳接的交接设备。光缆引入光缆交接箱后，经固定、端接、配纤以后，使用跳纤将主干层光缆和配线层光缆连通。

光缆交接箱主要用于光缆接入网中主干光缆与配线光缆交接处的接口设备，如图 8-38所示。光缆交接箱的结构主要由箱体、内部金工件、光纤活动连接器及备附件组成。按照使用场合不同，可分为室内型和室外型两种，并可以落地、架空、壁挂安装。

图 8-38　光缆交接箱

4. 光缆接头盒

光缆接头盒是指将两根或多根光缆连接在一起，并具有保护部件的接续部分，是光缆线路工程建设中必须采用的，而且是非常重要的器材之一。光缆接头盒的质量直接影响光缆线路的质量和光缆线路的使用寿命。

1）内部结构

（1）支撑架：是内部构件的主体。

（2）光缆固定装置：用于光缆与底座的固定和光缆加强元件的固定。一是光缆加强芯在内部的固定；二是光缆与支撑架夹紧的固定；三是光缆与接头盒进出缆用热缩护套密封固定。

（3）光纤安放装置：能有顺序地存放光纤接头和余留光纤，余留光纤的长度应不小于1 m，余留光纤盘放的曲径不小于35 mm。其中收容盘多可四层，容量较大，并能根据光缆接续的芯数调整收容盘。

（4）光纤接头保护：把热缩后的保护套管放在收容盘里的纤芯固定夹上，也可采用硅胶固定法。

（5）光缆与接头盒密封：在光缆及底座进缆处，用砂布将接头盒和光缆的交接处进行打磨，用清洁剂把打磨处擦干净，贴上铝箔，再将热缩管放在接头盒的入缆处，用喷灯按照先中间后两端的顺序缓慢加热，使整个热缩管完全收缩即可。

2）分类

按光缆连接方式，光缆接头盒可分为直通型和分歧型，如图 8-39 所示。直通接头盒适用于远距离光缆的接续，分歧接头盒适用于光缆的分束及配缆。

图 8-39　光缆接头盒

5. 综合信息箱

综合信息箱安装在用户侧，仅供用户使用，内部可安装各种信息扩展类模块的箱体，是用于放置 ONU 设备以及过长的入户光缆、电源、电池等组件的箱体，如图 8-40 所示。

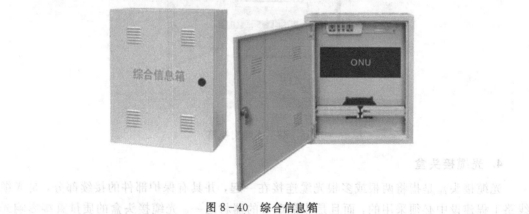

图 8-40　综合信息箱

8.3.3　光纤及光缆

1. 光纤

光纤是光导纤维的简写，是一种利用光在玻璃或塑料制成的纤维中的全反射原理而制成的光传导工具。微细的光纤封装在塑料护套中，使得它能够弯曲而不至于断裂。通常，光纤一端的发射装置使用发光二极管(Light Emitting Diode，LED)或一束激光将光脉冲传送至光纤，光纤另一端的接收装置使用光敏元件检测脉冲。

　　光纤结构一般是双层或多层的同心圆柱体，由纤芯、包层和涂覆层三部分组成，如图8-41所示。纤芯的作用是传导光波，包层的作用是将光波封闭在光纤中传播。

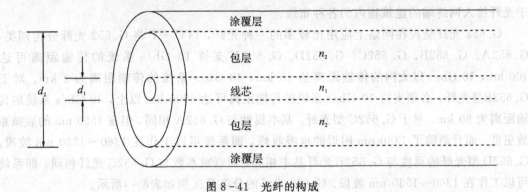

图8-41　光纤的构成

　　光纤是一种光波导，因而光波在其中传播也存在模式问题。所谓"模"是指以一定角速度进入光纤的一束光。模式是指传输线横截面和纵截面的电磁场结构图形，即电磁波的分布情况。一般来说，不同的模式有不同的场结构，且每一种传输线都有一个与其对应的基模或主模。基模是截止波长最长的模式。除基模外，截止波长较短的其他模式称为高次模。根据光纤能传输的模式数目，可将其分为单模光纤和多模光纤。多模光纤允许多束光在光纤中同时传播，从而形成模分散(因为每一个模光进入光纤的角度不同，它们到达另一端点的时间也不同，这种特征称为模分散)。模分散特性限制了多模光纤的带宽和距离。单模光纤只能允许一束光传播，所以单模光纤没有模分散特性。

　　1) 单模光纤

　　单模光纤(Single Mode Fiber)的中心高折射率玻璃芯直径有 8 μm、9 μm 和 10 μm 三种型号，只能输一种模式的光。相同条件下，纤径越小衰减越小，可传输距离越远。其中心波长为 1310 nm 或 1550 nm。单模光纤用激光器作为光源。单模光纤用于主干、大容量、长距离的系统。单模光纤如图8-42所示。

　　2) 多模光纤

　　多模光纤(Multi Mode Fiber)的中心高折射率玻璃芯直径有62.5 μm 和 50 μm 两种型号，可传输多种模式的光。中心波长多为 850 nm，也有 1310 nm。多模光纤用发光二极管作为光源。多模光纤用于小容量、短距离的系统。多模光纤如图8-43所示。

图8-42　单模光纤

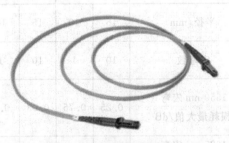

图8-43　多模光纤

FTTx 常用纤芯有 G.652 和 G.657 两种。G.652 光纤为标准单模光纤，是指波长在 1310 nm 的单模光纤。其特点是当工作波长在 1310 nm 时，光纤色散很小，系统的传输距离只受光纤衰减所限制。G.657 光纤最显著的特点是弯曲不敏感，这就意味着 G.657 光纤的弯曲损耗比较小。G.657 光纤具有良好的抗弯曲性能，使其适用于光纤接入网，包括位于光纤接入网终端的建筑物内的各种布线。

G.652 光纤是现在网络上应用比较多的一种光纤，ITU-T 将 G.652 光纤分为四类：G.652A、G.652B、G.652C、G.652D。G.652A 支持 10 Gb/s 系统的传输距离可达 400 km，10 Gb/s 以太网的传输距离达 40 km，40 Gb/s 系统的传输距离为 2 km。对于 G.652B 型光纤，必须支持 10 Gb/s 系统的传输距离可达 3000 km 以上，40 Gb/s 系统的传输距离为 80 km。对于 G.652C 型光纤，基本属性与 G.652A 相同，但在 1550 nm 的衰减系数更低，而且消除了 1380 nm 附近的水吸收峰，即系统可以工作在 1360～1530 nm 波段。G.652D 型光纤的属性与 G.652B 光纤基本相同，而衰减系数与 G.652C 光纤相同，即系统可以工作在 1360～1530 nm 波段。G.652 光纤的分类及区别如表 8-4 所示。

表 8-4 G.652 光纤的分类及区别

G.652			
G.652A	G.652B	G.652C	G.652D
弯曲半径为 30 mm 时 100 圈损耗不大于 0.1 dB			
有 1385 nm 处水峰值，偏振性能差	有 1385 nm 处水峰值，偏振性能好	无 1385 nm 处水峰值，偏振性能差	无 1385 nm 处水峰值，偏振性能好

按照是否与 G.652 光纤兼容的原则，将 G.657 光纤划分成了 A 类和 B 类光纤，同时按照最小可弯曲半径的原则，将弯曲等级分为 1、2、3 三个等级，其中 1 对应 10 mm 最小弯曲半径，2 对应 7.5 mm 最小弯曲半径，3 对应 5 mm 最小弯曲半径。结合这两个原则，将 G.657 光纤分为四个子类，G.657.A1、G.657.A2、G.657.B2 和 G.657.B3 光纤，具体分类如表 8-5 所示。

表 8-5 不同类型 G.657 光纤具体参数

	G.657.A1		G.657.A2			G.657.B2			G.657.B3		
半径/mm	15	10	15	10	7.5	15	10	7.5	10	7.5	5
宏弯数	10	1	10	1	1	10	1	1	1	1	1
1550 nm 宏弯损耗最大值/dB	0.25	0.75	0.03	0.1	0.5	0.03	0.1	0.5	0.03	0.08	0.15
1625 nm 宏弯损耗最大值/dB	1	1.5	0.1	0.2	1	0.1	0.2	1	0.1	0.25	0.45

2. 光缆

光缆(optical fiber cable)是为了满足光学、机械或环境的性能规范而制造的,它是利用置于包覆护套中的一根或多根光纤作为传输媒质并可以单独或成组使用的通信线缆组件。光缆主要是由光导纤维(细如头发的玻璃丝)和塑料保护套管及塑料外皮构成,光缆内没有金、银、铜铝等金属,一般无回收价值。光缆是一定数量的光纤按照一定方式组成缆心,外包有护套,有的还包覆外护层,用以实现光信号传输的一种通信线路。

光缆的基本结构一般由缆芯、加强钢丝、填充物和护套等几部分组成,另外根据需要还有防水层、缓冲层、绝缘金属导线等构件。缆芯由光纤的芯数决定,可分为单芯型和多芯型两种。护层主要是对已成缆的光纤芯线起保护作用,避免受外界机械力和环境损坏。加强芯主要承受敷设安装时所加的外力。光缆的结构如图8-44所示。

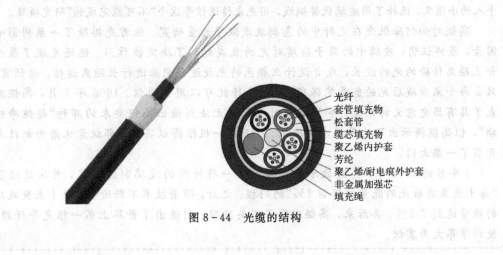

图8-44　光缆的结构

（标注：光纤、套管填充物、松套管、缆芯填充物、聚乙烯内护套、芳纶、聚乙烯/耐电痕外护套、非金属加强芯、填充绳）

本 章 小 结

(1) 本章主要介绍了 PON 网络中主流 OLT 设备和 ONU 设备。以 ZXA10 C300 为例,讲述了 OLT 设备的配置和管理方法。

(2) ZXA10 C300 有两种机框类型:19 英寸和 21 英寸。IEC 19 英寸机框,单机框提供19 个槽位。其中 1 号槽位为电源板槽位,10、11 号槽位为主控板槽位,18 号槽位为公共接口板槽位,19 号槽位为上联板槽位,其余 14 个槽位为业务板槽位。ETSI 21 英寸机框,单机框提供 21 个槽位。其中 1 号槽位为电源板槽位,10、11 号槽位为主控板槽位,20 号槽位为公共接口板槽位,21 号槽位为上联板槽位,其余 16 个槽位为业务板槽位。

(3) MA5680T19 英寸配置为 0 槽位是通用接口板槽位,槽位 1~6 槽位为业务板槽位,7、8 槽位为主控板槽位,9~16 槽位为业务板槽位,17、18 为上联板槽位,提供上行口,19、20为电源板槽位。

(4) 在 8.2 节中主要介绍了设备商的主流 ONU 以及 ONT 设备类型。

(5) ODN 是 PON 系统中重要的组成部分。在 8.3 节中介绍了 ODN 的位置及组成部分,ODN 从局端到用户端可分为馈线光缆子系统、配线光缆子系统、入户线光缆子系统和光纤终端子系统四个部分,还讲述了 ODN 网络中常见的器件,如 ODF、分光器等。

通信故事

光纤之父——高锟

在互联网中畅游,欣赏高清晰电视画面,与千里之外的友人视频聊天……这些事情改变着人类的生活,世界也因此拉近了距离。但你可曾想到,这一切要归功于一位华人科学家发明的"光导纤维",这一划时代的伟大发明,掀起了一场人类通信技术的革命。

高锟1933年生于上海,1948年举家迁往香港。从伦敦大学毕业后,加入英国国际电话电报公司任工程师,同时攻读伦敦大学的博士学位。在公司,年轻的高锟带领着一个只有几个人的小团队,选择了用玻璃代替铜线,用光来传送信号这个"不可能完成的"研究项目。

高锟对如何降低光在光纤中的急剧衰减做了大量研究。他首先排除了一系列影响因素,最终证明:玻璃中的离子杂质对光的衰减起到了决定性作用。他还发现了最适合长距离传输的光的波长,或者说什么颜色的光最适合用来进行长距离通信。他预言,只要每千米衰减后光的能量能保留1‰,光纤就可以用于通信。1966年7月,高锟发表了具有历史意义的论文。尽管在当时人们还无法制造出高锟要求的那种"超纯净玻璃",但高锟揭示出了这种技术的极限。一旦这一极限得以实现,那就意味着为新技术开启了一扇大门。

4年后的1970年,美国康宁公司发明了一种特殊的玻璃制造工艺,首次迈过了"每千米衰减后光的能量能保留1‰"的门槛。之后,随着技术不断进步,每千米衰减后的能量达到了5‰。再后来,高锟发明了石英玻璃,制造出了世界上第一根光导纤维,使科学界大为震惊。

习 题

8-1 ZXA10 C300 由哪几类单板构成?

8-2 ZXA10 C300 的机框类型有哪几种?分别有多少个槽位?

8-3 MA5608T 由哪几类单板构成?分别位于哪个槽位?

8-4 请简述 ONU 的型号。

8-5 ODN 位于 PON 网络系统的哪个位置?

8-6 ODN 由哪个子系统组成?简述其功能。

8-7 ODF 有哪几种类型?

8-8 分光器按照工艺划分,有哪几种类型?

8-9 光纤由哪几个部分构成?

8-10 常用的光纤类型有哪几种?

8-11 光缆由哪几部分构成?

附录　中英文缩写对照

缩略语	英文解释	中文解释
A		
AN	Access Network	接入网
AN－NMS	Access Network－Network Management System	接入网网管系统
AN－SMF	AN System Management Function	AN 系统管理功能
ATM	Asynchronous Transfer Mode	异步转移模式
ADSL	Asymmetric Digital Subscriber Line	非对称数字用户线
AES	Advanced Encryption Standard	高级加密算法
AS	Access Stratum	接入层
ACK	Acknowledgement	确认
ARQ	Automatic Repeat－reQuest	自动重发请求
AON	Active Optical Network	有源光网络
APON	ATM PON	基于 ATM 的 PON
B		
BSC	Base Station Controller	基站控制器
BCCH	Broadcast Control Channel	广播控制信道
BSS	Base Station Sub-system	基站子系统
BS	Base Station	基站
C		
CATV	Cable TV	有线电视
CDMA	Code Division Multiple Access	码分多址
CPE	Customer Premises Equipment	用户驻地设备
CPN	Customer Premises Network	用户驻地网
CRC（法）	Cyclic Redundancy Check	循环冗余校验
CN	Core Network	核心网
CCCH	Common Control Channel	公共控制信道
D		
DAS	Data Access System	数据接入系统
DSL	Digital Subscriber Line	数字用户线
DCN	Data Communication Network	数据通信网
DSPB	Digital Signal Processing Board	数字信号处理板

E		
EPON	Ethernet PON	基于 Ethernet 的 PON
EIU	E1 Interface Unit	E1 接口板
ETS	European Telecommunication Standards	欧洲电信标准
EM	Execution Module	执行模块
EMC	Electro Magnetic Compatibility	电磁兼容性
ESC	Environment Supervision Circuit	环境电源监测板
F		
FDMA	Frequency Division Multiple Access	频分多址
FTTB	Fiber To The Building	光纤到大楼
FTTC	Fiber To The Curb	光纤到路边
FTTH	Fiber To The Home	光纤到家
FTTV	Fiber To The Village	光纤到村庄
FTTZ	Fiber To The Zone	光纤到小区
G		
GPON	Gigabit-Capable PON	基于 ATM/GEM 的 PON
H		
HDTV	High Definition Television	高清晰度电视
HDSL	High-bit-rate Digital Subscriber Line	高速数字用户线
HFC	Hybrid Fiber Coaxial	光纤同轴混合接入
I		
IEEE	Institute of Electrical & Electronic Engineers	电气和电子工程师协会
IP	Internet Protocol	网际协议
ISDN	Integrated Services Digital Network	综合业务数字网
ISO	International Standardization Organization	国际标准化组织
ISP	Internet Service Provider	网络接入服务提供商
ITU	International Telecommunication Union	国际电信联盟
L		
LAN	Local Area Network	局域网
LE	Local Exchange	本地交换机
LL	Leased Line	租用线
LLID	Logical Link Identifier	逻辑链路标记
M		
MAC	Media Access Control	MAC 地址（网卡硬件地址）
MSU	Multi-Subscriber Unit	多用户单元
MPCP	Multi-Point Control Protocol	多点控制协议

O		
OAN	Optical Access Network	光接入网
ODN	Optical Distribution Network	光分配网络
OLT	Optical Line Terminal	光纤线路终端
OMC	Operation & Maintenance Center	操作与维护中心
ONU	Optical Network Unit	光纤网络单元
OS	Operating System	操作系统
OSI	Open System Interconnection	开放系统互连

P		
PCM	Pulse Code Modulation	脉冲编码调制
PDH	Plesiochronous Digital Hierarchy	准同步数字系列
PON	Passive Optical Network	无源光网络
POTS	Plain Ordinary Telephone Service	普通电话业务
PSTN	Public Switched Telephone Network	公用电话交换网

S		
SNI	Service Node Interface	业务节点接口
SN	Service Node	业务节点
STM	Synchronous Transfer Mode	同步传递模式

T		
TCP/IP	Transmission Control Protocol/Internet Protocol	传输控制协议/网间协议
TDM	Time Division Multiplexing	时分复用
TDMA	Time Division Multiple Access	时分多址(接入)
TE	Terminal Equipment	终端设备
TF	Transfer Function	传送功能
TM	Terminal Multiplexer	终端复用器

U		
UNI	User Network Interface	用户网络接口
UPF	User Port Function	用户端口功能

W		
WAN	Wide Area Network	广域网
WDM	Wave Division Multiplexing	波分复用
WLL	Wireless Local Loop	无线本地环路
WS	Workstation Server	工作站服务器

参 考 文 献

[1] 余智豪，顾艳春，范灵. 接入网技术. 2版. 北京：清华大学出版社，2012.
[2] 方国涛. 宽带接入技术. 北京：人民邮电出版社，2013.
[3] 张中荃. 接入网技术. 北京：人民邮电出版社，2013.
[4] 中兴通讯学院. 对话宽带接入. 北京：人民邮电出版社，2010.
[5] 吴珊，张雪芳，凌毓，等. 光纤宽带接入技术，北京：北京邮电大学出版社，2016.
[6] 李元元. 接入网技术. 北京：清华大学出版社，2014.
[7] 唐雄燕. 面向新型业务的宽带接入网. 北京：电子工业出版社，2012.
[8] 孙青华. 接入网技术. 北京：人民邮电出版社，2012.
[9] 张中荃. 接入网技术. 4版. 北京：人民邮电出版社，2017.